卷烟减害 增香功能材料

JUANYAN JIANHAI
ZENGXIANG GONGNENG CAILIAO

许春平 高明奇 张 艇 马 戎 李 超◎著

中国纺织出版社有限公司

图书在版编目（CIP）数据

卷烟减害增香功能材料 / 许春平等著. --北京：中国纺织出版社有限公司，2023.11

ISBN 978-7-5229-0661-4

Ⅰ. ①卷… Ⅱ. ①许… Ⅲ. ①卷烟—功能材料 Ⅳ. ①TS426

中国国家版本馆 CIP 数据核字（2023）第 099267 号

责任编辑：毕仕林 国 帅　　责任校对：楼旭红
责任印制：王艳丽

中国纺织出版社有限公司出版发行
地址：北京市朝阳区百子湾东里 A407 号楼　邮政编码：100124
销售电话：010—67004422　传真：010—87155801
http://www.c-textilep.com
中国纺织出版社天猫旗舰店
官方微博 http://weibo.com/2119887771
三河市宏盛印务有限公司印刷　各地新华书店经销
2023 年 11 月第 1 版第 1 次印刷
开本：710×1000　1/16　印张：14.75
字数：275 千字　定价：98.00 元

本书编委会

许春平(郑州轻工业大学)

高明奇(河南中烟工业有限责任公司)

张　艇(四川中烟工业有限责任公司)

马　戎(河北中烟工业有限责任公司)

李　超(云南中烟工业有限责任公司)

冯守爱(广西中烟工业有限责任公司)

冯文宁(河北中烟工业有限责任公司)

何　峰(河北中烟工业有限责任公司)

胡志忠(广西中烟工业有限责任公司)

白家峰(广西中烟工业有限责任公司)

崔　春(河南中烟工业有限责任公司)

郭华诚(河南中烟工业有限责任公司)

贾学伟(郑州轻工业大学)

薛　云(广西中烟工业有限责任公司)

李天笑(郑州轻工业大学)

前言

低焦油、低危害卷烟正在成为消费热点，降低卷烟有害成分势在必行。通过滤棒等减害增香载体实现卷烟“低危害、高香气”，是维护广大消费者身体健康的重要途径。普通醋纤滤棒在选择性减害、定向增香方面的技术瓶颈仍待突破，相关减害增香技术尚存在减害选择性不佳、工业适用性不强、卷烟香气淡化、影响规律不明等问题。因此，以卷烟滤棒为载体，以新型减害材料、功能丝束和功能香精为抓手，构建卷烟减害增香关键技术体系迫在眉睫。

本书主要内容为卷烟滤棒减害增香功能材料的研发及应用技术，涵盖活性炭、氧化硅和分子筛等微孔材料、二氧化钛和氧化铝等介孔材料、微孔-介孔复合材料及其功能化修饰材料、生物模板法合成纳米吸附材料、气凝胶材料、天然植物增香颗粒、香料吸附包埋技术。

本书具体分工如下：第 1 章和第 6 章由郑州轻工业大学许春平完成，第 2 章由广西中烟工业有限责任公司冯守爱、胡志忠、白家峰和薛云共同完成，第 3 章由河南中烟工业有限责任公司高明奇、崔春和郭华诚共同完成，第 4 章由四川中烟工业有限责任公司张艇、云南中烟工业有限责任公司李超共同完成，第 5 章由河北中烟工业有限责任公司马戎、冯文宁和何峰共同完成，第 7 章由郑州轻工业大学贾学伟和李天笑共同完成。

本书的出版得到了河南省食品生产与安全协同创新中心的出版基金资助，对此表示诚挚的谢意。梁永伟、曹源、吴攀、董鸿辉、刘亚龙、李立鹏、代玉祥、孟丹丹、熊亚妹、袁梦、马兵杰等在实验和写作方面做了很多工作，在此表示感谢。

著者

2023 年 10 月

目　　录

1 微孔分子筛对卷烟烟气的吸附性研究

1.1 活性炭微结构对吸附烟气中羰基化合物的影响

卷烟烟气组成复杂,已鉴别出的成分超过 5200 种,其中某些成分对人体健康会造成损害。在卷烟过滤嘴中添加特异性吸附材料是降低主流烟气中有害成分含量的有效途径。其中,活性炭是应用范围最广的一种卷烟烟气吸附材料。自 1958 年活性炭成功应用于卷烟过滤嘴之后,活性炭已在许多国家的卷烟中广泛应用。

卷烟主流烟气是既含有粒相物又含有气相成分的复杂体系,且具有高流速、脉冲不连续的特点。在此情况下,活性炭的比表面、孔结构等微结构参数如何设计才能实现其最优的吸附性能,是烟气减害研究应考虑的问题。前人的研究基本围绕高比表面的微孔活性炭进行,对于认识活性炭微结构参数对吸附烟气有害物质的影响有一定的局限性,也无法为某些比表面较低的吸附材料的卷烟应用研究提供理论支持。为拓宽活性炭的微结构参数范围,试验选择了不同比表面,特别是比表面较低、中大孔结构为主的活性炭作为研究对象,研究其对烟气中挥发性羰基化合物有害成分的吸附作用并进行对比分析,以期认识活性炭微结构在烟气吸附中的作用。结果显示,尽管高比表面的微孔活性炭对羰基化合物总量的脱除率略高于低比表面的中大孔活性炭,但比表面积、微孔比例等参数与烟气中各种羰基化合物的脱除率相关性不大,低表面积的中大孔活性炭也有较好的脱除效果。不同活性炭对八种羰基化合物脱除能力的变化有一定的相似性。中大孔活性炭对烟气有害成分具有优异的吸附能力与主流烟气高空速的特征有关。本研究结果对于研制新型烟气减害材料有借鉴意义。

1.1.1 活性炭颗粒在卷烟滤棒中的添加

将活性炭颗粒添加到两截醋纤滤棒预留的空腔中,形成醋纤-活性炭-醋纤三元复合滤棒,其结构示意图如图 1-1 所示,滤棒吸阻控制在(3200±200)Pa。利用该滤棒一切四卷制烟支,每支卷烟中活性炭的标准添加量为 100mg。

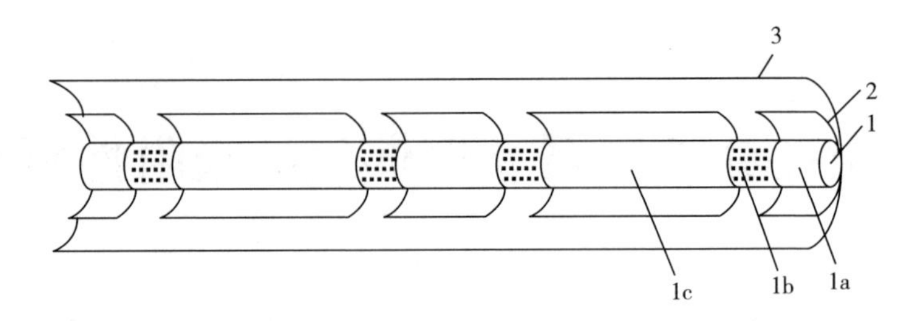

图 1-1 醋纤-活性炭颗粒-醋纤三元复合滤棒示意图
1—滤芯 1a、1c—普通醋纤滤芯 1b—活性炭颗粒 2—内包裹层 3—外包裹层

1.1.2 烟气分析

用于烟气分析的试验卷烟在温度(22±1)℃和相对湿度(60±2)%下平衡 48h,使用前进行重量的分选。利用转盘式吸烟机及气相色谱仪测定烟气中的焦油、烟碱及 CO 传输量。测定主流烟气中羰基化合物的含量,测试过程中用直线型五孔道吸烟机。按照规定的标准条件抽吸卷烟,每次抽吸 2 支烟,并做平行样,用剑桥滤片捕集主流烟气,通过高效液相色谱(HPLC)分析主流烟气中羰基化合物的含量。

1.1.3 活性炭微结构表征

表 1-1 是不同活性炭的 BET 比表面和孔结构分析结果。表 1-1 显示,1#样具有较高的 BET 比表面,且其比表面和孔容贡献以微孔为主。2#和 3#样的 BET 比表面较低,2#样微孔孔容占总孔容的 32.1%,3#样微孔孔容占总孔容的比例更低,仅为 10.9%。这说明两个样品微孔结构不发达,存在较多的中大孔,孔容贡献以中大孔为主。分析表 1-1 可以发现,1#、2#、3#样的 BET 比表面依次降低,微孔比例依次降低,中大孔比例依次升高。

表 1-1 不同活性炭的微结构参数

样品	BET 比表面 (m^2/g)	微孔表面积 (m^2/g)	总孔容 (cm^3/g)	微孔孔容 (cm^3/g)	微孔孔容/总孔容(%)
1#样	955.7	882.4	0.459	0.340	74.1%
2#样	119.0	98.5	0.187	0.06	32.1%
3#样	83.0	32.5	0.184	0.02	10.9%

图 1-2 是三个样品的 N_2 等温吸脱附曲线。1#样符合 I 型等温线特征,属于典型

的微孔结构材料;2[#]和3[#]样的吸脱附曲线应属于Ⅳ型等温线,明显的滞后环特征揭示了中孔的大量存在,相对压力接近1时曲线的快速上升是大孔吸附的表现。

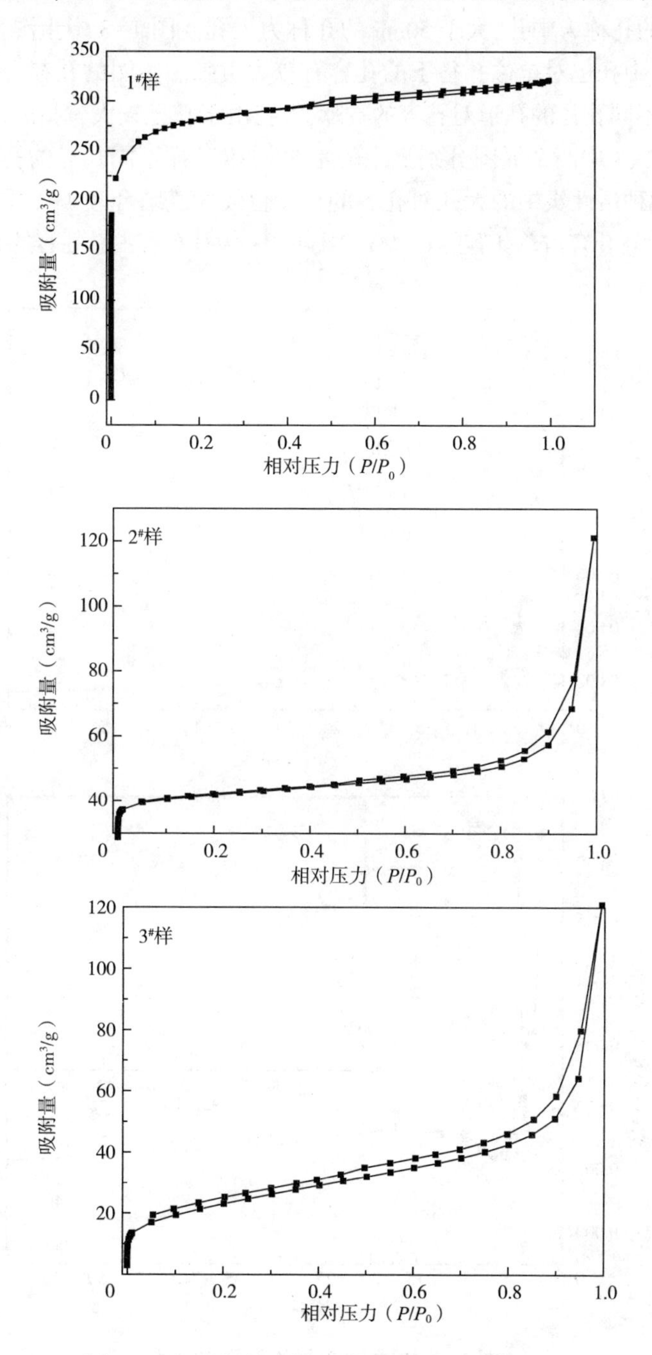

图1-2 三个活性炭样品的N_2等温吸脱附曲线

为进一步认识 2#样和 3#样的孔结构情况,研究分析了 2#样和 3#样的孔分布曲线,见图 1-3。根据国际纯粹与化学联合会(IUPAC)的分类标准,小于 2nm 的孔称为微孔,介于 2~50nm 的孔称为中孔,大于 50nm 的孔称为大孔。图 1-3 中主图显示,2#样和 3#样除微孔之外,中孔也对单位孔径下的孔容有较大贡献。主图的孔径分布曲线显示的是单位孔径下不同孔径的孔道对孔容的贡献,大孔由于孔径较大,对孔容的贡献在这里无法体现。图 1-3 中两个插图分别显示的是 2#样和 3#样不同孔径的孔道对孔容的贡献,显示出这两种活性炭中的大孔对孔容的贡献也较大。结合表 1-1 中的数据可以得出,2#样的中、大孔孔容占总孔容的 67.9%,3#样的中、大孔孔容占总孔容的 89.1%。

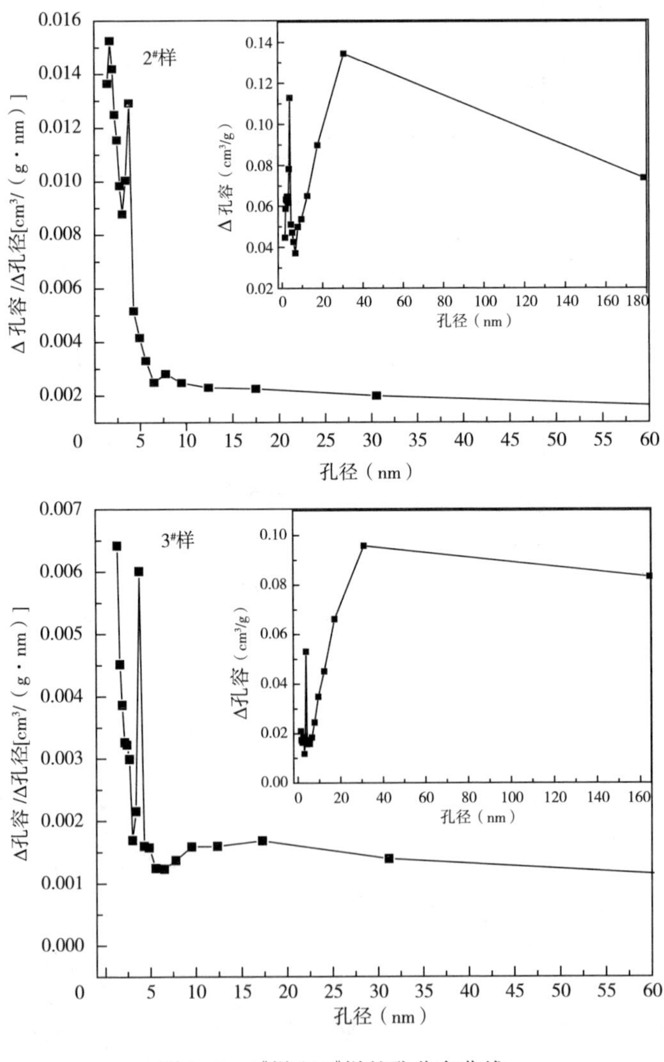

图 1-3　2#样和 3#样的孔分布曲线

1.1.4 活性炭对烟气中挥发性羰基化合物的吸附作用

上述表征结果明确了三种活性炭样品的不同微结构特征。为认识活性炭微结构对其吸附烟气有害成分的影响，以烟气中的挥发性羰基化合物为探针分子，试验研究了以上三种活性炭颗粒按图 1-1 方式添加于卷烟滤棒中后，卷烟主流烟气中挥发性羰基化合物含量的变化，对照卷烟的滤棒为普通醋纤滤棒。试验卷烟和对照卷烟的长度、圆周、吸阻等物理指标符合同一标准要求，保证了不同滤棒卷烟的烟气分析结果具有可比性。几种卷烟主流烟气中挥发性羰基化合物含量的对比见图 1-4。

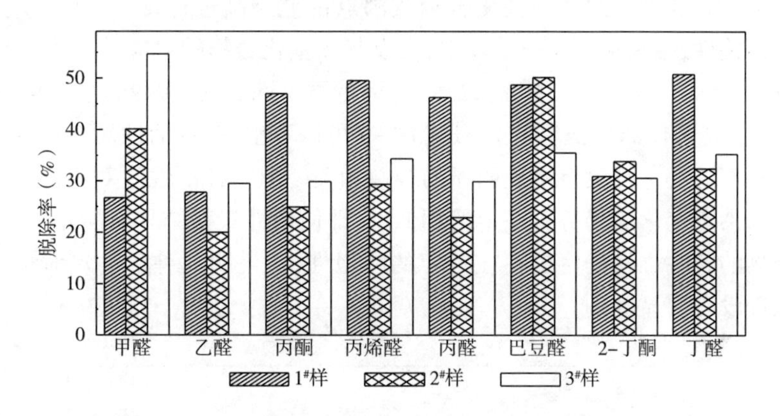

图 1-4 不同卷烟主流烟气中各种羰基化合物的分析结果

图 1-4 显示的是 3 种活性炭分别添加于卷烟滤棒后与对照卷烟相比，主流烟气中 8 种羰基化合物的脱除率。显然，包括低比表面的 2#样、3#样在内的 3 种活性炭颗粒，对烟气中 8 种羰基化合物都有显著的脱除效果，每种羰基化合物的脱除率基本上都超过 20%。部分挥发性羰基化合物最终存在于烟气焦油中，为弄清烟气中羰基化合物含量的降低是否与焦油含量变化有关，研究人员检测了试验卷烟和对照卷烟的烟气三项指标，结果见表 1-2。

表 1-2 不同卷烟烟气三项指标分析结果

卷烟样品	焦油(mg/支)	烟碱(mg/支)	CO(mg/支)
对照烟	11.53	1.08	12.4
1#卷烟	11.68	1.10	12.1
2#卷烟	11.27	1.02	12.5
3#卷烟	11.19	1.05	12.0

表 1-2 显示,添加活性炭的卷烟与对照卷烟相比,焦油含量并未降低。这与前期研究的其他吸附材料相似,说明三种活性炭对羰基化合物的吸附属于选择性吸附。另外,图 1-4 显示三种活性炭脱除效率的差异主要与羰基化合物的种类有关。对于甲醛,1#、2#、3#样的脱除率依次升高;而对于丙烯醛、丙醛、丙酮或丁醛,1#样的脱除率又明显高于 2#和 3#样;对于 2-丁酮,三种活性炭的脱除率差别不大;对于国内烟草行业重点关注的烟气七项有害成分中的巴豆醛,2#样显示出最高的脱除率,1#样略低,3#样明显低于 1#或 2#样。

挥发性羰基化合物的被吸附程度与其在烟气中的蒸气压有关,卷烟滤嘴中影响不同挥发性羰基化合物蒸气压的重要因素是各自的沸点,沸点与其在滤嘴中的蒸气压呈负相关。将 8 种挥发性羰基化合物按沸点由低到高进行排序,并分析其脱除率与沸点的相关性,结果见图 1-5。其中,沸点与羰基化合物的对应关系为-19.5℃(甲醛)、20.8℃(乙醛)、48℃(丙醛)、52.5℃(丙烯醛)、56.5℃(丙酮)、74.8℃(丁醛)、79.6℃(2-丁酮)、102℃(巴豆醛)。从图 1-5 可以看出,三种活性炭对羰基化合物的脱除率与沸点的变化都没有呈现明显的线性相关。但三种活性炭对不同羰基化合物的脱除率随沸点变化的趋势有一定的相似性,即使活性炭微结构有所不同,其对不同羰基化合物的脱除难易程度仍存在一定的相似性,这说明几种活性炭对羰基化合物的脱除原理没有明显区别。

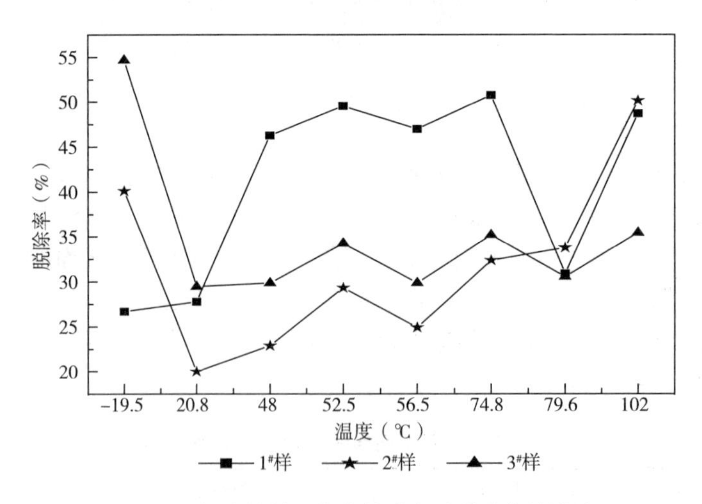

图 1-5　挥发性羰基化合物沸点对脱除率的影响

图 1-6 是三种活性炭分别添加于卷烟滤棒后,与对照卷烟相比,主流烟气中羰基化合物总量脱除率的比较,柱形图上方为相应活性炭的 BET 比表面积。图 1-6 显示,1#样活性炭对羰基化合物总量的脱除率最高,3#样次之,2#样最低。尽管 1#样的比表面积、微孔表面积等是 2#或 3#样的 10 倍左右,但其对羰基化合物的脱除率远未增

大到相应的倍数,只是高于 2#或 3#样 14%~26%;2#样的比表面积、微孔表面积、微孔孔容大于 3#样,但其对羰基化合物的脱除率却略低于 3#样。以上结果揭示了羰基化合物的整体脱除率与活性炭的比表面、微孔比例等参数相关性并不强;低比表面的中大孔活性炭也可以有效脱除烟气中的羰基化合物。

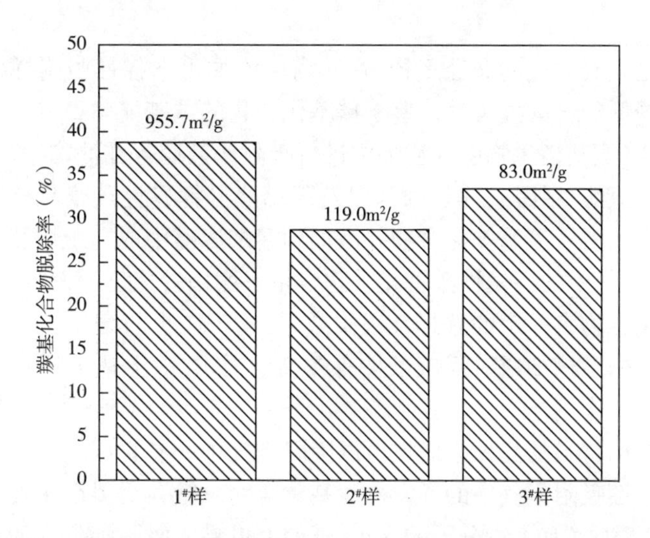

图 1-6 不同卷烟主流烟气中羰基化合物总量脱除率的比较

上述结果应与卷烟抽吸过程中主流烟气的空速较大有关。考虑到醋纤-活性炭-醋纤过滤嘴中烟气的空速可以达到约 500000/h,在活性炭表面微孔快速吸附饱和后,烟气有害成分向活性炭内部孔道的扩散传质将成为吸附的限制步骤。在这种情况下,中、大孔由于孔径大,对吸附质分子阻力小,更有利于有害成分分子的扩散并进入孔道形成吸附,这可能是低比表面的中大孔活性炭可有效吸附挥发性羰基化合物的原因。

1.1.5 本节小结

本试验将不同微结构的活性炭颗粒分别添加到卷烟滤嘴中,分析其对卷烟主流烟气中挥发性羰基化合物含量的影响,发现活性炭的 BET 比表面积、微孔比表面、微孔比例等参数与羰基化合物脱除率的相关性不强,低 BET 比表面的中大孔活性炭也可以有效降低烟气中羰基化合物的含量,其原理应与卷烟主流烟气较高的空速有关。这一发现拓宽了卷烟用吸附材料活性炭的技术范围。更重要的是,许多在安全性、卷烟烟气协调性等方面适合卷烟应用的吸附材料由于 BET 比表面积和微孔比表面积较低,研究工作者局限于传统吸附理论的认知很少将其用于烟气减害研究。本研究的发现为这些材料的开发及卷烟应用研究提供了理论支持。

1.2 氧化硅微孔材料对烟气中挥发性羰基化合物的吸附研究

卷烟滤嘴是烟气通过的必经途径,在滤嘴中添加可选择性吸附挥发性羰基化合物的材料有望降低烟气的危害性。鉴于羰基化合物的羰基能与氨基衍生物发生亲核加成反应,故可将氨基衍生物引入滤嘴中进行吸附。聂聪等在滤嘴中添加胺基材料,可降低烟气中巴豆醛、甲醛、乙醛、丙醛以及丙烯醛等挥发性羰基化合物的含量。王诗太等在硅胶表面引入氨基类化合物并添加到卷烟滤嘴中或在纸质滤嘴上涂覆氨基化合物,可降低烟气中的挥发性羰基化合物含量。谢山岭、王凯等研究发现壳聚糖对烟气中的羰基化合物有一定的选择性吸附效果,这可能也与壳聚糖分子链上的氨基有关。由于羰基的亲核加成对反应条件有较高的要求,故上述方法在实际应用中很难稳定有效地发挥作用。

利用多孔结构材料的高比表面也可以吸附烟气中的有害成分。冯守爱等发现介孔氧化铝可选择性吸附烟气中的挥发性羰基化合物。微孔材料由于具有更高的比表面积、孔径接近于烟气有害物分子的大小,理论上更易于吸附烟气中的有害成分。国际上微孔材料在烟气减害中的研究主要集中在活性炭,许多国家卷烟产品的滤嘴中都使用了活性炭,研究也显示活性炭对挥发性羰基化合物有一定的吸附作用。微孔分子筛用于烟气减害是近年来发展起来的研究方向,尚未有较大突破。研究报道较多的是硅铝基沸石分子筛,曾有报道 A 型、ZSM 型、13X 型、Y 型沸石分子筛可有效降低卷烟烟气中亚硝胺、稠环芳烃等有害成分的含量。氧化硅微孔材料的合成和应用是近年来的研究热点,有必要将氧化硅微孔材料添加到卷烟滤嘴中,研究其对烟气中挥发性羰基化合物的吸附作用。结果显示氧化硅微孔材料对挥发性羰基化合物有明显的吸附作用。其中,对巴豆醛、丙烯醛、甲醛、2-丁酮的脱除率均超过 50%;对丙醛、丁醛、丙酮的脱除率超过 30%。烟气三项指标分析表明,氧化硅微孔材料对烟气中的焦油和烟碱含量影响不大。通过与非极性吸附材料活性炭的比对,认为氧化硅微孔材料对挥发性羰基化合物的吸附主要与其高比表面、丰富的微孔结构有关,而与其极性相关性不强。

1.2.1 氧化硅微孔材料的表征方法

采用扫描电子显微镜(SEM)对氧化硅微孔材料的微观形貌进行观测。其孔结构及比表面积由全自动比表面与孔隙度全自动分析仪通过 N_2 吸附等温线分析。氧化硅微孔材料的晶相结构由 X 射线衍射仪检测。

1.2.2 氧化硅微孔材料添加到卷烟滤棒

将氧化硅微孔材料制成 30~50 目的颗粒,添加到两截醋纤滤棒之间 6mm 的空腔中(每个空腔中氧化硅微孔材料的添加量为 70mg),制成醋纤-氧化硅微孔材料-醋纤三元复合滤棒,生产卷烟时将该滤棒一切四卷制烟支。

1.2.3 烟气分析

卷烟烟气分析前进行重量的分选,并在相对湿度(60±2)%和温度(22±1)℃下平衡 48h。按方法《卷烟常规分析用吸烟和规定总粒相物和焦油》(GB/T 19609—2004)、《卷烟烟气总粒相物水分和烟碱测定》(YC/T 008—1993)、《卷烟烟气相中 CO 的测定非散射红外法》(YC/T 30—1996),利用转盘式吸烟机及气相色谱仪测定主流烟气中的焦油、烟碱及 CO 含量。按行业标准方法采用直线型五孔道吸烟机和高效液相色谱(HPLC)测定主流烟气中挥发性羰基化合物的含量。

1.2.4 氧化硅微孔材料形貌及晶相结构

氧化硅微孔材料的微观形貌如图 1-7 所示,结果显示其为形貌不规则、尺寸大多在 100~1000nm 的颗粒。图 1-8 是氧化硅微孔材料的 X 射线衍射图谱,符合二氧化硅的晶相结构,但显示其结晶程度不高。

图 1-7 氧化硅微孔材料的 SEM 图像

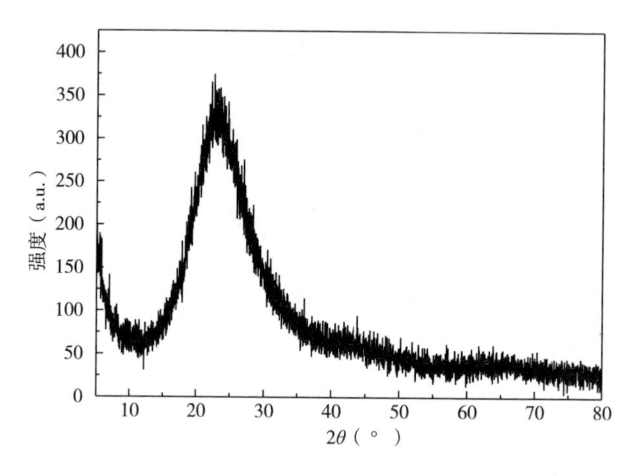

图 1-8　氧化硅微孔材料的 X 射线衍射图谱

1.2.5　氧化硅微孔材料微结构表征

氧化硅微孔材料的微结构参数如表 1-3 所示。表中显示氧化硅微孔材料的 BET 比表面为 1310.0m^2/g,其中微孔比表面积高达 1192.87m^2/g,说明其比表面以微孔比表面的贡献为主;孔容的分析数据也揭示了微孔为主的微结构特征。氧化硅微孔材料的 N_2 吸脱附曲线见图 1-9,进一步揭示了微孔结构为主的孔道特征。图 1-10 是其孔分布曲线,图中显示该材料孔道的孔径大多集中在 0.3~1.2nm,属于微孔范围,这也使其具有高微孔表面积和高 BET 比表面的原因。另外,该材料在 1.2~2.5nm 的范围也有少量的孔道。

表 1-3　氧化硅微孔材料的微结构参数

微孔表面积（m^2/g）	BET 比表面（m^2/g）	微孔孔容（cm^3/g）	总孔容（cm^3/g）
1192.87	1310.0	0.52	0.69

1.2.6　氧化硅微孔材料对烟气中八种挥发性羰基化合物的吸附作用

为考察氧化硅微孔材料对烟气中挥发性羰基化合物的吸附作用,按图 1-1 方法将氧化硅微孔材料添加到滤棒中形成复合滤棒,并卷制成试验烟,对照卷烟的滤棒为普通醋纤滤棒。从表 1-4 的烟气分析结果可以看出,氧化硅微孔材料添加到滤嘴中

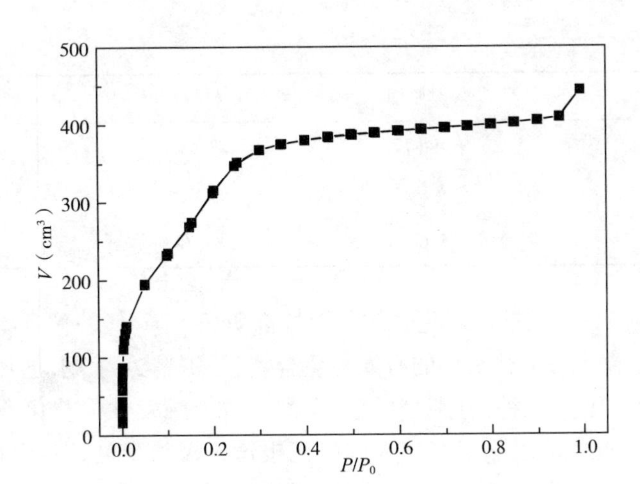

图 1-9 氧化硅微孔材料的吸脱附曲线

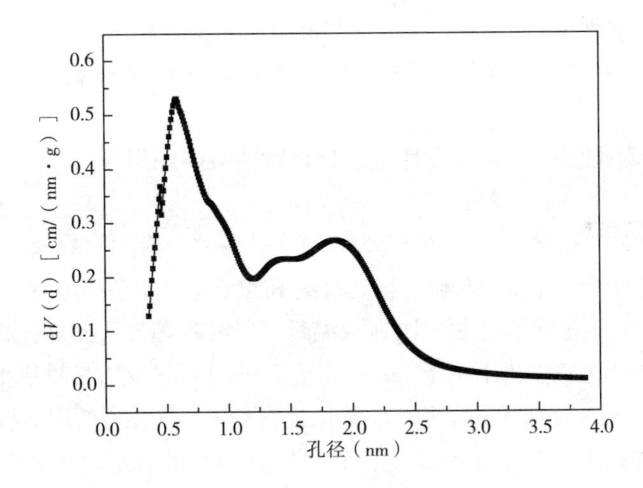

图 1-10 氧化硅微孔材料的孔径分布曲线

表 1-4 不同卷烟主流烟气中挥发性羰基化合物的分析结果

指标(μg/支)	对照烟	微孔材料卷烟	降低率(%)
2-丁酮	84.64	38.99	53.9
巴豆醛	27.75	9.54	65.6
甲醛	54.63	15.54	71.6
乙醛	129.37	98.13	24.15
丙酮	102.07	52.74	48.3
丙烯醛	34.40	17.15	50.15

续表

指标(μg/支)	对照烟	微孔材料卷烟	降低率(%)
丙醛	44.77	29.68	33.71
丁醛	39.33	24.01	38.9
总量	516.96	285.78	44.72

后,卷烟烟气中八种挥发性羰基化合物的含量都明显下降,任一化合物的脱除率均超过20%。其中,脱除率超过50%的有四种化合物,分别是2-丁酮、巴豆醛、甲醛、丙烯醛;脱除率超过30%有三种,分别是丙醛、丁醛、丙酮;挥发性羰基化合物总的脱除率达到44.72%,如此高的脱除率在前人的研究报道中极为少见。卷烟抽吸时,滤嘴温度仅为40℃左右。在如此低的温度环境下,很难发生热催化反应,因此氧化硅微孔材料对烟气中挥发性羰基化合物的脱除应为吸附作用。氧化硅微孔材料的孔道由于存在极性较强的路易斯中心,其强吸附力常与静电引力密切相关。挥发性羰基化合物也属于存在一定极性的物质,有必要了解氧化硅微孔材料极性对于其吸附效果的作用。

1.2.7 活性炭对烟气中八种挥发性羰基化合物的吸附作用

为认识氧化硅微孔材料极性对于挥发性羰基化合物吸附的影响,本研究选择了典型的非极性吸附材料活性炭作为对比。将具有高BET比表面和微孔比表面的活性炭按照图1-1显示的方式填充到卷烟滤棒中,制成醋纤-活性炭-醋纤三元复合滤棒。填充体积与氧化硅微孔材料填充时相同,由于二者的比重不同,实际填充质量并不相同。利用该滤棒制成烟支,研究其主流烟气中挥发性羰基化合物含量的变化。所用活性炭的微结构参数见表1-5,添加到滤棒中后,主流烟气中挥发性羰基化合物含量的变化见表1-6。

表1-5 活性炭的微结构参数

BET比表面 (m^2/g)	微孔表面积 (m^2/g)	总孔容 (cm^3/g)	微孔孔容 (cm^3/g)
955.7	717.2	0.497	0.330

表1-6 活性炭对卷烟主流烟气中挥发性羰基化合物含量的影响

指标(μg/支)	对照	活性炭卷烟	降低率(%)
2-丁酮	86.79	56.98	34.3
巴豆醛	29.24	15.00	48.7
甲醛	56.77	41.60	26.7

续表

指标(μg/支)	对照	活性炭卷烟	降低率(%)
乙醛	123.76	89.39	27.8
丙酮	103.14	54.68	47.0
丙烯醛	37.87	19.11	49.5
丙醛	48.54	26.08	46.3
丁醛	43.51	21.42	50.8
总量	529.62	324.26	38.8

表1-6显示活性炭对烟气中的挥发性羰基化合物有较好的吸附效果,总量降低率达到38.8%。说明非极性吸附剂对挥发性羰基化合物也可以有效吸附。这一结果揭示了尽管挥发性羰基化合物属于极性物质,但对于烟气中挥发性羰基化合物的脱除,多孔吸附剂的BET比表面、微孔比表面等微结构参数比较重要,而吸附剂的极性与吸附效果的相关性则不强。当然,表1-6和表1-4的比对也显示氧化硅微孔材料的吸附效果要高于活性炭,这应与所用活性炭的BET比表面、微孔比表面以及孔容等都相应低于氧化硅微孔材料有关。

1.2.8 氧化硅微孔材料和活性炭对烟气中焦油、烟碱以及CO含量的影响

烟气中大部分挥发性羰基化合物的沸点都高于卷烟抽吸时的滤嘴温度,因此大多数挥发性羰基化合物在经过滤嘴时都冷凝于焦油中,为进一步认识氧化硅微孔材料和活性炭对挥发性羰基化合物的吸附机理,有必要了解氧化硅微孔材料和活性炭添加到嘴棒后对烟气中焦油含量的影响。表1-7显示,这两种吸附剂对烟气中焦油含量的影响都不大,说明挥发性羰基化合物可能是在冷凝于焦油之前被吸附或者吸附剂将其从焦油中剥离出来,即氧化硅微孔材料和活性炭对于烟气中挥发性羰基化合物的吸附属于选择性吸附。另外,表1-7显示氧化硅微孔材料对烟碱含量的影响也不大,这有利于保持卷烟的劲头。表1-7也显示氧化硅微孔材料对于烟气中的CO无脱除效果。

表1-7 不同卷烟主流烟气三项指标的分析结果

样品	焦油量(mg/支)	烟碱量(mg/支)	CO(mg/支)
对照烟	11.16	1.07	11.4
微孔材料卷烟	11.18	1.09	11.3
活性炭卷烟	11.57	1.35	11.0

1.2.9 本节小结

氧化硅微孔材料在卷烟滤嘴中的添加，显著降低了烟气中挥发性羰基化合物的含量，且对烟气中焦油、烟碱的含量基本没有影响。与非极性吸附材料活性炭的比对，显示其吸附原理主要与氧化硅微孔材料的高 BET 比表面、丰富的微孔结构有关，而与其极性相关不大。

1.3 沸石分子筛吸附性能及其在烟气减害中的应用研究

在沸石分子筛的合成及作为吸附减害材料的研究应用方面，Xu 等报道了以表面活性剂胶束为中孔模板合成中微孔结构分子筛、中孔沸石孔壁部分晶化、微孔沸石结构部分无定型化及非胶束型物质为模板剂合成了中微孔结构沸石分子筛，并对其发展趋势做了展望。Sun 等使用 HZSM-5 沸石喷涂在卷烟的烟丝中，其对卷烟主流烟气中 TSNA 的去除效果为 18ng/mg。Li 等使用改性 Y 型分子筛应用于二元复合滤棒，其对苯系物降低幅度达 30%以上，同时也解决了复合滤棒成形过程中的扬尘问题。Feng 等将 13X 型分子筛材料加入三元复合滤棒空腔部分，对卷烟烟气检测结果表明 13X 型分子筛对烟气中低分子醛酮有明显的脱除作用。Dong 等根据近年来国内外分子筛在卷烟中的应用研究及成果，重点介绍微孔分子筛、分子筛-X 复合材料及介孔分子筛、微孔-介孔复合孔结构在卷烟中的应用研究情况，并指出制备易于工业化添加的分子筛复合材料，才是分子筛材料在卷烟中大规模工业化应用的关键。上述材料虽有减害作用，但在材料工业化生产或卷烟感官质量方面有欠缺，故在国内应用受限。本工作在沸石分子筛制备工艺工业化方面进行研究，首先合成两种高硅沸石粉，再以硅溶胶作为黏结剂，田菁粉作为造孔剂分别制备出 20~40 目沸石分子筛颗粒，并对分子筛物化性质进行表征和分析，将分子筛颗粒应用于卷烟滤嘴，进行烟气减害性能评价及感官质量评价。结果表明：合成的两种分子筛颗粒满足滤棒生产上机适用性需求，卷烟试验样与对照样相比，烟气三项指标烟碱、焦油量及一氧化碳量基本不变；Y 型分子筛颗粒对烟气七项有害成分中的 HCN、巴豆醛的降低率分别为 10.2%和 7.1%，ZSM-5 型沸石分子筛颗粒对烟气七项有害成分中 HCN、巴豆醛、苯并[α]芘的降低率分别为 20.1%、10.6%和 14.4%，烟气评价指数降低 0.5。两种分子筛颗粒对卷烟感官质量影响不大。

1.3.1 沸石粉的合成

合成的沸石分子筛分为两种类型：第一种为 Y 型分子筛，先制备 Na-Y 沸石粉。合成条件为：4.62Na_2O ∶ Al_2O_3 ∶ 10SiO_2 ∶ 180H_2O。室温陈化 12h 后再在 100℃条件下反应 24h，后对样品进行过滤、洗涤、干燥得到试验样品 NaY。再以 NH_4Cl 溶液（1mol/L）将 NaY 交换为 NH_4Y，再进行过滤、洗涤、干燥得到 Y 型分子筛试验样品。第二种为 ZSM-5 型沸石粉，先制备 Na-ZSM-5 沸石粉，合成条件为：3.25Na_2O ∶ Al_2O_3 ∶ 30SiO_2 ∶ 958H_2O ∶ 3TPAOH，室温陈化 12h 后再在 150℃条件下反应 24h，再对样品进行过滤、洗涤、干燥得到 Na-ZSM-5 沸石粉实验样品，然后以 NH_4Cl 溶液（1mol/L）将 Na-ZSM-5 交换为 NH_4-ZSM-5，过滤、洗涤、干燥得到 ZSM-5 型沸石粉。

1.3.2 分子筛颗粒材料的制备工艺

以沸石粉为基材，使用硅溶胶作为黏结剂，田菁粉作为造孔剂，分别制备 FGS-101（以 Y 型沸石为主体）及 FGS-102（以 ZSM-5 型沸石为主体）分子筛颗粒：

（1）对于 FGS-101 分子筛颗粒，该样品按 80%Y 型沸石+19%黏结剂+1%造孔剂配比进行制备，将一定量 NH_4Y、黏结剂、造孔剂、水等均匀混合后，揉成面团状，置于压片机中进行挤压加工，烘干后再进行转晶焙烧。将上述成型后样品敲碎后过筛，取 20~40 目颗粒，样品标记 FGS-101。

（2）对于 FGS-102 分子筛颗粒，该样品按 80%ZSM-5 型沸石+19%黏结剂+1%造孔剂配比进行制备，将一定量 NH_4-ZSM-5、黏结剂、造孔剂、水混合后，揉成面团状，置于压片机中进行挤压加工，烘干后再进行转晶焙烧。将上述成型后样品敲碎后过筛，取 20~40 目颗粒，样品标记 FGS-102。

1.3.3 分子筛颗粒的物化性质表征

使用扫描电子显微镜、X 射线衍射仪、全自动比表面分析仪、Si 固体核磁仪等仪器，对以上两个实验样品进行物化性质表征，以确定这两种材料的形貌、晶型、结晶度、孔结构特征、硅铝摩尔比，并按标准方法测试样品水吸附量、正己烷吸附量和抗压碎强度等指标。

1.3.4 分子筛复合滤棒的制备

在滤棒成型过程中将上述分子筛颗粒（20~40 目）分别添加到颗粒喂料机中，通过颗粒喂料机将 FGS－101 颗粒按施加量为 480mg/支、FGS－102 颗粒施加量为 480mg/支的量，分别添加到预留的两截醋纤滤棒空腔部分(空腔长度为 6mm)，形成醋纤-分子筛-醋纤三元复合滤棒。

为比较分子筛颗粒的减害性能，同时加工不添加分子筛颗粒的常规醋纤滤棒作为对照滤棒；加工添加活性炭颗粒的三元复合滤棒，其颗粒添加量为 420mg/支。

1.3.5 卷烟试验样品的制备

利用复合滤棒分别卷制卷烟样品，卷烟样品 1#对应使用含 FGS-101 材料滤棒，卷烟样品 2#对应使用含 FGS-102 材料滤棒，同时制备卷烟样品 3#、4#。3#样为使用普通醋纤滤棒的卷烟(对照样)，4#样为使用活性炭三元复合滤棒的卷烟。为确保卷烟烟气具有可对比性，生产过程已确保每支卷烟的烟丝净含丝量相同且恒定。

1.3.6 分子筛颗粒材料的表征

图 1-11 为 FGS-101、FGS-102 分子筛颗粒粉碎后的扫描电镜照片。从图 1-8 中可以看出，FGS-101 晶体外形较为完整，大小均匀，晶粒尺寸集中在 1～2μm，边缘较为清晰；FGS-102 具有长条状外形晶体特征，晶条棱角清晰，晶长在 2～3μm，横截面为在 0.5～1μm。

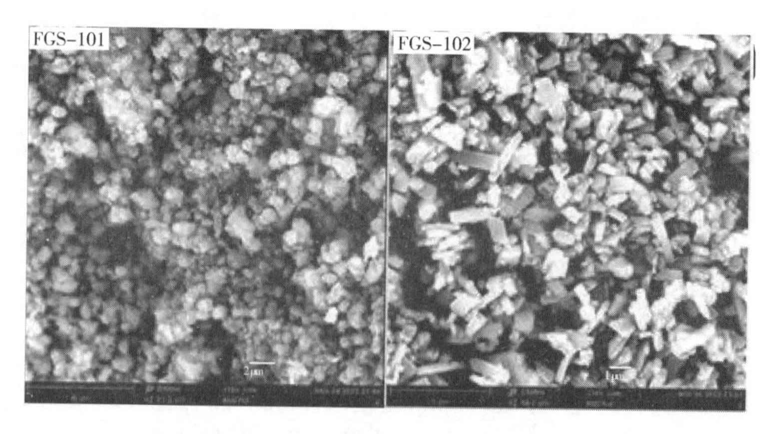

图 1-11　FGS(101,102)扫描电镜照片

利用 X 射线衍射仪(XRD)对两种沸石分子筛的物相鉴定及结晶度测定，结果见图 1-12。从 XRD 图谱上显示的峰值可以看出，FGS-101 显示了典型的 Y 型沸石特征衍射峰，经计算，其相对结晶度>95%。FGS-102 显示了典型的 ZSM-5 型沸石特征

衍射峰,经计算,其相对结晶度>90%。

图 1-13 为分子筛的氮气吸脱附曲线,从图 1-13 中可以看出:FGS-101、FGS-102 属于Ⅳ型等温线,FGS-101 在中压段吸附量平缓增加,此时 N_2 分子以多层吸附在介孔道的内表面,在 $P/P_0=0.85$ 左右吸附量有一突增,说明样品粒子堆积孔较多,迟滞环的存在揭示了样品的介孔结构。FGS-102 在 $P/P_0=0.1\sim0.2$ 时吸附量有一突增,主要归因于微孔和介孔填充所致,中压段近水平平台说明分子筛孔道已经充分填满,没有或几乎无进一步发生吸附;在 P/P_0 近 1.0 处吸附量有一突增,主要归因于样品粒子堆积孔所致。

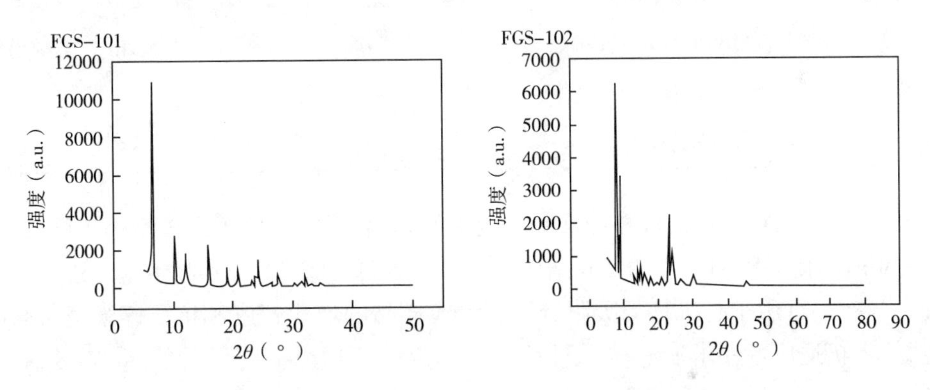

图 1-12 FGS(101,102)X 射线衍射图

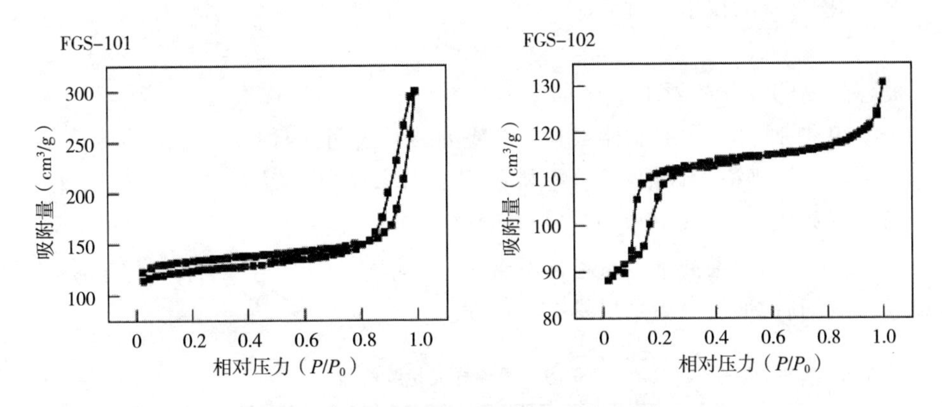

图 1-13 FGS(101,102)氮气吸脱附曲线

此外,项目还表征分析了 FGS-101、FGS-102 样品的硅铝摩尔比、BET 比表面积、孔容积、孔径、正己烷吸附量、水吸附量、堆积密度、抗压碎强度等物化性质,其表征结果详见表 1-8。

表 1-8　FGS 样品的各项参数指标检测值

序号	项目名称	FGS-101	FGS-102
1	硅铝摩尔比	23.8	62.3
2	BET 比表面积(m/g)	408	349
3	相对结晶度(%)	>95	>90
4	堆积密度(g/mL)	0.68	0.70
5	孔容积(cm^3/g)	0.271	0.171
6	孔径(nm)	24.6	2.98
7	正己烷吸附量[%(质量分数)]	>16	>10
8	水吸附量[%(质量分数)]	<4	<2
9	抗压碎强度(N)	>25	>40

结果表明,FGS-101、FGS-102 具有较高的硅铝摩尔比,属于高硅型分子筛,具有较大的 BET 比面积和丰富的多孔结构,其正己烷吸附量远高于水吸附量。这说明具有疏水特性,可用于有机物的吸附分离。颗粒样品的堆积密度和抗压碎强度符合卷烟滤棒上机适应性要求。

1.3.7　滤棒材料的技术评价

滤棒样品的表征如表 1-9 所示。

表 1-9 中 1#、2#、3#、4#滤棒试验样品检测结果表明,四种滤棒样品检测值基本相同且接近该滤棒规格设计值,符合上机使用要求。复合滤棒 1#、2#、4#与对照样 3#滤棒克重差异较大,主要原因为 1#、2#、4#滤棒添加有颗粒材料,而 3#对照样无颗粒材料,在滤棒压降相同条件下克重指标不会对卷烟烟气分析产生影响,确保了使用不同滤棒卷接成烟后,烟气分析结果具有可比性。

表 1-9　滤棒样品检验结果

序号	滤棒名称	克重(g)	压降(Pa)	圆周(mm)	圆度(%)	长度(mm)
1#	空腔颗粒复合滤棒(FGS-101)	1.30	3197	24.26	0.21	120.01
2#	空腔颗粒复合滤棒(FGS-102)	1.29	3220	24.25	0.19	120.05
3#	对照滤棒	0.77	3208	24.25	0.20	120.01
4#	空腔颗粒复合滤棒(活性炭)	1.20	3203	24.26	0.20	120.00

注　上表数据为 50 支滤棒样品检测平均值。

1.3.8 卷烟样品的评价

利用上述四个滤棒样品一切四后卷制烟支，为确保卷烟烟气具有可对比性，卷制过程已确保每个卷烟烟支的净含丝量不变，试验卷烟样品的物理指标检验结果详见表1-10。

表 1-10 试验卷烟样品物理指标检验结果

序号	卷烟样品	克重(g)	吸阻(Pa)	圆周(mm)	圆度(%)	长度(mm)
1#	卷烟 1#(FGS-101)	1.028	1112	24.54	0.34	84.1
2#	卷烟 2#(FGS-102)	1.020	1185	24.52	0.32	84.1
3#	卷烟 3#(对照样)	0.907	1135	24.55	0.30	84.1
4#	卷烟 4#(活性炭)	1.005	1125	24.54	0.31	84.1

注 表3数据为50支滤棒样品检测平均值。

表1-10烟支物理指标检验结果表明，使用含分子筛颗粒材料滤棒、常规醋纤滤棒、活性炭材料生产的1#、2#、3#、4#卷烟样品，其烟支吸阻范围为1112~1185Pa，吸阻的差异性极小，烟支的其他指标检测值也均在标准范围，符合后续样品分析要求。对试验卷烟样品进行烟气成分分析，结果如表1-11所示。

表 1-11 不同卷烟烟气三项指标检测结果

卷烟样品	焦油(mg/支)	烟碱(mg/支)	CO(mg/支)
卷烟 3#(对照样)	11.4	1.22	12.1
卷烟 1#(FGS-101)	11.6	1.23	11.8
卷烟 2#(FGS-102)	11.3	1.21	12.1
卷烟 4#(活性炭)	11.4	1.20	12.0

从表1-12可以看出，FGS-101颗粒、FGS-102颗粒对卷烟烟气三项指标无明显影响，主要原因为分子筛只对特定物质具有过滤作用，有利于卷烟香气、吸味、风格等感官质量稳定；从表1-13卷烟七项有害成分检测结果分析，FGS-101颗粒对HCN、巴豆醛这两类物质具有过滤效果。FGS-102颗粒对HCN、巴豆醛、苯并[α]芘三种物质具有较好的过滤效果。与对照样相比，FGS-102对HCN的降低率达到20.1%，对巴豆醛的降低率达到10.6%，对苯并[α]芘的降低率达到14.4%，总体上卷烟的评价指数下降了0.5。与活性炭相比，FGS-102在HCN和巴豆醛的选择性吸附方面不具

备优势，但在苯并[α]芘的选择性吸附方面 FGS-102 要明显优于活性炭。

表 1-12　不同卷烟烟气七项有害成分检测结果

卷烟样品	CO (mg/支)	HCN (ng/支)	NNK (μg/支)	NH_3 (μg/支)	苯并[α]芘 (ng/支)	苯酚 (μg/支)	巴豆醛 (μg/支)	评价指数
卷烟 3#(对照样)	12.1	123.1	4.6	7.4	8.3	15.6	19.8	8.9
卷烟 1#(FGS-101)	11.8	110.5	5.3	7.1	8.5	16.2	18.4	8.7
与对照样相比变化率(%)	-2.5	-10.2	+15.2	-4.05	+2.4	+1.9	-7.1	
卷烟 2#(FGS-102)	12.1	98.3	5.4	7.2	7.1	15.7	17.7	8.4
与对照样相比变化率(%)	0	-20.1	+17.4	-2.7	-14.4	+0.6	-10.6	
卷烟 4#(活性炭)	12.0	80.4	4.9	8.9	11.2	13.6	11.2	8.4

对卷烟实验样品的感官质量评价如表 1-13 所示。

表 1-13　感官质量评价

样品	光泽	香气	协调	杂气	刺激	余味	合计
卷烟 3#(对照样)	5.0	28.5	5.0	10.5	17.5	21.5	88.0
卷烟 1#(FGS-101)	5.0	28.5	5.0	10.0	17.0	21.0	86.5
卷烟 2#(FGS-102)	5.0	28.5	5.0	10.0	17.0	22.0	87.5
卷烟 4#(活性炭)	5.0	28.5	5.0	10.0	17.5	21.5	87.5

从表 1-13 评吸结果可知，在卷烟滤嘴中添加 FGS-101、FGS-102 分子筛颗粒材料，对卷烟感官质量影响不大，特别是 FGS-102 样品，与卷烟对照样基本保持一致。

1.3.9　本节小结

制备的沸石分子筛颗粒材料应用于卷烟，对卷烟气三项指标无明显影响，这有利于保持卷烟产品风格特征。作为卷烟减害新型材料，FGS-101 对烟气中 HCN、巴豆醛这两种有害成分具有过滤效果，卷烟危害指数总体下降 0.2；FGS-102 对烟气中 HCN、巴豆醛、苯并[α]芘三种有害成分具有较好的过滤效果，其对 HCN 的减害效果达到 20.1%，对巴豆醛的降低率达到 10.6%，对苯并[α]芘的降低率达到 14.4%，卷烟的危害性指数总体下降了 0.5。本工作可为卷烟减害技术提供新的思路和途径。

2　纳米介孔材料

纳米介孔材料是一种孔径介于微孔和大孔之间的具有巨大比表面积和三维孔道结构的新型材料。介孔材料是以高分子表面活性剂为模板,利用溶胶-凝胶法,通过有机物-无机物界面的定向作用而组装成孔径在2~50nm且有规则孔道结构的多孔材料。根据国际纯粹与应用化学联合会(IUPAC)的定义,按孔径大小可将多孔性固体材料(porous solid materials)分为三类:微孔(microporous)材料(孔径小于2nm),介孔(mesoporous)材料(孔径在2~50nm,又称中孔材料),大孔(macroporous)材料(孔径大于50nm)。

与经典的微孔分子筛相比,介孔分子筛具有规则的孔道结构、较大的比表面积(1000~1500m^2/g),也具有较高的热稳定性和水热稳定性,孔径分布窄且可调节,纳米尺度内保持高度的孔道有序性等优点,使其用作吸附剂、催化剂及功能材料。这弥补了微孔材料的不足,还可利用有序介孔当作纳米粒子的“微反应器”,以制备具有特殊光、电、磁性能的纳米材料,从而为人类从微观角度研究纳米材料的表面效应、量子效应及小尺寸效应等性能提供重要的物质基础。因此,介孔材料的开发对于基础理论研究和实际生产应用都具有重要意义。

近年来,具有特殊形貌和特殊结构的纳米材料引起了科学界的广泛关注,其中之一是空心球型纳米材料。空心微球是由核/壳复合材料演变而来,通过反应物成分以及模板材料粒径尺寸的调节达到对空心材料的结构及成分的调节,从而可实现对空心材料不同性质的大范围调节。空心微球的质轻、比表面大、流动性高,具有高堆积密度、不易团聚、可包容客体分子等多种优异特性,在生产和生活中受到极大的重视。目前,空心微球的合成和应用已成为物理、化学及材料领域的研究热点之一。

近年来,液晶模板、大分子聚合物模板等模板技术在介孔材料的制备中得到广泛应用。模板效应是由于配体与模板剂的配位而改变电子状态,并取得某种特定的空间配置的效应。模板反应则是借助于模板效应进行的反应,人们对超分子化学的兴趣及发展,同时有机化学和无机化学的交叉也更进一步深入,模板反应也将得到长足的发展,并呈现广阔的应用前景。为实现人工合成无机材料形态的多样化,人们把目光转向资源丰富、廉价、环保、可再生、构型独特的生物模板上,这可以更大尺度地满足要求。

本章主要研究内容如下：

首次利用天然橡胶乳液为模板剂成功地合成高催化活性的介孔 TiO_2 材料。有趣的是，所制备的介孔 TiO_2 材料的光催化活性远远强于商业化光催化剂 Degussa P25 TiO_2 材料。同时研究了介孔 TiO_2 材料合成过程中乙酰丙酮对所得材料的影响。

首次利用天然橡胶乳液为模板剂成功地合成二氧化硅空心微球，并研究不同模板剂的量对空心微球结构的影响和吸附性能的影响。

首次利用天然橡胶乳液为模板剂成功地合成了介孔氧化铝材料，并分析了纳米介孔氧化铝材料的卷烟应用毒理学研究和介孔氧化铝选择性吸附烟气中低分子醛酮化合物的研究。

2.1 橡胶乳液模板晶型介孔二氧化钛材料

近年来,颜料、染料、印染、纺织等工业迅速发展,各种有机污染物废水的排放量日益增大。据统计,每年全世界所排放的染料污染物大约占到其生产总量的15%,其中我国是世界上染料生产和消费的第一大国。染料是一类对环境产生严重危害和污染的有色有机物,许多染料生产品种多,具有光稳定性和抗化学氧化性等特点,用传统的生物化学方法处理污水中的染料达不到满意效果,然而用物理化学方法(如活性碳吸附、絮凝等)处理污水中的染料成本较高。酚类是一类较常用的化工原料,含酚废水来源比较广泛,对人类的危害十分严重。美国环保署已经把酚类化合物列为一百二十九种优先控制的污染物之一。我国则把含酚废水列入治理水污染的重点解决项目。由于半导体 TiO_2 具有较强的氧化还原能力、高化学稳定性及无毒的特性,其降解有机污染物的非均相光催化过程被认为是一种具有潜在优势和应用前景的处理方法。

由于介孔二氧化钛材料具有较大的比表面积、均匀的孔径及规则的孔道分布,其具有非多孔结构的二氧化钛纳米粒子不同的优异性能。在光催化剂研究中,二氧化钛表现出强的氧化还原能力、高化学稳定性及无毒等特性。因而,光催化剂研究将以二氧化钛材料为重心展开。Antonelli 和 Ying 首次采用十四烷基磷酸酯为模板剂,合成出六方相的介孔二氧化钛(Ti-TMS),并采用高温焙烧法脱除模板剂。近年来,很多介孔 TiO_2 的制备方法及其应用被发展起来,特别是光催化应用方面得到了广泛的关注。人们通过研究介孔 TiO_2 的光催化性质,发现介孔结构可以明显地提高 TiO_2 材料的光催化性能,还可以提高对有害气体或有毒液体等物质的光催化降解效率。也是就说,介孔 TiO_2 光催化效率明显高于纳米颗粒 TiO_2,在特定情况下已经超过高效光催化剂 Degussa P25 TiO_2。目前,合成介孔 TiO_2 主要通过模板法来完成,所用模板主要有阳离子表面活性剂、阴离子表面活性剂、非离子表面活性剂、嵌段式聚合物等。但这些表面活性剂普遍价格过高,且对环境有一定污染。生物模板以其价廉、资源丰富、环境友好、容易去除等特点而备注关注。利用生物大分子和生物组织合成出介观尺度到宏观尺度且具有复杂形态的新颖材料成为近几年崛起的材料科学研究领域

本研究首次利用西双版纳天然橡胶乳液为模板,成功地合成出锐钛矿型的介孔 TiO_2,并在太阳光照射下对比研究植物乳液模板合成的 TiO_2、化学模板合成的 TiO_2 和商业化光催化剂 Degussa P25 TiO_2 的光催化活性。

2.1.1 橡胶乳液模板晶型介孔二氧化钛材料的制备

2.1.1.1 $MTiO_2$/RL 的制备

量取 1mL 氨水(质量分数为 25%~28%)溶于 100mL 蒸馏水中,搅拌 24h。然后慢慢加入 1mL 天然橡胶乳液,再将 10mL 钛酸丁酯逐滴加入上述溶液中,搅拌后转入聚四氟乙烯瓶中,放入 90℃恒温箱中晶化 7 天。取出后冷却、清洗、过滤、干燥,400℃灼烧 5h。得到白色固体粉末,表示为 $MTiO_2$/RL。

2.1.1.2 $MTiO_2$/RL-AcacH 的制备

量取 1mL 氨水(质量分数为 25%~28%)溶于 100mL 蒸馏水中,搅拌 24h。然后慢慢加入 1mL 天然橡胶乳液,搅拌。在快速搅拌下逐滴加入 10mL 乙酰丙酮,再将 10mL 钛酸丁酯逐滴加入上述溶液中,搅拌。然后转入聚四氟乙烯瓶中,放入 90℃恒温箱中晶化 7 天。取出后冷却、清洗、过滤、干燥,400℃灼烧 5h。得到淡黄色固体粉末,表示为 $MTiO_2$/RL-AcacH。

2.1.1.3 $MTiO_2$/DDA 的制备

量取适量十二胺(DDA)溶于无水乙醇中,搅拌。慢慢加入四异丙醇钛(TTIP),搅拌。然后转入聚四氟乙烯瓶中,放入 90℃恒温箱中晶化。取出冷却、清洗、过滤、干燥,灼烧。得到白色固体粉末,表示为 $MTiO_2$/DDA。

2.1.2 橡胶乳液模板晶型介孔二氧化钛材料的表征

材料的比表面积和孔径分布参数用 NOVA 2000e 型比表面积及孔径分析仪(昆明理工大学)测定,吸附气体为 N_2,吸附温度为液氮温度(77K),比表面积用 BET 法计算,孔容和孔径分布用 BJH 法计算。

材料的孔结构及 TiO_2 晶型用 Hitachi H-800 型透射电子显微镜(TEM)(云南大学)进行观察,加速电压为 150kV。

用日本 D/max-3B 型 X 射线衍射仪(XRD)(云南大学)检测样品的孔结构和物相,射线为 CuKα。低角衍射(LAXRD)条件为:电压 30kV,电流 20mA,步宽 0.01°,扫描速度 0.02°/min,扫描范围 0.1°~5°;高角衍射(HAXRD)条件:电压 40kV,电流 30mA,步宽 0.02°,扫描速度 10°/min,扫描范围 7°~100°。

用 Nicolet 8700 型傅里叶红外(FT-IR)光谱仪(云南大学)检测样品中有机模板

剂的去除情况。光谱分辨率为 128cm^{-1}，脉冲激光波长为 355nm，光斑直径为 6~8mm，频率为 10Hz，能量为 4mJ/Pulse。样品在空气中室温条件下进行时间分辨红外测试。

用日本 SHIMADZU UV-2401PC 型紫外-可见分光光度仪（云南大学）在 200~800nm 做固体样品的紫外-可见漫反射扫描，检测样品的紫外、可见波长处的吸收。

2.1.3 橡胶乳液模板晶型介孔二氧化钛材料的表征结果

2.1.3.1 N_2 等温吸附-解吸曲线

图 2-1 给出了橡胶乳液模板制备的 TiO_2 的 N_2 等温吸附-解吸曲线及 BJH 孔径分布情况，该曲线是典型的 IUPAC Ⅳ型，即各材料具有介孔结构。若吸附-脱附不完全可逆，则吸附脱附等温线是不重合的，这一现象为迟滞效应，多发生于Ⅳ型吸附平衡等温线。氮气相对压力 P/P_0=0.4~0.7 时，由于 N_2 的毛细管凝聚作用，N_2 的吸附量激增，从而在曲线上出现一个突跃，随后的一个长吸附平台表明 N_2 在毛细管内的吸附近乎达到饱和，低比压力区（<0.3，N_2 吸附）与单层吸附有关，单分子层吸附是可逆的，因此不存在迟滞现象。高比压力区存在较大的 H1 型滞后回线，这是由于在较大孔道内发生的毛细冷凝所致。同时用 BET 法计算出各样品的比表面积、孔容和用 BJH 法计算的平均孔径，具体数据见表 2-1。

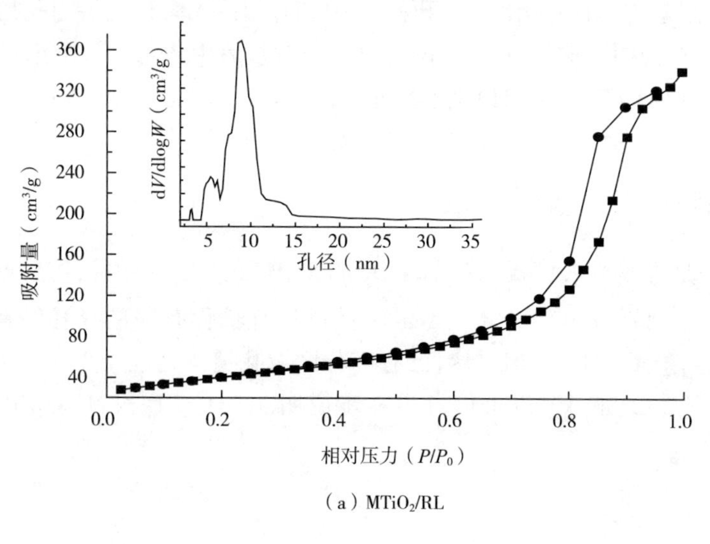

（a）$MTiO_2$/RL

图 2-1

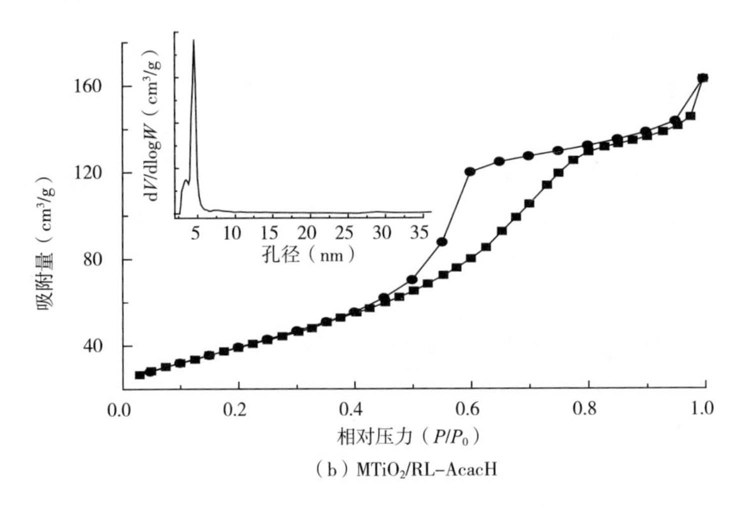

（b）$MTiO_2$/RL-AcacH

图 2-1　$MTiO_2$/RL(a)和 $MTiO_2$/RL-AcacH(b)的 N_2 等温吸附-解吸曲线及孔径分布图

表 2-1　植物乳液模板制备的 $MTiO_2$/RL 和 $MTiO_2$/RL-AcacH 的 N_2 等温吸附-解吸检测结果

催化剂	比表面积(m^2/g)	孔容(cm^3/g)	平均孔径(nm)
$MTiO_2$/RL	145.5	0.2	4.5
$MTiO_2$/RL-AcacH	146.4	0.5	8.9

从孔径分布图可以看出,$MTiO_2$/RL 的平均孔径分布范围在 6.2~15.2nm,这更近一步说明所制备的 $MTiO_2$/RL 是介孔材料,$MTiO_2$/RL-AcacH 的平均孔径分布范围在 2.8~6.4nm,也说明了该材料具有介孔结构,同时从表中还可以看出用乙酰丙酮作为分散剂制备 $MTiO_2$/RL-AcacH 的比表面积和孔容比 $MTiO_2$/RL 的小。一般情况下,商业化 Degussa P25 TiO_2 的比表面积只有 $50m^2$/g。

2.1.3.2　TEM

图 2-2 是橡胶乳液模板制备的 TiO_2 的 TEM 图。TEM 图能清楚地看到用乙酰丙酮作为分散剂制备 $MTiO_2$/RL-AcacH 材料具有长程有序的介孔结构,排列较好[图 2-2(b)]。而 $MTiO_2$/RL 材料已有部分区域孔道排列趋于无序,部分区域发生团聚现象[图 2-2(a)]。以上信息进一步说明 $MTiO_2$/RL 和 $MTiO_2$/RL-AcacH 均具有介孔结构。

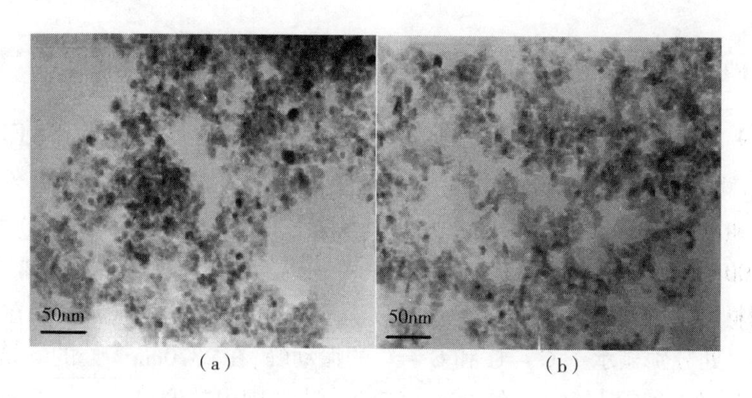

图 2-2 $MTiO_2$/RL(a)和 $MTiO_2$/RL-AcacH(b)的 TEM 图

2.1.3.3 XRD

图 2-3 是橡胶乳液模板制备的 TiO_2 的 X 射线衍射图,为了评价各催化剂的晶型和物相组成,我们做了 $MTiO_2$/RL 和 $MTiO_2$/RL-AcacH 的 XRD 大角衍射。从 10°~100°的大角衍射图可以看到:用乙酰丙酮作为分散剂制备 $MTiO_2$/RL-AcacH 的图谱是典型的锐钛矿二氧化钛含有少量板钛矿型的高角 X 射线衍射峰,在 $2\theta=25.6°$处出现的高强度衍射峰,说明 $MTiO_2$/RL-AcacH 中的 TiO_2 已高度晶化为锐钛矿型 TiO_2($2\theta=25.5°$)并有少量已转化为板钛矿型 TiO_2;而不使用分散剂制备 $MTiO_2$/RL 中 TiO_2 的图谱是典型的锐钛矿二氧化钛的高角 X 射线衍射峰,在 $2\theta=25.6°$处出现的高强度衍射峰,除了此特征峰以外,并无显示其他晶型的存在,说明 $MTiO_2$/RL 中的 TiO_2 已高度晶化为锐钛矿型 TiO_2($2\theta=25.5°$),没有板钛矿和金红石型 TiO_2 存在。根据计算,$MTiO_2$/RL-AcacH 中锐钛矿型颗粒所占的比例为 91.4%,而板钛矿型颗粒所占的比例为 8.6%,除了此特征峰以外,其他的衍射峰都归属于 TiO_2 的锐钛矿和板钛矿两种晶型的重叠峰。

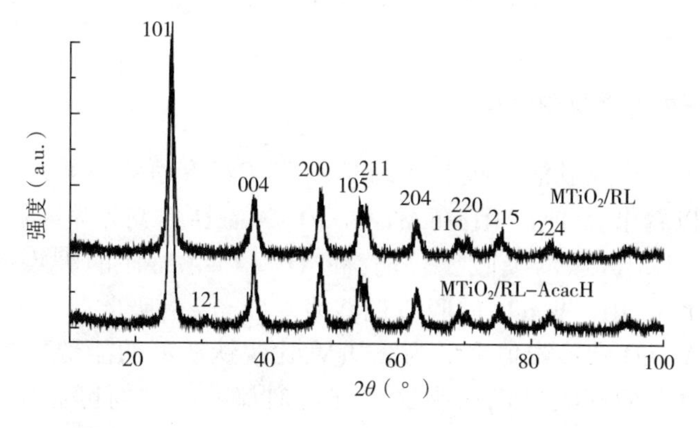

图 2-3 $MTiO_2$/RL 和 $MTiO_2$/RL-AcacH 的 XRD 衍射图

2.1.3.4 FT-IR

图 2-4 是橡胶乳液模板制备的 TiO_2 和 P25 的傅里叶红外光谱（FT-IR）图，$MTiO_2$/RL，$MTiO_2$/RL-AcacH 和 P25 的红外光谱十分相似。从它们的红外光谱中可以看出，在 400~4000cm^{-1} 范围内出现 O—H 峰（约 1638cm^{-1} 和 3440cm^{-1}）和 Ti—O—Ti 峰（为 500~590cm^{-1}）。在 400~1080cm^{-1} 范围内的强宽峰为锐钛矿晶型 TiO_2 的特征峰，说明材料中的二氧化钛主要是锐钛矿晶型，已由 XRD 得到证实。在 1710cm^{-1} 和 1630cm^{-1} 处分别显示了 C═O 和 C═C 的振动峰，在 2370cm^{-1} 处的峰是由于材料吸收了空气中的 CO_2 引起的。在 3670~2750cm^{-1} 范围内的宽峰可归属为材料表面所吸附的水和羟基基团的 O—H 键伸缩振动吸收，在 Degussa P25 TiO_2 谱图上也可以观察到这一宽峰；这种表面吸附的水和羟基能提高吸附氧气的能力，有助于锐钛矿晶型 TiO_2 光催化活性的提高。这些材料中没有显示其他有机物的峰，说明这些有机模板在焙烧过程中已全部去除。

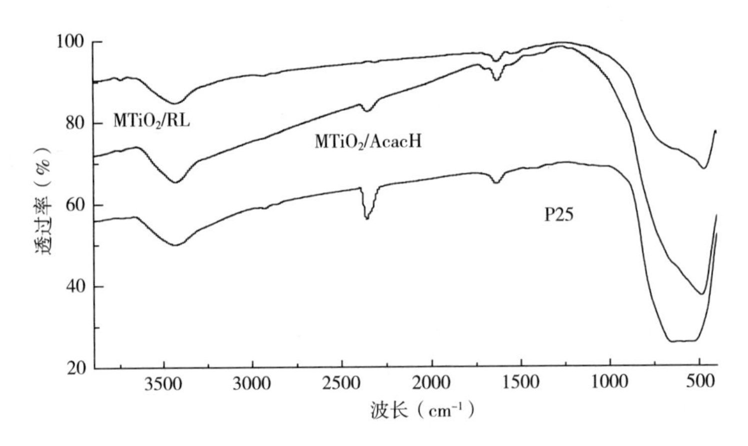

图 2-4　$MTiO_2$/RL、$MTiO_2$/RL-AcacH 和 Degussa P25 TiO_2 的 FT-IR 图

2.1.3.5 紫外-可见漫反射光谱

图 2-5 给出了橡胶乳液模板制备的 TiO_2 和 P25 的紫外-可见漫反射比较图。由图 2-5 中可以看出，$MTiO_2$/RL 和 $MTiO_2$/RL-AcacH 在紫外光区域和可见光区域都有吸收；在可见光区域的吸收比较弱，$MTiO_2$/RL-AcacH 的吸收率强于 $MTiO_2$/RL 的吸收。$MTiO_2$/RL-AcacH 的吸收曲线发生了红移，吸收带移至 421nm 处，导致 $MTiO_2$/RL-AcacH 的能带值降低为 2.9eV，比锐钛矿型的能带 3.2eV 要低，这种在可见光有吸收带的现象可以认为这些催化剂都有潜在的可见光催化能力。而 Degussa P25 TiO_2 几乎不存在可见光区的吸收，它们的吸收边缘在 400nm，在 200~

380nm 区域出现吸收是由于存在高分散的四面体二氧化钛物种,电子转移到 Ti^{4+} 而产生吸收。

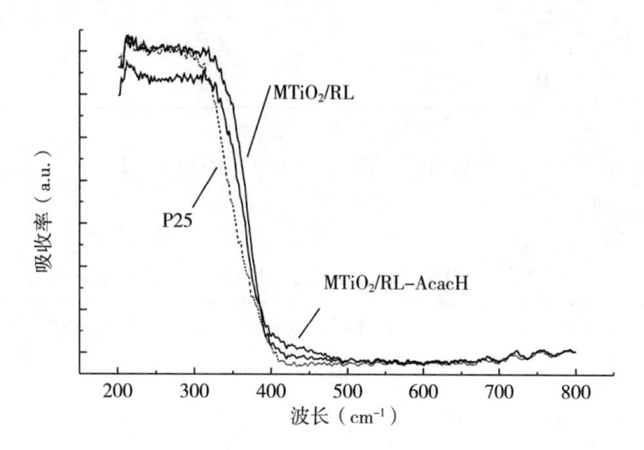

图 2-5 $MTiO_2$/RL、$MTiO_2$/RL-AcacH 和 Degussa P25 TiO_2 的紫外-可见漫反射比较图

2.1.4 橡胶乳液纳米材料选择性吸附卷烟主流烟气中有害成分的研究

在滤棒成型丝束开松过程中,将橡胶乳液模板晶型介孔二氧化钛材料颗粒均匀施加至开松丝束带,生产滤棒料棒,然后与空白棒复合加工成橡胶乳液模板晶型介孔二氧化钛材料颗粒二元复合滤棒作为试验滤棒。将试验滤棒一切为四后接装卷烟,则每支卷烟含纳米颗粒 30mg。同时,加工对照滤棒,对照滤棒为不含纳米颗粒的二元复合滤棒。除质量外,对照滤棒与试验滤棒的压降、圆周、硬度、长度等物理指标均一致。

使用吸烟机正常抽吸生物模板合成的 $MTiO_2$/RL 和 $MTiO_2$/RL-AcacH 的纳米材料滤嘴卷烟,按照 GB 5606.5—2005 标准方法进行卷烟烟气常规检测,得到数据见表 2-2、表 2-3。

表 2-2 $MTiO_2$/RL 对卷烟烟气常规成分影响结果

样品	总粒相物(mg/支)	焦油(mg/支)	烟气烟碱(mg/支)	CO(mg/支)
1#	13.03	10.39	1.13	11.05
2#	13.04	10.37	1.15	11.01
3#	13.11	10.32	1.12	11.03
4#	13.02	10.37	1.10	11.00

续表

样品	总粒相物(mg/支)	焦油(mg/支)	烟气烟碱(mg/支)	CO(mg/支)
5#	13.05	10.49	1.17	11.03
空白卷烟	15.21	11.01	1.16	11.04

由表 2-2 可知,与空白卷烟相比,添加 $MTiO_2$/RL 材料的卷烟主流烟气中总粒相物和焦油都有所降低。

表 2-3　$MTiO_2$/RL-AcacH 对卷烟烟气常规成分影响结果

样品	总粒相物(mg/支)	焦油(mg/支)	烟气烟碱(mg/支)	CO(mg/支)
1#	12.93	9.19	1.21	12.05
2#	12.94	9.28	1.25	12.01
3#	12.91	9.25	1.22	12.03
4#	13.02	9.24	1.21	12.00
5#	12.95	9.31	1.26	12.03
空白卷烟	15.17	11.51	1.24	12.04

由表 2-3 可知,与空白卷烟相比,添加 $MTiO_2$/RL-AcacH 材料的卷烟主流烟气中总粒相物、焦油都有明显的降低。

2.1.5　橡胶乳液纳米材料选择性吸附卷烟有害成分的研究

橡胶乳液纳米材料选择性吸附卷烟有害成分的研究见表 2-4、表 2-5。

表 2-4　$MTiO_2$/RL 对卷烟烟气常规影响结果卷烟 8 种有害成分分析结果

样品名称	CO(mg/支)	苯并[α]芘(ng/支)	NNK(ng/支)	NNN(ng/支)	巴豆醛(μg/支)	HCN(μg/支)	氨离子(μg/支)	苯酚(μg/支)
1#	11.13	8.03	2.38	3.03	13.89	99.56	5.34	14.09
2#	11.15	8.05	2.34	3.05	14.17	99.51	5.35	14.28
3#	11.20	8.08	2.35	3.11	13.92	99.76	5.53	13.83
4#	11.21	8.04	2.31	3.04	13.95	99.82	5.48	14.11
5#	11.22	8.00	2.33	3.12	14.19	99.21	5.46	13.91
空白卷烟	11.25	9.62	2.50	3.10	17.50	122.0	5.50	16.03

与空白卷烟相比，添加 $MTiO_2$/RL 纳米材料的卷烟中的 8 种有害成分中苯并[α]芘、NNK、巴豆醛、HCN、苯酚均有不同程度的降低。这可能是由于本研究制备的纳米材料形成纳米材料三维网络结构增多，导致孔隙结构明显，高比表面积和多孔结构，与烟气充分接触后，吸附烟气中的这些有害物质，因此烟气中的有害成分的含量明显降低。

表 2-5　$MTiO_2$/RL-AcacH 对卷烟烟气常规影响结果卷烟 8 种有害成分分析结果

样品名称	CO (mg/支)	苯并[α]芘 (ng/支)	NNK (ng/支)	NNN (ng/支)	巴豆醛 (μg/支)	HCN (μg/支)	氨离子 (μg/支)	苯酚 (μg/支)
1#	12.20	9.22	3.28	3.12	12.64	99.97	5.32	14.17
2#	12.15	9.52	3.14	3.09	13.16	99.90	5.35	14.16
3#	12.17	9.12	3.11	3.11	13.11	99.98	5.30	14.21
4#	12.19	9.52	3.17	3.10	12.73	99.94	5.31	14.12
5#	12.18	9.55	3.26	3.13	13.12	100.01	5.32	14.11
空白卷烟	12.25	10.12	3.23	3.14	18.31	126.2	5.57	18.13

与空白卷烟相比，添加 $MTiO_2$/RL-AcacH 二氧化钛纳米材料的卷烟中的 8 种有害成分中苯并[α]芘、巴豆醛、HCN、苯酚均有不同程度的降低。这是由于本研究制备的纳米材料形成纳米材料三维网络结构增多，导致孔隙结构明显，高比表面积和多孔结构，与烟气充分接触后，吸附烟气中的这些有害物质，因此烟气中的有害成分的含量明显降低。

2.1.6　本节小结

首次利用天然橡胶乳液为模板剂，分别在有无分散剂乙酰丙酮存在的条件下成功地制备出比表面积高、孔径分布均匀、光催化活性好的介孔 TiO_2 材料。

通过 XRD 表征结果表明：制备过程中加入分散剂乙酰丙酮后所得的样品（$MTiO_2$/RL-AcacH）的晶型为锐钛矿型和板钛矿型的混晶，其中锐钛矿和板钛矿的比例分别为 91.4%和 8.6%。而制备过程中没有加入乙酰丙酮所得样品（$MTiO_2$/RL）为典型的锐钛矿晶型。

通过对样品进行紫外-可见漫反射光谱分析比较可知：$MTiO_2$/RL 和 $MTiO_2$/RL-AcacH 在紫外光区域和可见光区域均有吸收；其中在可见光条件下，$MTiO_2$/RL-AcacH 的吸收率强于 $MTiO_2$/RL。

所制备的 $MTiO_2$/RL 和 $MTiO_2$/RL-AcacH 两种介孔材料表现出明显的卷烟降害活性，高比表面积和多孔结构，进而增加了烟气与滤嘴的接触面积，使滤嘴吸附能力增强。该材料在卷烟中的新颖运用具有广阔前景。

2.2 介孔氧化铝的卷烟应用毒理学研究

吸烟对健康的损害是全球关注的问题。吸烟的危害主要来源于卷烟烟气中的有害成分，利用多孔材料对烟气中的有害成分进行吸附是烟气减害研究的重要方向。近年来，由于介孔材料独特的微结构特点，其应用于烟气减害的研究成为科研工作者关注的热点。介孔材料是一种新型纳米多孔材料，孔径集中在 2~50nm，具有孔径分布窄、孔结构高度有序和比表面积高等微结构特性。由于介孔材料大多属于化工领域材料，在卷烟中应用是否会给吸烟者带来新的安全性风险是需要考虑的问题，但关于该方面的研究尚未见报道。

为了解介孔材料在卷烟中应用的安全性，探索建立介孔材料在卷烟中应用安全性的评价方法，本节以介孔氧化铝作为研究对象，将介孔氧化铝添加到卷烟滤嘴中，按照 CORESTA（国际烟草科学研究合作中心）标准方法，通过中性红细胞毒性试验、细菌回复突变试验（ames 试验）以及体外微核试验，对介孔氧化铝的卷烟应用安全性进行了毒理学评价。具体方法为利用醋纤-介孔氧化铝颗粒-醋纤三元复合滤棒卷制了滤嘴中含介孔氧化铝的卷烟，利用普通醋纤滤棒卷制了不含介孔氧化铝的对照卷烟，并按照标准方法抽吸上述两种卷烟，收集烟气粒相物，通过上述三种毒理学试验评价介孔氧化铝的应用安全性，并与不含介孔氧化铝卷烟烟气的安全性相对比。通过研究不同微结构特征的介孔氧化铝对烟气有害成分特别是低分子醛酮类化合物的吸附作用，以期了解介孔氧化铝吸附烟气有害成分的关键微结构特征，认识其在卷烟减害中的作用机理及应用价值。

2.2.1 实验方法

2.2.1.1 样品处理及烟气总粒相物提取

卷烟按照 GB/T 19609 的方法抽吸，卷烟主流烟气总粒相物（简称 TPM）捕集在直径 92mm 的剑桥滤片上。将收集在剑桥滤片上的 TPM 用二甲基亚砜（DMSO）提取，卷烟主流烟气总粒相物的二甲基亚砜提取液的浓度为 10mg TPM/mL DMSO。

2.2.1.2 材料表征

利用BET比表面与孔隙度全自动分析仪通过 N_2 吸附等温线分析介孔氧化铝的孔结构,比表面积来源于BET计算方法。XRD图谱由德国产D8 ADVANCE BRU KER型X射线衍射仪检测获得,测试方法为粉末衍射法,CuKα 辐射(λ = 0. 15406nm),工作电压为4kV。

2.2.1.3 介孔氧化铝在卷烟滤棒中的添加

在滤棒成型过程中将30~50目的介孔氧化铝颗粒添加到两截醋纤滤棒预留的6mm空腔中,形成醋纤-介孔氧化铝-醋纤三元复合滤棒。利用该滤棒一切四卷制烟支,每支卷烟中介孔氧化铝的添加量为80mg。

2.2.2 毒理学检测

①中性红细胞毒性试验。参照《烟草及烟草制品　烟气安全性生物学评价》(YQ 2—2011)第1部分:中性红细胞毒性法。

②Ames试验。参照《烟草及烟草制品　烟气安全性生物学评价》(YQ 3—2011)第2部分:细菌回复突变试验(ames试验)。

③微核试验。参照《烟草及烟草制品　烟气安全性生物学评价》(YQ 4—2011)第3部分:体外微核试验。

2.2.2.1 中性红细胞毒性

中性红以离子扩散方式进入细胞膜,并与溶酶体基质中的阴离子部分结合。中性红进入并在细胞内积累的过程要求有完整的细胞膜,当细胞膜和溶酶体膜中毒损伤时就会导致中性红的进入下降。细胞内中性红的摄入量与培养体系中细胞的存活率呈正相关。

结果判定用细胞抑制率和细胞半数致死量(IC50)进行烟气样品的细胞毒性比较。细胞半数致死量越大,则细胞毒性越低。测试结果见表2-6和图2-6(3个平行试验)。

表2-6　中性红细胞毒性实验结果

样品名称	IC50(μg/mL)
对照卷烟组	102±2. 00
实验卷烟组(含介孔氧化铝)	110±8. 43

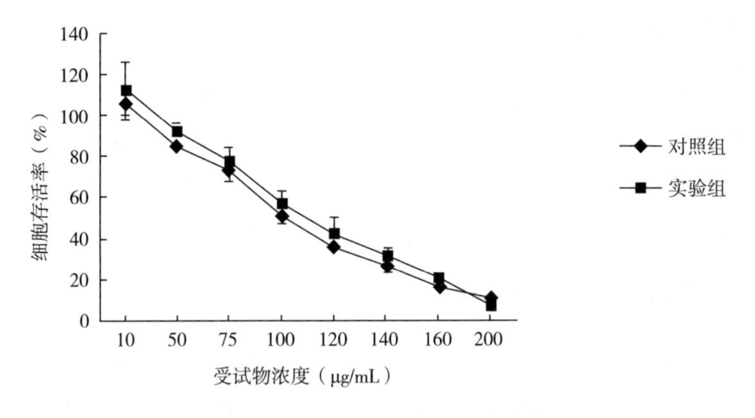

图 2-6　毒性试验细胞存活率曲线

分析表 2-6 中性红细胞毒性试验结果可以看出，添加介孔氧化铝卷烟主流烟气粒相物细胞半数致死量（IC50）要略大于不含介孔氧化铝的对照卷烟，说明卷烟滤嘴中添加介孔氧化铝后，主流烟气粒相物毒性会有所降低。分析图 2-6 毒性试验细胞存活率曲线可以看出，添加介孔氧化铝卷烟烟气粒相物细胞存活率略高于对照卷烟组，说明毒性有所降低。不过，上述区别没有统计学上的差异。

2.2.2.2　细菌回复突变试验（ames 测试）

细菌回复突变试验主要用于检测待测物的致突变性，也称作“沙门氏菌诱变试验”“哺乳动物沙门氏菌微粒体诱变试验”“鼠伤寒沙门氏菌回复突变试验”。在该试验中，菌株在无组氨酸的培养基上不能生长，在有组氨酸的培养基上可以正常生长。但如无组氨酸的培养基中有致突变物存在时，则沙门氏菌突变型可回复突变为野生型（表现型），故可根据菌落形成数量，检查受试物是否存在致突变物。

由于某些致突变物需要代谢活化后才能使沙门氏菌的突变型产生回复突变，因此试验中还需加入用强诱变剂诱导的大鼠肝匀浆（S9）制备的 S9 混合液作为代谢活化系统。

结果判定的方法是直接计数培养基上长出的回复突变菌落数的多少，如在背景生长良好的条件下，受试物的回复突变菌落数应增加一倍以上（即回复突变菌落数等于或大于自发回变的 2 倍以上），并有剂量反应关系或至少某一 TPM 测试浓度有可重复的并有统计学意义的阳性反应，即可认为该受试物诱变试验阳性，应做两次测试，才能对受试物的诱变性做出判定。实验结果见表 2-7（3 个平行试验）。

表 2-7 细菌回复突变试验结果

样品编号	浓度 (受试物单位为 μg/皿)	平均回变菌落数(个/皿)	
		TA98+S9	TA100+S9
自发突变		56±13.61	97±7.09
溶剂对照(DMSO)		49±10.02	102±15.37
阳性对照(2-氨基蒽)	2	107±15.95	177±16.62
对照卷烟组	50	52±2.08	93±6.24
	100	53±3.46	87±5.69
	125	49±8.00	87±9.64
	250	51±12.86	92±1.53
	500	55±8.50	104±7.02
实验卷烟组 (含介孔氧化铝)	50	52±4.73	81±3.06
	100	50±13.43	102±8.96
	125	58±2.52	96±16.17
	250	66±13.50	103±12.06
	500	49±4.36	97±4.04

分析细菌回复突变试验(ames 测试)可以看出,不管是对照卷烟组,还是含介孔氧化铝卷烟组,回复突变菌落数都与自发回变的菌落数差不多,结果呈阴性,表明在测试剂量范围内,与对照卷烟相比,介孔氧化铝的加入没有增加卷烟烟气粒相物的致突变性。

2.2.2.3 体外微核试验

体外微核试验在该项目中用于检测卷烟主流烟气总粒相物遗传毒性。试验原理为微核是在细胞的有丝分裂后期染色体有规律地进入子细胞形成细胞核时,仍然留在细胞质中的染色单体或染色体的无着丝粒断片或环。末期以后,单独形成一个或几个次核,被包含在细胞质内,由于比主核小得多故称微核。微核的形成往往是受到染色体断裂剂或纺锤体毒物作用的结果。

受试物分为四组:细胞对照组、溶剂对照组、阳性对照组和 TPM 组。细胞对照组只加细胞生长培养基;溶剂对照组加二甲基亚砜溶液;阳性对照组加环磷酰胺溶液;TPM 组加不同剂量的烟气总粒相物二甲基亚砜提取液。

受试物与空白对照相比,微核率有显著性增加并有剂量反应关系,即可确认为阳性结果。若统计学上差异有显著性,但无剂量反应关系时,则须进行重复试验,能重复者可确定为阳性。实验结果见表 2-8。

表 2-8　体外微核试验结果

样品编号	浓度(μg/mL)	双核数细胞数(个)	微核数细胞数		
			片 1(个)	片 2(个)	平均值(‰)
对照组	IC50	1000	50	48	49±1. 41
	1/2 IC50	1000	20	18	19±1. 41
	1/4IC50	1000	18	12	15±4. 24
	1/8IC50	1000	13	10	11. 5±2. 12
实验组(含介孔氧化铝)	IC50	1000	44	48	46±2. 83
	1/2IC50	1000	20	22	21±1. 41
	1/4IC50	1000	18	14	16±2. 83
	1/8IC50	1000	12	8	10±2. 83
	溶剂对照	1000	8	8	8±0
	阳性对照(环磷酰胺 0. 2μg/mL)	1000	20	22	21±1. 41

分析对照卷烟组和含介孔氧化铝卷烟组的体外微核试验结果可以看出,在相同剂量下,两种卷烟烟气粒相物的诱发微核率基本一致。结果表明,介孔氧化铝在卷烟滤棒中添加,并没有增加卷烟烟气遗传毒性。

在国内外的研究中,介孔氧化铝材料本身的毒理学评价未见报道,而尺寸较小的纳米氧化铝颗粒可引起氧化应激、炎症反应及细胞内遗传物质 DNA 的损伤,但未见致突变性。本工作所用介孔氧化铝为 30~50 目颗粒,处于宏观量级尺寸,而且介孔氧化铝颗粒是添加到两截醋纤滤棒预留的 6mm 空腔中,近嘴段醋纤可以直接阻止 30~50 目的介孔氧化铝颗粒随烟气进入吸烟者口腔,阻断了氧化铝应用于卷烟减害可能给人体带来的危害。

2. 2. 2. 4　介孔氧化铝结构分析

文中共选用三种不同的介孔氧化铝,它们的晶体结构表征结果如图 2-7 所示。可以看出,三种介孔氧化铝均为γ型氧化铝,三者之间晶型没有区别。与 2#样和 3#样相比,1#样的结晶度较高。

所用介孔氧化铝微结构的详细表征结果如表 2-9 和图 2-8 所示。表 2-9 为其微结构参数,显示了 1#、2#、3#样三种介孔氧化铝存在不同的微结构,1#、2#和 3#样的平均孔径和孔容依次减小,比表面依次增大。不过,2#和 3#样的平均孔径、孔容、比表面积

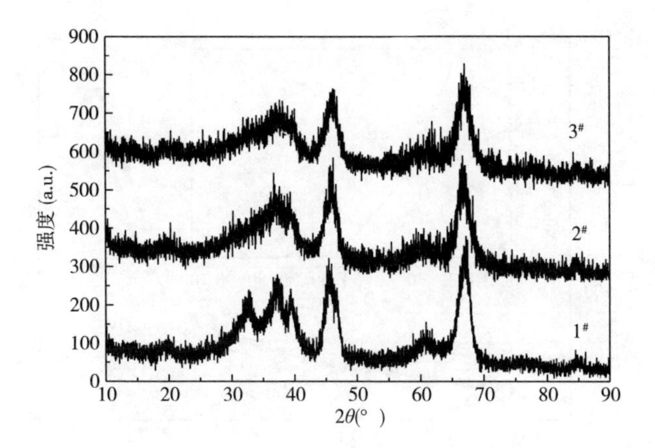

图 2-7 不同介孔氧化铝的 XRD 图谱

相差不大,特别是比表面积,二者相差很小。2#和 3#样的平均孔径和孔容要明显小于 1#样,比表面积显著大于 1#样。图 2-8 为所试验三种介孔氧化铝的低温液氮吸附等温线,插图为其孔径分布曲线。可以看出,三种介孔氧化铝的等温线都存在迟滞环效应,显示了明显的介孔特征。通过分析其孔径分布曲线,可以清楚地发现 1#、2#、3#三种介孔氧化铝的孔径呈依次降低的趋势。

表 2-9 不同介孔氧化铝的微结构参数

样品	孔容(mL/g)	比表面(m^2/g)	平均孔径(nm)
1#样	1.5752	148.86	24.4
2#样	0.7990	233.07	13.7
3#样	0.6142	241.55	10.2

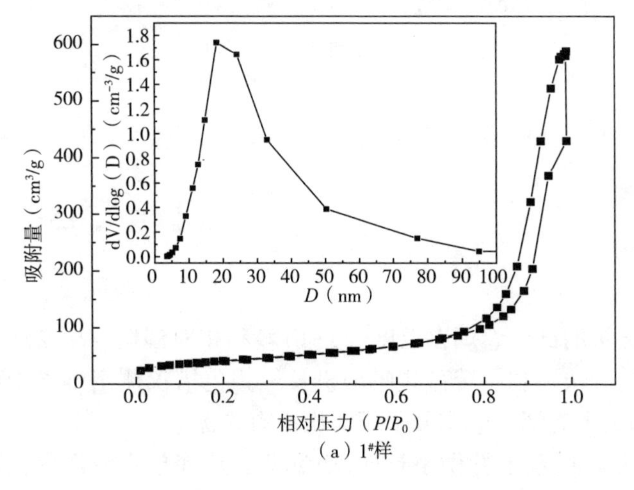

(a) 1#样

图 2-8

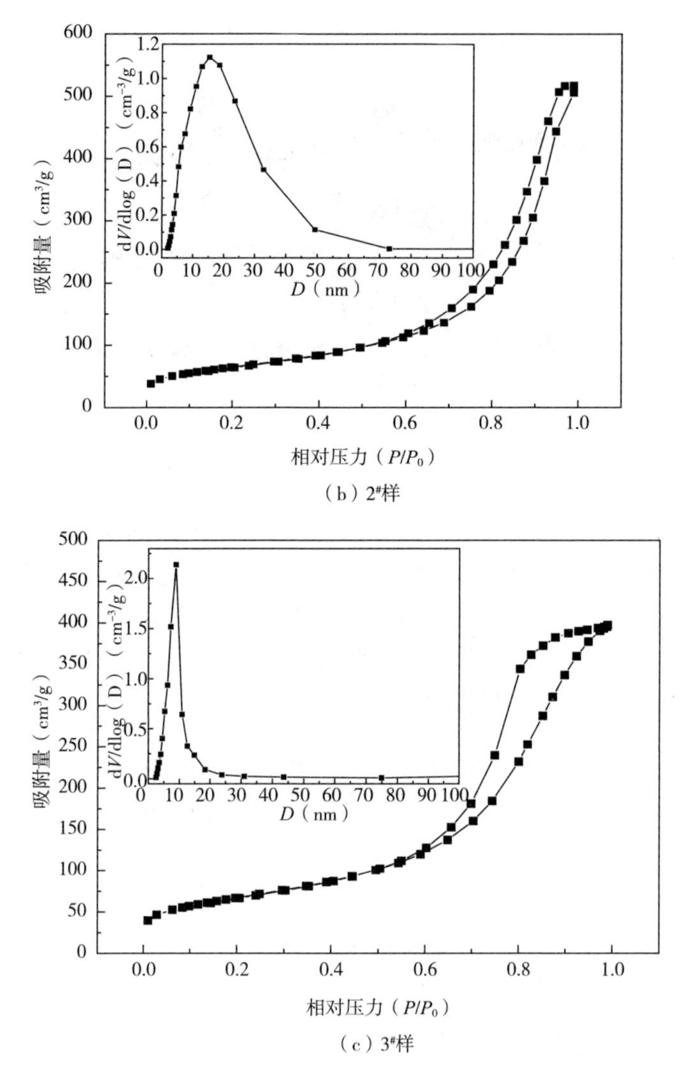

（b）2#样

（c）3#样

图 2-8　不同介孔氧化铝的 N_2 吸附等温线，插图为相应的孔分布曲线

2.2.3　烟气分析

用于烟气分析的试验卷烟在温度(22±1)℃和相对湿度(60±2)%下平衡 48h，使用前进行重量的分选。利用转盘式吸烟机及气相色谱仪测定烟气中的焦油、烟碱及 CO 传输量。测定主流烟气中低分子醛酮化合物的含量，测试过程中用直线型五孔道吸烟机。每次抽吸 4 支烟，并做平行样，用剑桥滤片捕集主流烟气，通过高效液相色谱(HPLC)分析主流烟气中低分子醛酮的含量。

2.2.3.1 介孔氧化铝对滤嘴物理指标的影响

将上述三种介孔氧化铝制成30~50目的颗粒，按照图1-1的方法分别添加到醋纤滤嘴中制成醋纤-介孔氧化铝-醋纤三元复合滤嘴，1#滤嘴为添加了1#介孔氧化铝的复合滤嘴，以此类推，对照样为不添加介孔氧化铝的常规醋纤滤嘴。它们的物理指标分析见表2-10，可以看出，醋纤-介孔氧化铝-醋纤三元复合滤嘴与常规醋纤滤嘴的成型加工性能无明显差异，滤嘴物理指标接近，保证了不同滤嘴卷接成烟后烟气分析结果具有可比性。滤嘴重量的差别是由于介孔氧化铝与醋纤丝束的比重差别较大造成，不会对卷烟烟气分析产生影响。

表2-10 滤嘴样品物理指标

滤嘴样品	滤嘴重量（mg/支）	吸阻（Pa/支）	圆周（mm）	硬度（%）	长度（mm）
对照样	721.6	3298	23.968	91.20	120.076
1#滤嘴	1050.7	3210	23.945	91.16	119.984
2#滤嘴	1023.4	3126	23.926	91.16	120.060
3#滤嘴	1017.8	3141	23.970	91.16	120.021

注 20支滤嘴测试平均结果。

2.2.3.2 卷烟感官质量评价

表2-11是滤嘴中添加介孔氧化铝卷烟与未添加介孔氧化铝卷烟感官质量的对比结果。从表2-11结果可以看出，卷烟滤嘴中添加介孔氧化铝后，卷烟烟气的刺激性降低，香气、余味、协调性等不受影响，整体提升了卷烟的抽吸品质。添加介孔氧化铝后，烟气刺激性降低与介孔氧化铝可有效吸附烟气中挥发性羰基化合物有关，因为甲醛、乙醛等挥发性羰基是导致烟气刺激的重要因素。

表2-11 介孔氧化铝对卷烟感官质量的影响

卷烟样品	光泽	香气	协调	杂气	刺激性	余味
对照烟	5	29.5	5	11	17.0	22.0
试验卷烟	5	29.5	5	11	18.0	22.0

2.2.3.3 介孔氧化铝对烟气三项指标的影响

利用上述复合滤嘴以及对照滤嘴卷制成烟，然后进行烟气化学成分分析。其中，对照烟为利用常规醋纤滤嘴卷制的卷烟,1#卷烟为使用了1#复合滤嘴的卷烟,以此类推。添加介孔氧化铝卷烟及对照烟烟气三项指标分析结果见表2-12。很显然,介孔氧化铝在滤嘴中的添加并未对烟气中的焦油和烟碱产生明显影响,这有助于保持卷烟的香气和劲头。

表2-12 不同卷烟烟气三项指标分析结果

卷烟样品	焦油(mg/支)	烟碱(mg/支)	CO(mg/支)
对照烟	12.33	1.13	13.6
1#卷烟	12.19	1.16	13.5
2#卷烟	11.97	1.13	13.6
3#卷烟	12.14	1.15	13.4

2.2.3.4 介孔氧化铝对烟气中低分子醛酮化合物的吸附研究

近年来,科研工作者针对选择性降低烟气中低分子醛酮类物质进行了一系列研究。以硅胶为载体,在载体及其孔道表面引入与醛类物质反应的氨基、脲基或酰胺基化合物,然后添加到卷烟滤嘴中,可选择性降低主流烟气中巴豆醛、甲醛、乙醛等物质。通过使用醋纤负载胺基材料段和纯醋纤段二元复合滤嘴,可有效降低烟气中巴豆醛等醛类物质。以上研究都是利用醛基与氨基类物质的亲核加成反应降低烟气中巴豆醛含量,可能由于工艺的复杂性或所用添加剂对烟气吸味的负面影响以及材料安全性等因素,未见以上科研成果有实际应用。

本节就介孔氧化铝在滤嘴中添加后对烟气中低分子醛酮化合物的吸附作用进行了研究,结果见表2-13。显然,这三种介孔氧化铝对卷烟烟气中的大部分低分子醛酮化合物有较强的吸附选择性。以孔径为10.2nm的介孔氧化铝应用于卷烟为例,烟气中甲醛、乙醛、丙酮、丙烯醛、丙醛、2-丁酮以及丁醛的含量分别降低了62.4%、17.2%、42.5%、24.7%、42.4%、56.4%、64.2%。而且,小孔径介孔氧化铝(13.7nm和10.2nm)的减害性能要好于大孔径介孔氧化铝(24.3nm),但孔径为13.7nm和10.2nm的介孔氧化铝其减害性能相差不大。以往的介孔材料吸附烟气中多环芳烃化合物的研究认为,介孔材料吸附烟气有害成分主要是因为被吸附分子尺寸与吸附质孔径相近。但本研究选用的介孔氧化铝的孔径都远大于低分子醛酮化合物分子尺寸,说明分子择形吸附在这里并未起到关键作用。介孔氧化铝的等电点约为pI=9,卷烟烟气的pI=5.6~6.5,在此环境中介孔氧化铝表面呈正电性。低分子醛酮化合物是Lewis碱,其羰基氧可提供孤对电子,因此介孔氧化铝在烟气中对巴豆醛的选择性吸附可能与静电作用有关。孔径小的介孔氧化铝对低分子醛酮化合物的吸附性能较好,可能与介孔氧化铝存在纳米限域效应有关。由于纳米限域效应,单位质量的介孔氧化铝的表面电荷是常规氧化铝的 45 倍。而且,随介孔氧化铝孔径的降低,纳米限域效应逐渐显著,到孔径达到 2nm 时,其界面的离子吸附系数高于未限域界面两个数量级,这也说明了微结构参数对介孔氧化铝吸附性能的重要性。

表 2-13 介孔氧化铝对烟气中低分子醛酮含量的影响

甲醛 (μg/支)	乙醛 (μg/支)	丙酮 (μg/支)	丙烯醛 (μg/支)	丙醛 (μg/支)	巴豆醛 (μg/支)	2-丁酮 (μg/支)	丁醛 (μg/支)	平均变化率 (%)	备注
56.77	123.76	103.14	37.87	48.54	30.73	86.79	43.51		对照样
16.58	119.30	104.48	30.33	20.29	24.18	13.63	24.54		1#卷烟
-70.8%	-3.6%	+1.3%	-19.9%	-58.2%	-21.3%	-84.3%	-43.6%	-37.6%	变化率
15.87	102.24	66.21	27.36	25.60	13.27	40.61	14.16		2#卷烟
-72.0%	-17.4%	-35.8%	-27.8%	-47.3%	-56.8%	-53.2%	-67.5%	-47.2%	变化率
21.34	102.49	59.33	28.50	27.97	12.45	37.82	15.57		3#卷烟
-62.4%	-17.2%	-42.5%	-24.7%	-42.4%	-59.5%	-56.4%	-64.2%	-46.2%	变化率

2.2.3.5 介孔氧化铝对主流烟气中苯酚和苯并[α]芘含量的影响

表 2-14 显示,介孔氧化铝添加到滤嘴中后,与对照样相比,烟气中苯酚含量基本没有变化,苯并[α]芘的含量反而有所上升。这说明介孔氧化铝对苯酚和苯并[α]芘的吸附选择性较差,尤其是对苯并[α]芘的吸附选择性最差。三种有害物质的极性大小为低分子醛酮>苯酚>苯并[α]芘,揭示了介孔氧化铝对极性较大的化合物有优先吸附作用。另外,介孔氧化铝对三种有害成分的吸附性差异应与有害成分的熔沸点也有关系。熔沸点低的化合物在烟气中流动性强,更容易扩散到介孔氧化铝表面形成吸附;熔沸点高的化合物在烟气中流动性较差,容易过早地凝结为粒相物,不能与介孔氧化铝充分接触。三种物质熔沸点为低分子醛酮<苯酚<苯并[α]芘,这也可从另一方面解释介孔氧化铝对低分子醛酮较强的吸附选择性。

表 2-14 介孔氧化铝对烟气中苯酚和苯并[α]芘含量的影响

样品	苯酚(μg/支)	苯并(α)芘(ng/支)
对照样	17.08	10.65
1#卷烟	16.21	11.19
2#卷烟	16.87	10.76
3#卷烟	17.05	10.83

2.2.4 本节小结

在卷烟滤棒中添加介孔氧化铝颗粒,毒理学试验结果表明,不会增加主流烟气总粒相物的遗传毒性,细胞毒性会略有降低,说明介孔氧化铝颗粒在卷烟中应用是安全的。卷烟感官质量评价证明介孔氧化铝不会对烟气抽吸品质有负面影响,可以降低烟气的刺激性。

在不改变烟气中焦油含量的基础上,试验有效降低了烟气中低分子醛酮化合物的含量,且吸附性能与介孔氧化铝的孔径密切相关。其吸附性能应与介孔氧化铝的高比表面、孔穴内的强静电引力、纳米限域效应以及低分子醛酮的低熔沸点有关。

3　微孔-介孔复合材料

分子筛具有规整的孔道结构和高的比表面积，化学性能稳定，耐高温，既不会燃烧，也对人体无害，可选择性吸附，可采用各种物理或化学方法来修饰其表面使其成为功能新材料。由于分子筛的上述特性，分子筛可用于降低卷烟烟气中有害成分。微孔结构是最有效的去除卷烟烟气中气相物的材料结构，而介孔结构为卷烟烟气提供了传输通道，有利于气相物在微孔上的吸附，但相关研究较少。现有微孔分子筛和介孔分子筛材料因其粒径小，不易实现工业添加等自身条件限制在卷烟工业中的应用存在一定的难度。因此，研制易成型功能性复合多孔材料，结合微孔和介孔、大孔材料的特点，就逐步成为分子筛新型滤嘴添加剂的研发热点。

微孔-介孔复合孔结构分子筛作为卷烟滤嘴添加剂，其良好的减害性能与材料自身的结构特性密切相关。Branton 等研究发现，微孔结构是最有效的去除卷烟烟气中气相物的材料结构，而介孔结构为卷烟烟气提供了传输通道，有利于气相物在微孔上的吸附。微孔结构的存在有利于小分子的吸附脱除。介孔结构的存在为大分子的吸附脱除提供了传输通道，减小了传质限制以增强材料对有害成分的吸附脱除。此外，微孔结构的存在破坏了介孔结构的有序性，形成缺陷，这种特殊结构也可以提高介孔材料吸附小分子的性能。因此，很多科研工作者制备了具有微孔-介孔复合孔结构的分子筛材料用以降低卷烟烟气中的有害成分。

孙玉峰等以正硅酸四乙酯为硅源、十六烷基三甲基溴化铵和四丙基溴化铵为模板，通过模板法，同步晶化制备了微孔-介孔复合材料(MMM)。这种材料具有微孔-介孔复合孔结构，孔径呈连续多峰分布，主要集中在 0.54nm、1.4nm、2.8nm、3.7nm，其比表面积为 361.3m^2/g，孔体积为 0.347cm^3/g。MMM 作为卷烟滤嘴添加剂制成实验样品卷烟，与滤嘴中未添加 MMM 的卷烟相比，实验样品卷烟主流烟气中多种有害成分释放量均得到不同程度的降低。其中，NNK、苯并[α]芘、苯酚释放量分别降低了 24.3%、26.3%、43.4%，减害效果明显，具有广阔的应用前景。

本章旨在合成微孔-介孔复合孔 SBA-15 分子筛，并考察其对卷烟烟气中 HCN 的吸附效果，利用 HCN 的弱酸性和 CN^- 与过渡金属的络合作用,采用碱性功能基和过渡金属离子共同修饰SBA-15,得到含碱性和过渡金属双功能基SBA-15分子筛材料。碱性功能基和金属功能基的协同作用,可达到选择性降低卷烟烟气中HCN释放量的目的。

分子筛粒径较小,容易产生工业扬尘,不易实现工业添加,在降低卷烟烟气有害成分方面的应用受到了限制。聚醚砜以其良好的力学性能和稳定性用于医学领域。本研究制备了功能化分子筛-聚醚砜复合材料,该复合材料成型过程中可以控制材料外观形状和粒径大小,解决了分子筛的工业添加问题。

主要研究内容和实验结果如下:

微孔-介孔SBA-15分子筛的制备。考察了不同晶化时间和晶化温度对合成SBA-15分子筛的比表面积、孔容、孔大小的影响。研究发现,100℃晶化12h条件下,制备的SBA-15具有丰富的微孔、介孔结构。

对制备的分子筛进行碱性和过渡金属双功能化,并对其进行性能评价。考察了碱性基团功能化试剂APTS的用量、过渡金属种类、过渡金属盐溶液浓度对所制备的材料结构和减害性能影响。碱性功能化试剂APTS用量为2mL/g(SBA-15)、过渡金属离子为锌离子(浓度为0.02mol/L)时,所制备的碱性和过渡金属双功能化SBA-15分子筛材料具有最好的氰化氢吸附性能。

制备适合工业添加应用的双功能化分子筛-聚醚砜复合材料并对其进行评价。双功能化分子筛-聚醚砜复合材料疏松,具有丰富的大孔、介孔、微孔孔道结构,200℃以下具有良好的热稳定性。增加复合材料中双功能化分子筛的质量比,对HCN的吸附性能增强,优选双功能化分子筛、聚醚砜质量比为90:10的配比制备复合材料,卷烟烟气中HCN的降低率为38.4%。将双功能化分子筛-聚醚砜复合材料添加到模拟评价装置中,主流烟气常规化学成分释放量及抽吸口数与空白对照样基本一致。HCN降低率达到38.4%,巴豆醛、氨有一定降低,其他有害成分降低效果不明显。

3.1 微孔-介孔分子筛 SBA-15 的制备和性能评价

本节主要介绍有序介孔材料孔结构可以由二维均一孔道组成(如 MCM-41),也可以由三维交联(如 MCM-48)或是笼状孔道(如 SBA-15、FDU-1)组成。孔结构特征对材料的比表面积、孔容、孔连通特性及吸附行为有着极为重要影响。

晶化温度和时间对合成介孔材料的孔结构及相关性能有很大的影响。SBA-15 分子筛的介孔/微孔复合结构可以通过硬模板铂复制法或低压氩气吸附法证实。硬模板铂复制法或低压氩气吸附法使我们能得到 SBA-15 前驱物随合成温度条件的演变情形。以在较高温度下合成的 SBA-15 分子筛为硬模板复制得到的铂做 TEM 分析,在铂上可以明显看出分子筛孔道交联的痕迹;低压氩气吸附表明较低温度合成的 SBA-15 中有超微孔存在,且随着合成温度升高,微孔孔径增大,微孔孔径可超过 1.5nm。介孔主孔道间因含有微孔连通的复合结构,使得分子筛用 BET 方程计算得到的比表面积和用 t-plot 方法估计得到的微孔含量都不是非常可靠。通过提高合成温度可以使模板剂嵌段共聚物中亲水段聚氧乙烯链憎水性能增加,从而降低合成分子筛中的微孔含量。需要注意的是,合成温度不能超过模板剂的浊点温度,对 P123 模板剂晶化之前合成时温度不得高于 70℃。

SBA-15 分子筛介孔微孔复合结构已由一系列的实验证实,通过对分子筛吸附性质用非线性密度泛函理论模拟计算也得出了类似的结论。SBA-15 分子筛区别于 MCM-41 分子筛的一个重要结构特征就是 SBA-15 分子筛中含有一定量的微孔。在相同的合成条件下,晶化温度越高,合成材料中的微孔含量越少,当 135℃温度下合成的分子筛(更高温度下表面活性剂会分解,不利于形成有序孔道)几乎没有微孔。相对而言,通过控制温度和时间的方法来调节孔结构性质是较为简便的办法,只要实验设计合理,基本上可以消除其他因素对合成材料性能的影响,从而通过分析实验结果异同推测介孔材料晶化过程中结构随温度和时间的演变进程。

3.1.1 微孔-介孔分子筛 SBA-15 的制备

载体 SBA-15 的制备方法:在 37℃的条件下,将 2g P123 溶于 15g 水和 60g 盐酸(2mol/L)的水溶液中,完全溶解后,在剧烈搅拌的情况下,加入 TEOS 4.25g,继续剧烈搅拌 24h,釜中一定温度下晶化一定时间,取出反应釜后冷却、过滤、洗涤,60℃真空干燥 48h,在马弗炉中以 1℃/min 的速率升温至 550℃,焙烧 6h,得到白色纯硅 SBA-15 分子筛。

本章实验以 P123 为模板剂、正硅酸乙酯为硅源，在不同晶化温度（80℃、100℃、135℃）和晶化时间（0h、12h、24h、48h、120h）制备了系列 SBA-15 介孔分子筛样品，所得样品结构均用小角 XRD、低温 N_2 吸脱附表征。实验所得结论对分子筛合成、吸附剂开发有参考价值。

（1）晶化温度

以 P123 为模板剂、TEOS 为硅源，在强酸性和水热条件下合成 SBA-15 分子筛。制备过程中合成液的配比为：$EO_{20}PO_{70}EO_{20}$（g）：2mol/L HCl（mL）：TEOS（mL）：H_2O（mL）= 1：20：2.2：7.5。具体步骤为：将 P123 模板剂溶解于水和浓盐酸的混合液中，然后缓慢滴加正硅酸四乙酯，在 37℃下搅拌 20h，分别在 80℃、100℃、135℃温度下静置晶化 24h。取出晶化后的样品抽滤，经蒸馏水反复洗涤后，真空干燥，最后在管式炉中于 550℃焙烧 8h 除去模板剂，得到纯硅 SBA-15 样品。表 3-1 为不同晶化温度下所制备的样品。

表 3-1　不同晶化温度实验样品

样品编号	晶化温度（℃）	晶化时间（h）
1#	80	24
2#	100	24
3#	135	24

（2）晶化时间

不同晶化时间样品：另取模板剂溶解于水和浓盐酸的混合液中，剧烈搅拌，然后缓慢滴加正硅酸四乙酯，30min 后移入 37℃水浴下搅拌 20h；届时将此母液分成均等的五份，一份在室温（约 20℃）静置 24h，其余四份分别装入同型号规格具四氟乙烯内衬的不锈钢反应釜中一起放入 100℃的恒温鼓风烘箱静置晶化 12h、24h、48h、120h，晶化后的样品经冷却、蒸馏水反复洗涤抽滤、真空干燥，最后在管式炉中于 550℃焙烧 8h，得到所需 SBA-15 分子筛。表 3-2 为不同晶化时间下所制备的样品。

表 3-2　不同晶化时间实验样品

样品编号	晶化温度（℃）	晶化时间（h）
1#	100	12
2#	100	24
3#	100	48
4#	100	120

3.1.2 微孔-介孔分子筛 SBA-15 的表征

采用 X 射线粉末衍射试验在 Brucker AXS 的 D8 Advance 型 X 射线衍射仪上进行,使用 Cukα 射线,射线管电压为 40kV,电流为 20mA。低温 N_2 吸附-脱附试验在 Micromertics Tristar 3020M 全自动比表面积和孔隙分析仪上进行,测定前将样品在真空下 70℃脱气约 24h,BET 法测算样品的比表面积,BJH 法分析其孔结构。采用 JSM-7500F 型扫描电子显微镜观察样品的形貌及其大小。

(1)微孔-介孔分子筛 SBA-15 XRD 表征

图 3-1 为所得分子筛样品的小角 X 射线衍射图。从图上观察到所有样品[除图 3-1(b)晶化时间为 0 的样品以外]在小角范围(0.5°~3°)有比较明显的三个衍射峰,分别为对应样品孔结构的(100)、(110)、(200)面衍射峰,表明合成的分子筛为六方介孔结构且有较好的有序性。相比晶化温度 80℃下合成的分子筛,在 100℃和 135℃晶化温度下合成的分子筛有更窄分布的(100)面衍射峰,说明高温晶化有利于提高 SBA-15 分子筛的有序度。随着晶化时间延长,(100)面衍射峰略往小角方向移动,根据 Bragg 公式可知对应的 d100 面间距增大,表明随着晶化时间增加,分子筛的孔道变大。

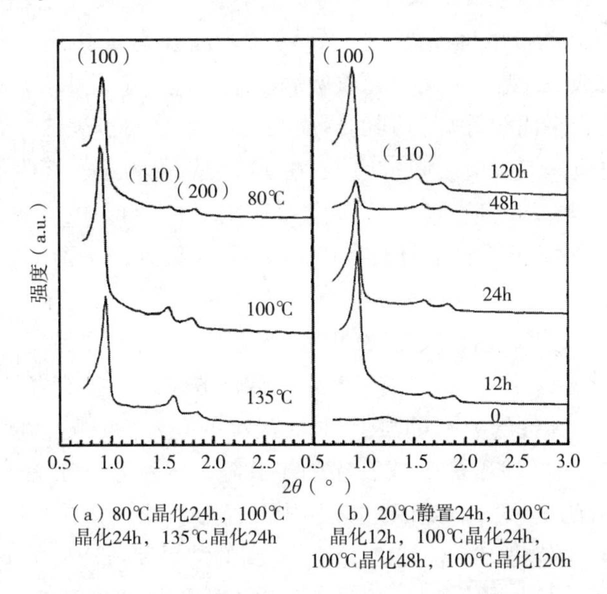

图 3-1 不同晶化温度和不同晶化时间下 SBA-15 分子筛的小角 XRD 图

(2)微孔-介孔分子筛 SBA-15 电镜表征

图 3-2 所示为 SBA-15 的 SEM 图。从图 3-2 中可以很清楚的看出,SBA-15

外貌为蠕虫状。且 SBA-15 的大小均一,并很容易看出 SBA-15 长的一维六方孔道是微米级的。

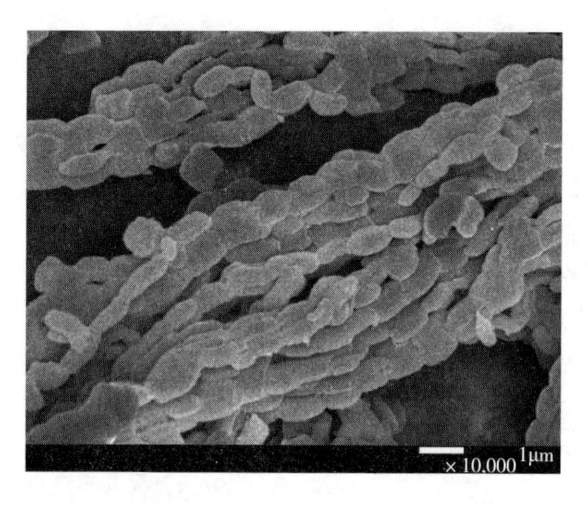

图 3-2 SBA-15 的电镜图

(3)微孔-介孔分子筛 SBA-15 孔结构表征

图 3-3 为分子筛样品在 77K 下氮气吸脱附等温曲线图。所有分子筛样品[除图 3-3(b)晶化时间为 0 的样品外]所得的吸脱附曲线均属 IUPAC 推荐的第Ⅳ类吸附曲线类型,且形成 H1 型滞后环。氮气吸脱附结果进一步说明合成的样品具有有序的介孔结构,由吸脱附曲线计算得到的样品孔结构参数列于表 3-3。随着晶化温度升高,滞后环所对应的氮气吸脱附量增大,在 135℃晶化的分子筛吸脱附曲线滞后环吸脱附曲线间距很短,却对应有较高的氮气吸脱附量,表明在较高温度晶化有利于提高分子筛中介孔孔容和介孔的有序性。随晶化温度降低,分子筛中微孔含量增多,较多微孔的存在可由样品的高比表积和氮气吸脱附等温线低相对压力条件下有较高的氮气吸附体积得以说明。结合表 3-3 可知,晶化温度升高,样品的比表面积下降,这是由于在高温晶化条件下,更多的微孔向介孔转化的缘故。没有经过晶化的样品,有一个复合的滞后环,氮气的吸附量很少,对应最小的孔容,表明常温下模板剂和无机硅物种之间并不能很好地脱离形成有序的主孔道。样品经 12h 晶化已经形成明显 H1 型滞后环,对应的 SA-XRD,结果也表明样品已形成六方介孔结构。实验曾将 12h 晶化后的样品不经焙烧进行 SA-XRD 分析,得到的结果和焙烧后类似,消除了焙烧过程中对孔道形成可能施加的影响。经过 24h 和 48h 晶化的样品其 N_2 吸脱附曲线在大部分相对压力情况下近乎重合,只是 48h 晶化的样品对应的滞后环略长。从图 3-2 中可看出晶化 120h 的样品有最长滞后环,说明在同样的晶化温度下,一定时间范围内,晶化时间增长,样品中介孔含量增多,孔容也增大。结合两组样品的 XRD 和吸附

曲线结果,得到的孔结构数据列于表 3-3 及表 3-4。其中不同晶化时间下样品的孔径采用 KJS 方法计算。

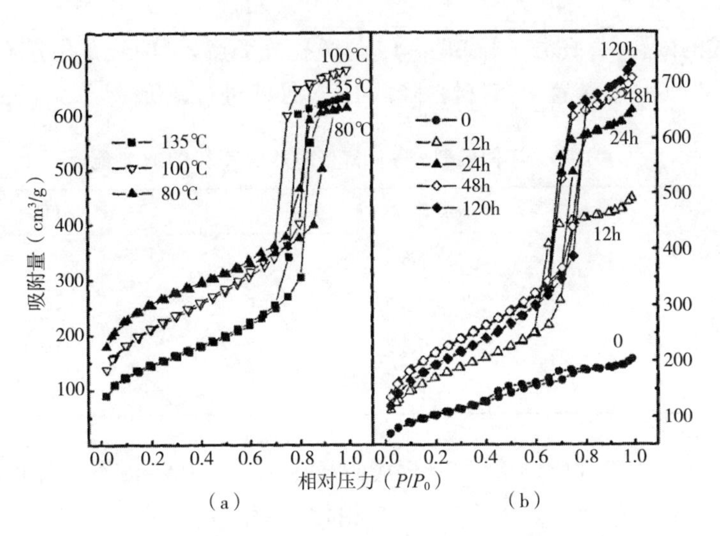

图 3-3　不同晶化温度和不同晶化时间下 SBA-15 分子筛的 N_2 等温吸脱附曲线

表 3-3　不同晶化温度下 SBA-15 分子筛的孔结构参数

晶化温度(℃)	$S_{BET}(m^2/g)$	$V_t(cm^3/g)$	孔径(nm)
80	919	0.99	12.2
100	759	0.91	12.0
135	511	0.89	12.0

表 3-4　不同晶化时间得到的 SAB-15 分子筛样品的孔结构参数

晶化时间(h)	$S_{BET}(m^2/g)$	$V_t(cm^3/g)$	孔径(nm)
0	355	0.26	3.4
12	569	0.79	5.1
24	759	0.91	6.4
48	758	1.1	6.5
120	681	1.2	9.6

不同晶化温度改变了分子筛中的介孔/微孔比率,同时也导致了分子筛比表面积的改变,随晶化温度增加,分子筛中微孔含量减少,使得分子筛比表面积减小。最后,选择 100℃晶化 12h 为本项目中 SBA-15 分子筛的晶化条件。

3.1.3 SBA-15与其他类型分子筛降低HCN性能对比

将合成的微孔-介孔分子筛SBA-15与微孔分子筛ZSM-5、介孔分子筛MCM-41添加到卷烟模拟评价装置中，对材料降低HCN性能进行评价，结果见表3-5。

表3-5 不同晶型分子筛降低卷烟烟气中HCN性能

样品	HCN释放量(μg/支)	HCN降低率(%)
空白对照样	94.5	—
ZSM-5	81.6	13.7
SBA-15	77.2	18.3
MCM-41	85.6	9.4

由表3-5的模拟评价结果可知，合成的微孔-介孔SBA-15分子筛可降低卷烟烟气HCN 18.3%。与微孔分子筛ZSM-5相比，降低卷烟烟气中HCN的性能提高33.6%。与介孔分子筛MCM-41相比，降低卷烟烟气中HCN的性能提高94.7%。但是，制备的SBA-15分子筛降低卷烟烟气HCN效果不够理想，故对制备的分子筛进行功能修饰以增强其对HCN的吸附效果。

3.1.4 本节小结

通过上述研究，优化了微孔-介孔分子筛SBA-15的合成条件，制备了性能稳定的微孔-介孔分子筛SBA-15，并对该材料进行了XRD、氮气吸附、电镜及卷烟烟气模拟评价表征，得到以下研究结果：

①筛选出晶化温度为100℃，晶化12h为本项目中微孔-介孔SBA-15分子筛的合成条件。

②制备的微孔-介孔SBA-15分子筛可降低卷烟烟气HCN 18.3%。与微孔分子筛ZSM-5相比，降低卷烟烟气中HCN的性能提高33.6%。与介孔分子筛MCM-41相比，降低卷烟烟气中HCN的性能提高94.7%。

3.2 碱性功能化分子筛的制备和性能评价

SBA-15比表面积大，表面硅醇键丰富，因而具有很好的化学活性，这是对其进行化学改性的基础。目前，人们已成功合成了烷基、苯基、氨基、巯基等多种有机官能化的 SBA-15，并将其用于催化反应，显示出了很好的催化剂活性。本项目通过嫁接有机硅烷试剂 3-氨丙基三乙氧基硅烷制得带氨基的有机无机杂化的催化剂 APTS/SBA-15 作为有效吸附剂。

3.2.1　碱性功能化分子筛的制备

(1)碱性功能化 SBA-15 的制备方法

取 10g 活化后的 SBA-15 和一定的 APTS 加入 100mL 无水乙醇溶液中，搅拌均匀，于 70℃ 回流 3~6h，过滤，洗涤，60℃ 真空干燥 48h，得到碱性功能化的 APTS/SBA-15 材料。依次增加碱性基团功能化试剂 APTS 的用量，分别为 1mL/g(SBA-15)、2mL/g(SBA-15)、4mL/g(SBA-15)，制备的三个样品编号分别为 *a*-APTS/SBA-15、*b*-APTS/SBA-15、*c*-APTS/SBA-15。

(2)不同氨基负载的碱性功能化分子筛的制备

项目通过调整碱性功能化试剂 APTS 用量，制备不同氨基负载的碱性功能化分子筛。制备样品如表 3-6 所示。

表 3-6　APTS 不同用量样品

样品编号	APTS 用量(mL/g)
SBA-15	0
a-APTS/SBA-15	1
b-APTS/SBA-15	2
c-APTS/SBA-15	4

3.2.2　碱性功能化分子筛的表征

(1)实验采用 ASAP 2000 全自动比表面积和孔隙分析仪(美国 Micromertics 公司)测试碱性功能化分子筛的孔结构；采用德国 VARIO-ELⅢ型的元素分析仪对碱性功能化 SBA-15 分子筛材料进行元素分析，推算结合到分子筛孔壁上的氨基含量；采用卷烟添加剂性能模拟评价装置初步评价碱性功能化分子筛材料对卷烟主流烟气中 HCN 的吸附性能。

(2)项目组对不同氨基含量的碱性功能化 SBA-15 分子筛进行了元素分析、氮气吸附脱附等表征，以确定碱性功能化试剂 APTS 的用量。

APTS/SBA-15 材料的元素分析结果见表 3-7。随着 APTS 用量的增加,碱性功能基负载量逐渐增加。但当 APTS 用量由 1g 活化后的 SBA-15 中加入 2mL APTS 增加为 4mL 时,分子筛上的氨基含量增幅较小。根据 N 元素的质量分数推算出结合到每克 SBA-15 孔壁上碱性功能基的量为 2.13~2.27mmol。

表 3-7 APTS/SBA-15 的元素分析

样品	APTS 用量(mL/g)	N(%)	氨基含量(mmol/g)
SBA-15	0	0	0
a-APTS/SBA-15	1	2.98	2.13
b-APTS/SBA-15	2	3.16	2.26
c-APTS/SBA-15	4	3.18	2.27

注 氨基含量(mmol/g)=(氮元素的质量分数×1000)/14。

表 3-8 为材料 SBA-15、碱性功能化 SBA-15 的比表面积、孔径及孔体积测试结果。

表 3-8 SBA-15、碱性功能化 SBA-15 的比表面积、孔径及孔体积数据

样品	S_{BET}(m^2/g)	V_t(cm^3/g)	孔径(nm)
SBA-15	569	0.79	5.1
a-APTS/SBA-15	498	0.75	4.9
b-APTS/SBA-15	361	0.62	4.8
c-APTS/SBA-15	334	0.54	4.2

从表 3-8 可以看到,SBA-15 经 APTS 嫁接后,材料孔径减小,比表面积及孔体积下降。虽然碱性功能化后材料的比表面积、孔体积、孔径与 SBA-15 相比均有不同程度的下降,但总体而言,所制备的材料比表面积和孔结构维持较好。

图 3-4 为 SBA-15 及 *b*-APTS-SBA-15 的小角度 XRD 图。可以看出,当表面嫁接 APTS 后,2θ 减小,相应的 d 值增大,峰强度减弱。

峰向低角度转移,表明孔略有收缩或壁厚稍有增加。SBA-15 经嫁接后,功能团 APTS 嫁接于孔道内壁,孔径减小,这由以上的孔结构数据得到证实。同时,由 XRD 图可看出,嫁接 APTS 后,SBA-15 的结晶度虽稍有下降,但在小角度依然有三个衍射峰。这说明,嫁接 APTS 后,介孔材料依然保持了很好的有序性。

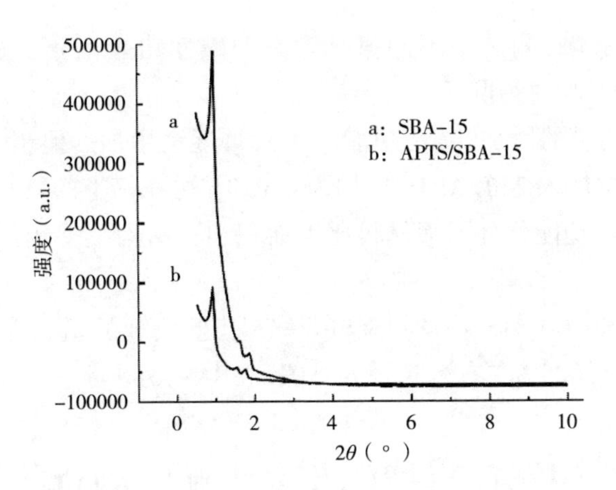

图 3-4　SBA-15 及 APTS-SBA-15 的小角 XRD 图

3.2.3　碱性功能化分子筛降低卷烟烟气 HCN 性能

用卷烟添加剂性能模拟评价装置初步评价碱性功能化分子筛材料对卷烟主流烟气中 HCN 的吸附性能，其中材料添加量为 20mg/支，在标准抽吸条件下测定样品对主流烟气中 HCN 的降低率，结果见表 3-9。

表 3-9　碱性功能化分子筛材料对卷烟烟气中 HCN 释放量的降低率

样品	HCN 释放量（μg/支）	HCN 降低率（%）
空白对照样	94.5	—
SBA-15	77.2	18.3
a-APTS/SBA-15	71.3	24.6
b-APTS/SBA-15	70.6	25.3
c-APTS/SBA-15	70.1	25.8

结果表明，碱性功能化后材料对烟气中 HCN 的降低作用较 SBA-15 有所提高，且随着氨基含量增加，APTS/SBA-15 对 HCN 的降低性能增加，但材料 *b*-APTS/SBA-15、*c*-APTS/SBA-15 负载的氨基含量相差较小，对 HCN 的吸附效果相当。因此，项目选择 *b*-APTS/SBA-15 进行下一步实验，在分子筛上负载过渡金属元素。

3.2.4　本节小结

项目考察了不同碱性功能化试剂 APTS 的用量对合成的碱性功能化分子筛孔壁

上负载的氨基量的影响，测试了不同氨基含量的碱性功能化分子筛孔结构以及对HCN的吸附性能的影响，得到以下结论：

①随着APTS用量的增加，碱性功能基负载量逐渐增加。但当APTS用量由1g活化后的SBA-15中加入2mL APTS增加为4mL时，分子筛上的氨基含量增幅较小。

②所制备的碱性功能化分子筛材料比表面积和孔结构维持较好，材料保持了很好的有序性。

③材料 *b*-APTS/SBA-15、*c*-APTS/SBA-15孔壁负载的氨基含量相差较小，对HCN的吸附效果相当(25%左右)，选择 *b*-APTS/SBA-15进行下一步实验。

3.3 过渡金属和碱性双功能化分子筛的制备和性能评价

在本研究中，我们使用微孔介孔SBA-15作为载体。纯硅的SBA-15没有可交换的阳离子，因此无法用离子交换法引入金属离子。而且，由于SBA-15一维的长孔道不利于金属离子的扩散和迁移，所以传统的浸渍方法往往导致载体的外表面也有大的金属粒子形成。

本项目中制备的碱性功能化SBA-15表面有丰富的 NH_2^-，可以和金属离子起络合作用，从而实现在SBA-15孔道内定向负载金属粒子。

3.3.1 过渡金属和碱性功能化分子筛的制备

称取1g *b*-APTS/SBA-15，加入30mL的过渡金属硝酸盐($M^{n+}=Zn^{2+}$、Cu^{2+}、Co^{2+}、Fe^{3+})(0.01mol/L)的醇溶液中，室温下搅拌2~3h，使得 M^{n+} 与APTS进行络合，过滤、洗涤、110℃干燥，即得碱性和过渡金属离子双功能化 M^{n+}/APTS/SBA-15。

(1)不同类型过渡金属双功能化分子筛的制备

项目通过调整过渡金属硝酸盐的种类，制备不同类型过渡金属碱性双功能化分子筛。制备样品如表3-10所示。称取1g *b*-APTS/SBA-15，加入30mL的过渡金属硝酸盐($M^{n+}=Zn^{2+}$、Cu^{2+}、Co^{2+}、Fe^{3+})(0.01mol/L)的醇溶液中。

表3-10 不同过渡金属类型的样品

样品	金属硝酸盐种类	硝酸盐浓度(mol/L)
Cu^{2+}/*b*-APTS/SBA-15	$Cu(NO_3)_2$	0.01
Zn^{2+}/*b*-APTS/SBA-15	$Zn(NO_3)_2$	0.01

续表

样品	金属硝酸盐种类	硝酸盐浓度(mol/L)
Fe^{3+}/*b*-APTS/SBA-15	$Fe(NO_3)_3$	0.01
Co^{2+}/*b*-APTS/SBA-15	$Co(NO_3)_2$	0.01

(2)不同锌离子负载量的双功能化分子筛的制备

优选降低卷烟烟气中HCN性能最好的过渡金属硝酸盐,调整过渡金属硝酸盐的浓度,制备不同锌离子含量的双功能化分子筛。取1g *b*-APTS/SBA-15,加入30mL的$Zn(NO_3)_2 \cdot 6H_2O$的醇溶液中,依次增加锌离子的浓度,分别为0.01mol/L、0.02mol/L、0.03mol/L,得到的过渡金属锌离子和碱性双功能化修饰的材料分为记为:Zn_{x1}^{2+}/*b*-APTS/SBA-15、Zn_{x2}^{2+}/*b*-APTS/SBA-15、Zn_{x3}^{2+}/*b*-APTS/SBA-15,如表3-11所示。

表3-11 不同锌离子含量的样品

样品	锌离子浓度(mol/L)
Zn_{x1}^{2+}/*b*-APTS/SBA-15	0.01
Zn_{x2}^{2+}/*b*-APTS/SBA-15	0.02
Zn_{x3}^{2+}/*b*-APTS/SBA-15	0.03

3.3.2 过渡金属和碱性双功能化分子筛的表征

实验采用ASAP2000全自动比表面积和孔隙分析仪(美国Micromertics公司)测试碱性功能化分子筛的孔结构;采用电感耦合等离子体-质谱仪(美国PE公司)测定金属碱性双功能化SBA-15分子筛材料中金属元素含量;采用卷烟添加剂性能模拟评价装置初步评价过渡金属碱性功能化分子筛材料对卷烟主流烟气中HCN的吸附性能。

(1)不同类型过渡金属和碱性双功能化分子筛的表征

项目组对不同过渡金属修饰的双功能化分子筛进行了氮气吸附脱附表征,测定了不同过渡金属修饰的双功能化分子筛对HCN的吸附性能,以确定不同过渡金属修饰的双功能化分子筛对HCN的吸附效果。

不同过渡金属修饰的双功能化分子筛样品比表面积、孔径及孔体积测试结果见表3-12。

表 3-12 碱性和过渡金属离子双功能基 SBA-15 的比表面积、孔径及孔体积数据

样品	S_{BET}(m^2/g)	V_t(cm^3/g)	孔径(nm)
SBA-15	569	0.79	5.1
b-APTS/SBA-15	334	0.54	4.2
Cu^{2+}/*b*-APTS/SBA-15	313	0.58	3.9
Zn^{2+}/*b*-APTS/SBA-15	313	0.49	3.5
Fe^{3+}/*b*-APTS/SBA-15	240	0.50	4.4
Co^{2+}/*b*-APTS/SBA-15	266	0.32	3.2

从表 3-12 可以看到,制备的 M^{n+}/*b*-APTS/SBA-15 与 *b*-APTS/SBA-15 相比,孔容和比表面积均有减小,这可能是 M^{n+} 和 SBA-15 孔道内表面上的—NH_2 定量络合,从而使大部分的 M^{n+} 位于孔道内表面。

表 3-13 为不同种类过渡金属修饰的双功能分子筛材料降低卷烟烟气中 HCN 性能结果。用卷烟添加剂性能模拟评价装置评价 SBA-15、*b*-APTS/SBA-15、M^{n+}/*b*-APTS/SBA-15 材料降低卷烟主流烟气中 HCN 释放量性能,其中材料添加量为 20mg/支,在标准抽吸条件下测定样品对主流烟气中 HCN 的吸附效果。

表 3-13 M^{n+}/APTS/SBA-15 材料对卷烟烟气中 HCN 释放量的降低率

样品	HCN 释放量(μg/支)	HCN 降低率(%)
空白对照样	94.5	—
SBA-15	77.2	18.3
b-APTS/SBA-15	70.6	25.3
Cu^{2+}/*b*-APTS/SBA-15	64.1	32.2
Zn^{2+}/*b*-APTS/SBA-15	60.1	36.4
Fe^{3+}/*b*-APTS/SBA-15	66.3	29.8
Co^{2+}/*b*-APTS/SBA-15	69.4	26.6

结果显示,碱性和过渡金属离子双功能化后,材料对卷烟主流烟气中 HCN 的降低效果明显增强。这可能是因为,碱性的氨基与 HCN 发生酸碱中和作用。另外,过渡金属离子能够与烟气中 CN^- 发生螯合作用,通过化学吸附将 CN^- 固定在材料上,从而降低卷烟烟气中 HCN 释放量。比较不同过渡金属离子修饰的 APTS/SBA-15 可知,Zn^{2+}/*b*-APTS/SBA-15 降低烟气 HCN 的效果最好,HCN 降低率达 36.4%。

(2)不同锌离子负载量的过渡金属和碱性双功能化分子筛的表征

Zn^{2+}/*b*-APTS/SBA-15 材料的锌元素分析结果见表 3-14,测定以 *b*-APTS/SBA-15 材料为基础制备的不同锌离子含量的 Zn^{2+}/*b*-APTS/SBA-15 中的锌元素的含量。

表 3-14 Zn^{2+}/APTS/SBA-15 的元素分析

样品	锌离子浓度(mol/L)	锌含量(mmol/g)
Zn_{x1}^{2+}/*b*-APTS/SBA-15	0.01	0.23
Zn_{x2}^{2+}/*b*-APTS/SBA-15	0.02	0.38
Zn_{x3}^{2+}/*b*-APTS/SBA-15	0.03	0.51

不同锌离子含量的 Zn^{2+}/*b*-APTS/SBA-15 材料的孔结构表征见表 3-15。

表 3-15 碱性和过渡金属离子双功能基 SBA-15 的比表面积、孔径及孔体积数据

样品	S_{BET}(m^2/g)	V_t(cm^3/g)	孔径(nm)
SBA-15	569	0.79	5.1
b-APTS/SBA-15	334	0.54	4.2
Zn_{x1}^{2+}/*b*-APTS/SBA-15	313	0.49	3.5
Zn_{x2}^{2+}/*b*-APTS/SBA-15	289	0.44	3.1
Zn_{x3}^{2+}/*b*-APTS/SBA-15	271	0.39	3.2

从表 3-15 可以看到,不同锌离子含量的 Zn^{2+}/*b*-APTS/SBA-15 材料,比表面积和孔体积变化不大,维持了较好的孔结构。

表 3-16 为不同锌离子含量的双功能分子筛材料降低卷烟烟气中 HCN 性能结果。用卷烟添加剂性能模拟评价装置评价 Zn_{x1}^{2+}/*b*-APTS/SBA-15、Zn_{x2}^{2+}/*b*-APTS/SBA-15、Zn_{x3}^{2+}/*b*-APTS/SBA-15 材料降低卷烟主流烟气中 HCN 释放量性能,其中材料添加量为 20mg/支,在标准抽吸条件下测定样品对主流烟气中 HCN 的吸附效果。

表 3-16 功能化分子筛材料对卷烟烟气中 HCN 释放量的降低率

样品	HCN 释放量(μg/支)	HCN 降低率(%)
空白对照样	94.5	—
SBA-15	77.2	18.3
b-APTS/SBA-15	70.6	25.3
Zn_{x1}^{2+}/*b*-APTS/SBA-15	60.1	36.4
Zn_{x2}^{2+}/*b*-APTS/SBA-15	58.9	37.7
Zn_{x3}^{2+}/*b*-APTS/SBA-15	58.6	38.0

不同锌离子含量的双功能化分子筛SBA-15材料(Zn_{x1}^{2+}/*b*-APTS/SBA-15,Zn_{x2}^{2+}/*b*-APTS/SBA-15,Zn_{x3}^{2+}/*b*-APTS/SBA-15)对卷烟主流烟气中HCN的降低效果随材料中锌离子含量增加而升高,但吸附效果差别不大。这主要是因为卷烟烟气中,HCN既与碱性的氨基发生酸碱中和作用,也与过渡金属锌离子发生螯合作用,通过化学吸附将CN^-固定在材料上,从而降低卷烟烟气中HCN释放量。因此,没有必要选择锌离子含量过高的双功能化分子筛材料。本项目中选择Zn_{x2}^{2+}/*b*-APTS/SBA-15用于下一步实验。

3.3.3 本节小结

项目考察了不同过渡金属种类的过渡金属和碱性双功能化分子筛SBA-15材料对卷烟烟气中HCN的吸附效果,并考察了优选出的锌离子和碱性双功能化分子筛SBA-15材料中锌离子含量的影响,得到以下结论:

①制备不同过渡金属种类的M^{n+}/*b*-APTS/SBA-15(Cu^{2+}/*b*-APTS/SBA-15、Zn^{2+}/*b*-APTS/SBA-15、Fe^{3+}/*b*-APTS/SBA-15、Co^{2+}/*b*-APTS/SBA-15),与*b*-APTS/SBA-15相比,孔容和比表面积均有减小,但维持了较好的孔结构。

②所制备的不同种类的过渡金属和碱性功能化分子筛材料中,Zn^{2+}/*b*-APTS/SBA-15材料显示了最好的HCN吸附性能。

③增加Zn^{2+}/*b*-APTS/SBA-15材料中锌离子含量对HCN的吸附效果(37%左右)差别不大,选择Zn_{x2}^{2+}/*b*-APTS/SBA-15用于下一步实验。

3.4 双功能化分子筛-聚醚砜复合材料的制备和性能评价

在本研究中,我们将制备的锌离子和碱性双功能化分子筛SBA-15材料与聚醚砜复合制备了疏松多孔、粒径可控的分子筛/聚醚砜复合材料。本研究旨在解决分子筛的工业添加问题,降低卷烟主流烟气中HCN释放量。

3.4.1 双功能化分子筛-聚醚砜复合材料的制备和成型

称取一定量的聚醚砜(PES)加入1-甲基-2-吡咯烷酮(NMP)中,搅拌使PES完全溶解,再将一定量Zn_{x2}^{2+}/*b*-APTS/SBA-15粉末缓慢地加入溶液中,搅拌12h使分子筛颗粒均匀地分散到溶液中。制备好的混合液在室温下用真空泵脱气6h,以除去搅拌过程中包裹在混合液中的气泡,然后移至纺丝设备中。纺丝制备的复合材料在外凝固浴中浸泡 24h,使得相转化完全,溶剂脱除干净,60℃烘箱中烘干。将上述碱性功能化分子筛/聚醚砜复合材料粉碎、过筛,选取 40~60 目颗粒,备用。

反应过程中,需控制 NMP 中 PES 能全部溶解且分子筛固体加入后混合液黏度适宜,同时起成型作用的 PES 与分子筛的比例需在一定范围才能成型。因此,选定 Zn_{x2}^{2+}/*b*-APTS/SBA-15、PES、NMP 质量比分别为 70∶30∶100、80∶20∶100、90∶10∶100,依次记为 Zn_{x2}^{2+}/*b*-APTS/SBA-15/聚醚砜[1],Zn_{x2}^{2+}/*b*-APTS/SBA-15/聚醚砜[2],Zn_{x2}^{2+}/*b*-APTS/SBA-15/SBA-15/聚醚砜[3]。

(1)双功能化分子筛-聚醚砜复合材料的制备

项目通过调整双功能化分子筛与聚醚砜的质量比,控制 NMP 中 PES 能全部溶解且分子筛固体加入后混合液黏度适宜,同时起成型作用的 PES 与分子筛的比例需在一定范围才能成型。选定 Zn_{x2}^{2+}/*b*-APTS/SBA-15、PES、NMP 质量比分别为 70∶30∶100、80∶20∶100、90∶10∶100,依次记为 Zn_{x2}^{2+}/*b*-APTS/SBA-15/聚醚砜[1],Zn_{x2}^{2+}/*b*-APTS/SBA-15/聚醚砜[2],Zn_{x2}^{2+}/*b*-APTS/SBA-15/SBA-15/聚醚砜[3],制备的样品如表 3-17 所示。

表 3-17 不同质量配比的分子筛-聚醚砜复合材料

样品	分子筛∶PES∶NMP
Zn_{x2}^{2+}/*b*-APTS/SBA-15-聚醚砜[1]	70∶30∶100
Zn_{x2}^{2+}/*b*-APTS/SBA-15-聚醚砜[2]	80∶20∶100
Zn_{x2}^{2+}/*b*-APTS/SBA-15-聚醚砜[3]	90∶10∶100

(2)双功能化分子筛-聚醚砜复合材料的成型

所制备的双功能化分子筛-聚醚砜复合材料在成型过程中可以根据纺丝头的调整材料成型成不同形状,如图 3-5 所示的中空形、多中空形、实心形等形状。

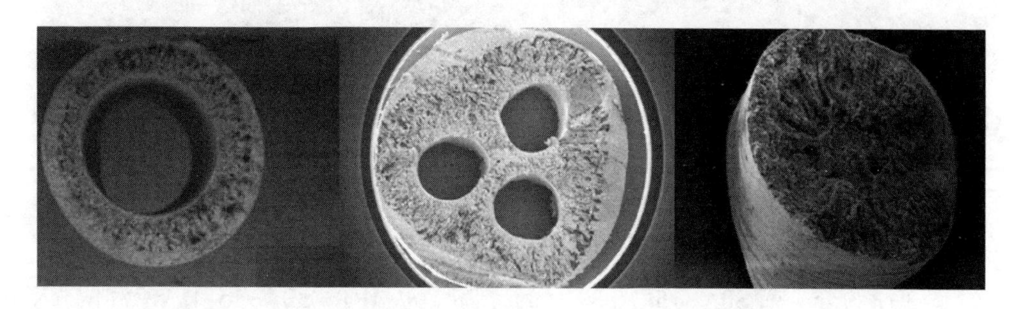

图 3-5 材料的 SEM 图

成型过程中也可以通过调整纺丝头的尺寸调整材料成型的粒径尺寸，如图 3-6 所示为不同直径尺寸的复合材料电镜图。

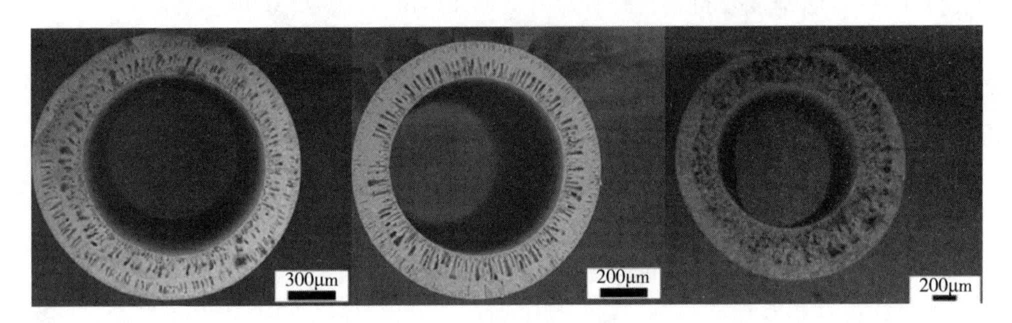

图 3-6　材料的 SEM 图

因为受目前工艺条件限制，尚不能制备固体复合滤棒，故将上述碱性功能化分子筛-聚醚砜复合材料粉碎、过筛，选取 40～60 目颗粒，备用。

3.4.2　双功能化分子筛-聚醚砜复合材料的表征

实验采用 JSM-7500F 型扫描电子显微镜观察样品的形貌及其大小；采用 TGA1-0346 热重分析仪（美国 TA 仪器公司）测试材料的热稳定性；采用卷烟添加剂性能模拟评价装置初步评价过渡金属碱性功能化分子筛材料对卷烟主流烟气中 HCN 的吸附性能。

（1）双功能化分子筛-聚醚砜复合材料的电镜表征

项目组对双功能化分子筛-聚醚砜复合材料进行了电镜表征（见图 3-7）。

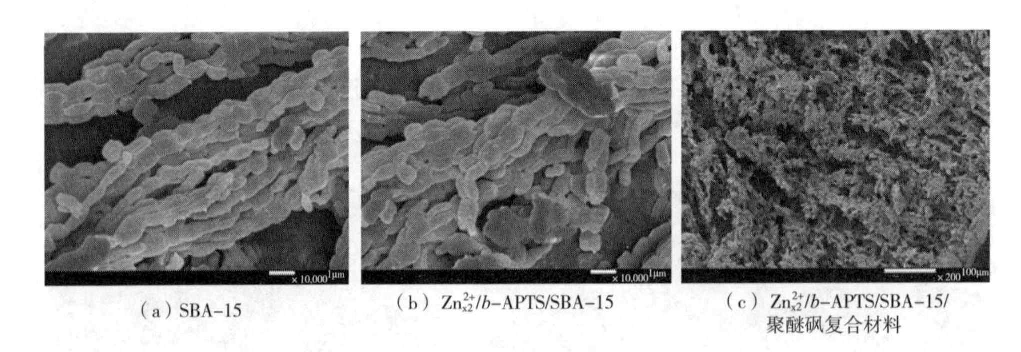

（a）SBA-15　（b）Zn_{x2}^{2+}/*b*-APTS/SBA-15　（c）Zn_{x2}^{2+}/*b*-APTS/SBA-15/聚醚砜复合材料

图 3-7　材料的 SEM 图

图 3-7 为分子筛 SBA-15［图 3-7（a）］、Zn_{x2}^{2+}/*b*-APTS/SBA-15［图 3-7（b）］及 Zn_{x2}^{2+}/*b*-APTS/SBA-15/聚醚砜复合材料［图 3-7（c）］的 SEM 图。从图 3-7（a）可以

很清楚的看出,SBA-15 外貌为蠕虫状,且晶体大小均一。图 3-7(b)中材料仍为蠕虫状,表明氨基改性后样品的形貌几乎没有发生改变。从图 3-7(c)中可以看出,Zn^{2+}_{x2}/*b*-APTS/SBA-15/聚醚砜复合材料表面呈现海绵状的疏松多孔结构。

(2)双功能化分子筛-聚醚砜复合材料的热重表征

试验对材料进行了热重表征,结果见图 3-8。

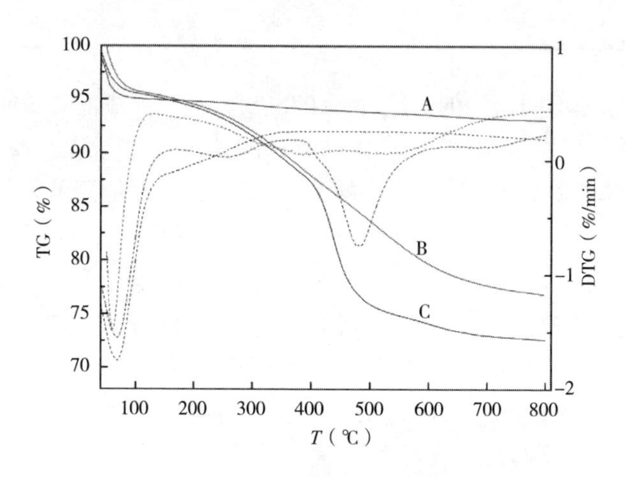

图 3-8 材料的 TG 曲线

A—SBA-15 B—Zn^{2+}_{x2}/*b*-APTS/SBA-15 C—Zn^{2+}_{x2}/*b*-APTS/SBA-15/聚醚砜复合材料

从图 3-8 可以看出,与 SBA-15 的 TG 曲线仅显示一个失重阶段不同,Zn^{2+}_{x2}/*b*-APTS/SBA-15,Zn^{2+}_{x2}/*b*-APTS/SBA-15/聚醚砜复合材料的热失重曲线均有两个失重阶段。第一个阶段(30~200℃)失重约 4%,主要是孔道内物理吸附的水及空气的散失。Zn^{2+}_{x2}/*b*-APTS/SBA-15 第二个失重阶段(200~800℃)失重约 15%,主要是材料碱性基团的氧化分解以及硅羟基的缩合失水过程。Zn^{2+}_{x2}/*b*-APTS/SBA-15/聚醚砜复合材料第二个失重阶段(200~800℃)失重约 23%,主要是材料硅羟基的缩合失水、碱性基团以及聚醚砜的氧化分解过程。结果表明,Zn^{2+}_{x2}/*b*-APTS/SBA-15,Zn^{2+}_{x2}/*b*-APTS/SBA-15/聚醚砜复合材料在 200℃以下具有良好的热稳定性,烟气通过滤嘴时(烟气温度在 30~50℃)不会引起添加材料分解。

3.4.3 双功能化分子筛-聚醚砜复合材料降低卷烟烟气 HCN 性能评价

用卷烟添加剂性能模拟评价装置评价功能化分子筛/聚醚砜复合材料降低卷烟主流烟气 HCN 释放量性能,其中材料添加量为 20mg/支,结果见表 3-18。

表 3-18 功能化分子筛/聚醚砜复合材料对卷烟烟气中 HCN 释放量的降低率

样品	HCN 释放量(μg/支)	HCN 降低率(%)
空白对照样	94.5	—
Zn_{x2}^{2+}/*b*-APTS/SBA-15-聚醚砜[1]	65.1	31.1
Zn_{x2}^{2+}/*b*-APTS/SBA-15-聚醚砜[2]	62.2	34.2
Zn_{x2}^{2+}/*b*-APTS/SBA-15-聚醚砜[3]	58.2	38.4

表 3-18 为添加不同比例的 Zn_{x2}^{2+}/*b*-APTS/SBA-15 所制备的功能化分子筛聚醚砜复合材料降低卷烟主流烟气中 HCN 释放量的评价结果。结果表明,功能化分子筛/聚醚砜复合材料对卷烟主流烟气中的 HCN 都有比较好的降低效果。随着复合材料中 Zn_{x2}^{2+}/*b*-APTS/SBA-15 比例的增加,复合材料降低 HCN 的效果越好,Zn_{x2}^{2+}/*b*-APTS/SBA-15-聚醚砜[3] 材料显示了最好的 HCN 降低性能。

复合材料具有丰富的、不规则的海绵状孔道结构,能够使卷烟主流烟气中气相的氰化氢更加充分地与材料中的碱性基团和过渡金属离子作用,增强吸附效果。同时,材料中丰富的、不规则的海绵状孔道结构也能对卷烟主流烟气中粒相氰化氢起到一定的截留作用,增强吸附效果。

3.4.4 双功能化分子筛-聚醚砜复合材料性能评价

为考察双功能化分子筛-聚醚砜复合材料对卷烟烟气常规成分和其他几种有害成分的影响,用模拟评价装置测定了卷烟烟气常规成分和其他六种有害成分释放量。

从表 3-19 可以看出,添加双功能化分子筛-聚醚砜复合材料的样品主流烟气常规化学成分释放量及抽吸口数与空白对照样基本一致。

表 3-19 烟气常规化学成分释放量及平均抽吸口数

样品	总粒相物(mg/支)	焦油(mg/支)	烟碱(mg/支)	水分(mg/支)	抽吸口数(口)
空白对照样	12.5	10.3	0.9	1.3	6.6
双功能化分子筛-聚醚砜复合材料	12.4	10.2	0.8	1.4	6.5

空白对照样与添加双功能化分子筛-聚醚砜复合材料的样品卷烟烟气中 HCN 等 7 种有害成分的测试结果见表 3-20。由表 3-20 可知,所制备的 Zn_{x2}^{2+}/*b*-APTS/SBA-15-聚醚砜复合材料能够有效地吸附烟气中的 HCN,其降低率达到 38.4%,巴豆醛、氨有一定降低,其他有害成分降低效果不明显。

表 3-20 主流烟气中 7 种有害成分的释放量

样品	CO (mg/支)	HCN (μg/支)	NNK (ng/支)	NH_3 (μg/支)	苯并[α]芘 (ng/支)	苯酚 (μg/支)	巴豆醛 (μg/支)
空白对照样	11.9	94.5	4.8	7.0	9.5	14.2	12.6
双功能化分子筛-聚醚砜复合材料	11.7	58.2	4.7	6.6	9.2	14.0	11.1

3.4.5 本节小结

项目考察了双功能化分子筛与聚醚砜所制备的复合材料的形貌及热稳定性;在实验条件范围内,考察了双功能化分子筛与聚醚砜不同质量比对卷烟烟气中 HCN 的吸附性能,得到以下结论:

①所制备的双功能化分子筛-聚醚砜复合材料成型过程中可以通过调整纺丝头控制材料的粒径大小和形状。

②所制备的双功能化分子筛-聚醚砜复合材料具有丰富的、不规则的海绵状孔道结构,200℃以下具有良好的热稳定性。

③增加复合材料中双功能化分子筛的质量比,对 HCN 的吸附性能增强。优选 Zn_{x2}^{2+}/b-APTS/SBA-15∶PES∶NMP 质量比为 90∶10∶100 的配比制备复合材料,卷烟烟气中 HCN 的降低率为 38.4%。

④添加双功能化分子筛-聚醚砜复合材料的样品主流烟气常规化学成分释放量及抽吸口数与空白对照样基本一致。HCN 降低率达到 38.4%,巴豆醛、氨有一定降低,其他有害成分降低效果不明显。

4 生物模板法合成的纳米材料

自古以来,自然界就是人类各种技术思想、工程原理及重大发明的源泉。早在几百万年前,自然界就已经形成了结构高度有序的无机-有机复合材料,如牙床、骨骼、贝壳等。可直到20世纪中期,人们才注意到生物矿化物质的特殊性能,并利用生物矿化机理来指导各种新型材料的合成。为此,20世纪90年代以来,一种模仿生物矿化中无机物在有机物调制下形成过程的新合成方法——仿生合成出现了。近年来,随着生物科学在材料科学上的渗透,大量生物学术语被引进到材料科学,如复制、自组织和转录等,而且许多原来专属于生物学的技术也在材料科学中得到了应用,如分子识别和生物模板等。因此,利用生物组织或生物大分子合成无机材料成为目前材料科学研究的一个重要前沿课题,并在最近几年取得了不少令人瞩目的成果。

天然的生物组织和生物矿物具有高度有序的结构和形态特征,这些高度有序的结构和形态特征赋予了生物特殊的生理和生化功能,从而使生物表现出生命的一系列特征。与人造合成材料相比,生物矿物具有生成条件温和与性能优良等特点。为了探索其中的奥秘,人们对生物矿化过程进行了深入细致的研究,并将从中得到的启示应用到了无机材料的生产中。

生物组织合成的大部分生物矿物从纳米尺度到宏观尺度是高度有序的,从而构成具有复杂形态的高级结构。根据生物组织和生物大分子在无机材料合成过程中所起的不同作用,从宏观到微观分三部分:一是生物模板合成:指利用具有特定结构形态的生物组织和大分子为模板合成无机材料。二是水溶性生物分子对矿化过程的调控:指水溶性生物分子在生物矿化过程或无机材料的合成中对矿物的生长、晶型和形貌等的调节和控制。三是分子识别组装:指利用DNA双链的互补性和蛋白质与底物的专一性结合等生物分子识别原理,将预先合成的纳米粒子组装成宏观有序的无机材料。下面主要就生物模板的合成来进行概述。

4.1 生物模板法概述

4.1.1 生物模板合成

(1)动植物组织

利用动物和植物组织复杂的结构已经合成得到了很多生物模拟材料。Ogasawara等将去矿化的墨鱼(sepia officinalis)骨(主要成分是β-几丁质组成的多孔有机框架结构)作为模板制备得到有序的多孔氧化硅。墨鱼骨是由碳酸钙($CaCO_3$)和β-几丁质构成的内生骨骼,内部具有大量的(约93%)呈室状的孔结构。这个结构可以使墨鱼承受大约2.4MPa的外部压力并且可以停留在水下约230m的地方。采用去矿化的方法主要是用酸脱去碳酸钙,之后再用碱去除蛋白质,得到主要由β-几丁质形成的室状框架,加入碱性硅酸钠溶液后得到氧化硅的复合材料,通过煅烧去除有机成分(主要是β-几丁质)后可以得到有序的多孔氧化硅材料。

Meldrum和Seshadri采用海胆纲动物的石灰质的骨骼为模板,首先用酸处理去除碳酸钙的方法达到去矿化的目的,之后将去矿化的模板浸入含金的溶液中,用空气热枪去除多余的液体,稍微冷却后再次浸入含金溶液中随之吹干,重复约10次后在400℃的条件下煅烧去除模板,得到具有15μm管道的较规则的孔状金结构材料。

Cook等人采用化学汽相沉积的方法(CVD)获得了生物结构的精确复制品。采用CVD的方法不会破坏生物组织的表面精细结构,用硅烷的化学汽相沉积法得到了蝴蝶翅膀的精细结构复制材料。得到的材料比起原来的翅膀模板缩小了约25%,这主要是由于煅烧引起的,但是材料的形貌与模板的形貌基本上是吻合的。对于具有较强防水表面的植物(如芋头叶子、荷叶等)、表面多毛的家蝇翅膀、蜘蛛丝等为模板制备材料,CVD制备法的优势就更为突出。

北京大学的杨冬和齐利民利用鸡蛋膜作为模板制备了由TiO_2管组成的有序大孔网状材料。他们先采用一定的方法分离得到鸡蛋膜,之后通过中性水解或者酸水解的方法得到TiO_2材料。所得到的材料也是与鸡蛋模板的形貌基本相似,但由于煅烧去除模板的处理,材料的尺寸比模板小一些。上海交通大学的苏惠兰等以鸡蛋膜为模板制备得到了Pd-PdO纳米束掺杂到TiO_2薄膜上的管网状结构材料,同时对制备得到的材料进行了光催化降解染料的研究,发现含有约5%的Pd(Pd-PdO中Pd的含量)的二氧化钛材料具有较高的光催化活性,罗丹明B的降解率达到了99.3%,并且具有较好的稳定性,可以重复使用。这样的材料可能具有如光伏设备、气体敏感设备、染料敏化太阳能电池等多方面的运用潜能。

张保健和 Davis 等以淀粉溶胶为模板制备得到了大孔海绵状的硅质材料和介孔薄膜。Hall 等以花粉颗粒为模板,合成了孔状的微米级的硅质、碳酸钙、磷酸钙颗粒,并且对制备得到的颗粒材料进行了实际运用方面的探究,首先是研究了材料对药物的吸附和释放的特性,其次是用一些纳米离子使材料具有金属或磁性特征。

硅藻是一类具有光合作用能力的单细胞真核生物,在全球的碳循环和硅循环中扮演重要角色。现存硅藻的种类大约为 10^5。各个种类的硅藻具有独特的硅质细胞壁,这种纳米尺度构建的硅质外壳引起了纳米技术科学家极大的兴趣,因为人类现有的工程能力根本不可能建造出具有像硅藻外壳那样精细结构的材料。硅藻外壳具有新颖的光学特性、机械特性、低转热性、高熔点、化学惰性等,因此可以利用它制备光捕获设备、光电子设备、分子筛、传感器、药物载体等。现已采用多种方法制备得到了微孔(沸石的制备)、介孔和大孔(硅藻的外壳)尺度的材料。例如,通过气相转换的方法利用硅藻壳为反应物制备沸石;方法是在较高的温度条件下,用气/固取代方法形成了非硅基的三维硅藻壳状的氧化物,如 MgO、TiO_2 和 ZrO_2 等;水热合成法利用硅藻壳制备了 $BaTiO_3$;湿化学负载法制备了 $ZnSiO_4$、ZrO_2、$BaTiO_3$;还有其他的一些方法,如溶胶-凝胶合成法和金属(Au、Ag)热蒸汽法等。

上海交通大学的张迪等以 C_3 和 C_4 植物的叶片为模板,合成了一定形态的 TiO_2,并且绿叶中的 N 也自动的沉积到材料中,与没有生物膜板的 TiO_2 相比,制备的 TiO_2 光捕获和光催化能力都得到了加强。他们认为自然界中的绿叶所具有的光合作用结构可以用作模板,制备各种类似模板形态的氧化材料。这样的材料可能具有较好的光学特性,比如光催化特性、荧光特性等。同时叶片中元素沉积到制备的材料中可以改进材料的一些特性,比如豆科植物中的 N 元素。光催化试验验证了材料具有较好的光催化能力。

Valtchev 等以木贼为模板,制备了硅基的沸石材料,从所得到的材料中可以清楚地看到木贼气孔的形态。Shin 等以杨木和松木为模板制备得到了有序的硅基材料,木头的主要化学成分是纤维素、半纤维素、木质素。它们的分子结构中含有大量的极性基团,如羟基、羧基和酯基功能团,这些极性基团可能具有较强的吸附硅酸盐的能力。复旦大学分子催化实验室以雪松和竹子为模板,合成沸石的有序结构。

(2)细菌病毒

Davis 等以细菌产生的纤维为模板,合成了具有复杂形态的氧化硅材料。其直接用于氧化硅的模板矿化,得到一种白色脆性物质,主要成分是无定性氧化硅。其内部是有规则的直径为 0.5μm 的纤维管状结构,这种材料在催化、分离技术和生物材料工程上都有潜在的应用价值。Zhang 和 Davis 等还利用细菌产生的纤维吸附硅的纳米颗粒制备有序的大孔沸石纤维。国内的于源华等以酵母菌为模板矿化合成 SiO_2 纳米结构材料,根据无机盐可以在酵母菌细胞膜上沉积形成纳米结构材料的现象和生物矿化理论,以正硅酸乙酯(TEOS)作为硅源,矿化合成了一种壳鞘状的 SiO_2 纳米结构材料。刘荣继等以酵母细胞壁介导的 SiO_2 纳米结构材料的合成。

Shenton 和 Mann 等以烟草花叶病毒(TMV)为模板矿化得到无机-有机混合的纳米管沉积,采用溶胶-凝胶的方法合成 CdS、PbS 和 SiO。TMV 具有在 60℃ 和 pH 在 2~10 仍具有稳定性,TMV 的外壳主要是由氨基酸构成的蛋白质组成的,在一定的 pH 范围和反应条件下,蛋白质可以成为许多无机颗粒的成核位点。Dujardin 等也利用 TMV 制备有序的金属纳米颗粒,合成了 Pt、Au 和 Ag 的纳米颗粒。

(3)生物大分子

利用 DNA 的特异排序功能来制备材料,尤其是纳米材料,是把 DNA 看作一种特殊的模板。Coffer 等以小牛胸腺 DNA 为模板合成了平均直径为 5.6nm 的 CdS 纳米粒子。Braun 等用 DNA 为模板装配了导电银线。DNA 作为组装用连接分子具有很多的优点,既可以很容易地合成出不同长度的分子,也可以用许多不同功能集团修饰以便能够黏附在各种表面上。互补链的作用是非常专一和可逆的。

同互补的 DNA 双链具有很强的识别能力相似,蛋白质-底物的专一性亲和能力是另一大类具有分子识别能力的生物分子。Shenton 等利用抗体和抗原的高度专一性识别性质组装了 Au 纳米粒子。

综上所述,大自然为我们提供了各式各样形态结构的生物。自然物质的这些独特的构造提供了一种有机-无机混合物自组装的模式也赋予了材料功能。具有复杂形态的无机材料的合成是材料科学中一个前沿研究领域。近年来,随着生物学理论与技术对材料科学的渗透,利用生物组织或生物大分子合成具有复杂形态的无机材料逐渐成为这个领域的研究热点。

4.1.2 生物模板制备材料的形成机理

与传统的化学模板制备材料不同,生物模板本身就具有高度排列有序的结构。以木材为模板(图 4-1)为例,借助外力在木材的细胞壁上均匀地附上沸石的前驱物,水解后形成了沸石与木材的混合物,经过高温焙烧去除掉木材,就得到了按照木材细胞壁的形状复制下来的沸石。

在以天然生物为模板的材料制备过程中,溶胶-凝胶法能够忠实地复制得到类似天然生物模板形态的有序材料,因此在生物模板合成中具有明显的优势。溶胶-凝胶过程是:首先,金属模板表面的羟基基团会将溶液中的金属醇盐吸附到其表面。其次,水解成纳米厚度的氧化薄膜。

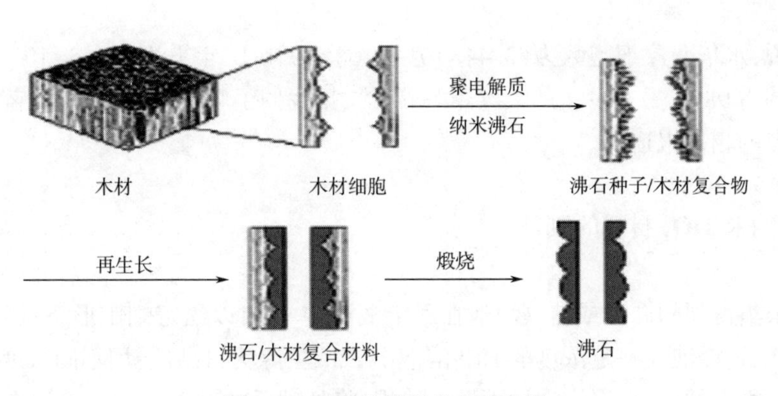

图 4-1 木材为模板机理示意图

4.2 天然藻类为模板制备纳米 TiO_2 材料及其降低卷烟烟气有害成分的研究

4.2.1 硅藻和蓝藻的情况介绍

硅藻是一种单细胞、真核、光合自养藻类,能利用天然的无机硅来合成纳米有序的材料。硅藻具有较强的光合作用能力,这与它的硅质外壳是紧密相关的。有人说,硅藻的硅质外壳相当于一个微型的光电子设备,这种结构有利于光的收集和传递直到光反应器,从而提高了它们的光合效率。硅藻最重要的生物学特征是细胞壁高度硅质化。硅藻的种类繁多,分布极广,包括单细胞或群体种类。硅藻的细胞壁,除含果胶质外,还含有大量的硅质使其成为坚硬的壳体,所以硅藻很早就作为模板进行矿化,它们的壳体集聚在一起就形成硅藻土。人们利用硅藻为模板,首先是因为它具有比较稳定的结构(硅质细胞壁)。其次,它的细胞壳面上具有各种细致的花纹,最常见的是由细胞壁上的许多小孔紧密或较稀疏排列而成的线纹。这些小孔的尺寸大多是微米-纳米级的,如果可以将小孔的尺寸较好的复制下来,那么所得的材料就可以用于物质分离等方面。

蓝藻是一类单细胞原核生物,没有细胞核,但细胞中央含有核物质,通常呈颗粒状或网状。蓝藻是一类进化历史悠久、革兰氏阴性、无鞭毛、含叶绿素 a、不形成叶绿体、能进行产氧性光合作用的原核生物。蓝藻广泛存在于自然界,包括各种水体、土壤和部分生物体内外等,甚至在某些恶劣的环境中也可以发现它们的踪迹。在营养丰富的水体中,有些蓝藻常于夏季大量繁殖,形成水华。在滇池中形成的水华主要是因为微囊藻属的铜绿微囊藻、惠氏微囊藻、绿色微囊藻以及束丝藻属的水华束丝藻。

总体来说,水华蓝藻细胞数为(3.44×10^6~1.08×10^9)/L,年平均为1.3×10^8/L。其中,微囊藻约占98%,另有少量的束丝藻等藻类。据我们了解,目前还没有以蓝藻为模板制备材料的相关报道。

4.2.2 纳米TiO_2材料的制备

将采集得到的硅藻或蓝藻浸泡在固定液液中12h,以固定细胞形态;用蒸馏水冲洗干净之后,浸泡在一定浓度的HCl溶液中12h,去除无机杂质;用不同浓度的乙醇逐渐去除模板中的水分,浸泡在异丙醇中待用;将处理后的硅藻或蓝藻浸泡在四异丙醇钛和异丙醇的混合溶液中约24h;取出后,在空气中水解约48h;最后在500℃的马弗炉煅烧去除模板,得到介孔二氧化钛材料。

4.2.3 透射式电子显微镜(TEM)和扫描电子显微镜(SEM)

作为照明光源的电子束波长比可见光波长短得多,因此大幅提高了其分辨率,能够分辨单个原子,并可对纳米级的原子团进行结构及化学成分分析。作为直接观察、分析、研究物质微观结构工具,TEM在材料等科学中的应用日益广泛。在介孔材料的研究中,TEM常被用来观察材料的孔结构。

扫描电子显微镜(SEM)具有放大倍率范围宽、分辨率高等特点,可以用来直接观察固体样品的表面形貌,因此在物理、化学、材料等诸多学科,以及电子、化工等生产领域中,对各种材料的形貌、结构等的研究中得到了广泛的应用。SEM在介孔材料的研究中主要是用于材料表面形貌的观察和粒径测量。

样品的孔结构用超高分辨率透射电镜(HRTEM)进行观察,仪器为JEOL-200CX(上海大学),点分辨率0.17nm,最小束直径1.0nm,加速电压100~300kV,放大率50~1500000。EIQuanta200FEG扫描电子显微镜(昆明理工大学)观察样品的形貌,加速电压为30kV。

从20世纪中期开始,水污染和富营养化越来越严重。水华,尤其是蓝藻引起的水华越来越严重。在滇池中形成的水华主要原因是微囊藻属的铜绿微囊藻、惠氏微囊藻、绿色微囊藻以及束丝藻属的水华束丝藻。微囊藻约占98%,另有少量的束丝藻等藻类。

图4-2中的(a)(b)是蓝藻扫描电镜图,它比活体的蓝藻要小,主要是因为制作SEM样品时,必须把水脱除。从图4-3中可以看出,细胞的直径是(4±0.5)μm。图4-2中的(c)(d)是将蓝藻在500℃的马弗炉中煅烧后得到的扫描图,由于蓝藻主要是由有机质构成的,经过煅烧后,蓝藻原先的形态已经被完全的破坏了。图4-2中的(e)(f)

是通过溶胶-凝胶法制备得到的二氧化钛复合材料(TiO_2/C),可以看出得到了直径为(2.5±0.3)μm 的球状的二氧化钛复合材料。所得材料的形态与蓝藻的形态相似,说明通过溶胶-凝胶的方法制备得到了与蓝藻模板形态相似的二氧化钛复合材料。

溶胶-凝胶的方法可以将藻类的细胞形态很好的复制出来。对于硅藻来说,其表面有大量的 Si—OH 和 Si—O—Si。对于蓝藻来说,它的纤维质外壳主要由—OH 构成,这些基团都可以从溶液中吸附大量的金属醇盐,并且沉积在细胞外表面,形成了均一的表面金属外壳凝胶,经过煅烧,凝胶水解并浓缩,形成金属氧化物复合材料。

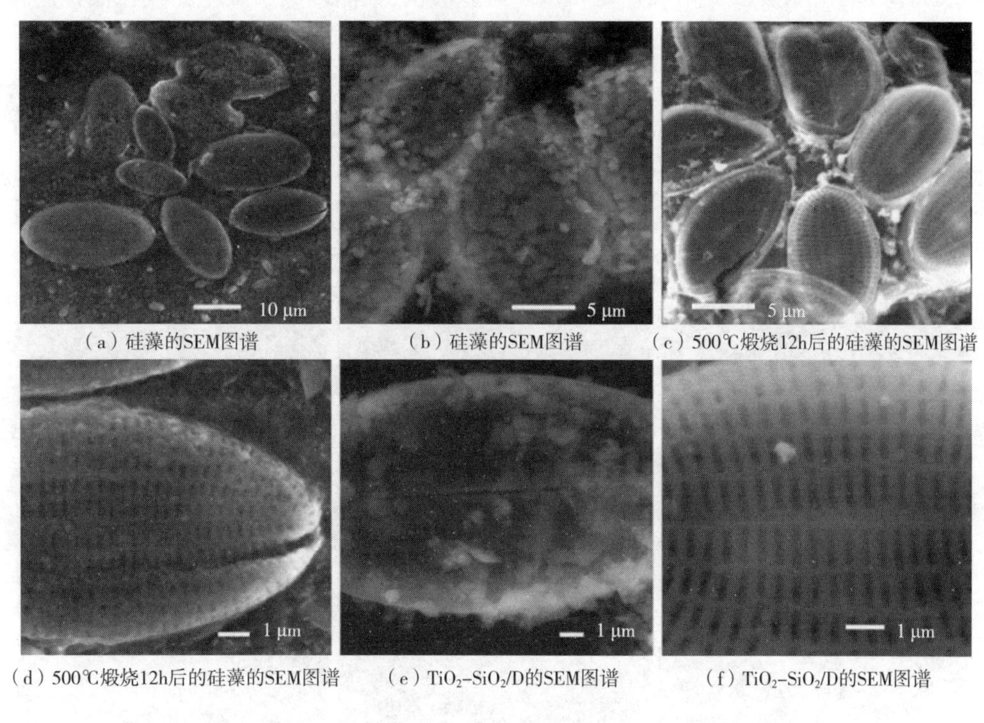

(a)硅藻的SEM图谱　(b)硅藻的SEM图谱　(c)500℃煅烧12h后的硅藻的SEM图谱

(d)500℃煅烧12h后的硅藻的SEM图谱　(e)TiO_2-SiO_2/D的SEM图谱　(f)TiO_2-SiO_2/D的SEM图谱

图 4-2　硅藻 SEM 图谱

SEM 是目前分析材料的表面显微形貌和对表面进行化学分析的最为有效的分析手段。

图 4-3 中的(a)(b)是硅藻(Cocconies placentula)扫描电镜图谱,它是一种附生硅藻,大量存在于沉水植物的叶片上。图 4-3 中可以得到原始硅藻的表面微形貌,壳面为椭圆形、长为(20±5)μm、宽为(12±3)μm,在大约 10μm 的壳面上有(24±1)μm 的间隙纹,每个间隙纹的长和宽是(980±10)nm 和(190±10)nm。这种硅质壳面的精细构造含有某种收集和控制太阳光的结构,从而提高了它的光合效率,硅藻这种收集和控制

太阳光的结构,如果能够被模拟并制备成材料,那么所制备的材料可能具有高光催化活性的潜力。图4-3中的(c)(d)是直接将硅藻置于500℃的马弗炉中煅烧12h后硅藻的扫描电镜图谱。从图4-3中可以看出,原始硅藻的椭圆形外壳依旧可以得到,但是间隙纹则在煅烧的过程中被彻底地破坏了,这个可能是由于硅藻的壳面是硅质的,所以细胞的形态基本上得以保存。这样可以为二氧化钛的覆盖提供结构框架,从而得到与硅藻天然外形相似的二氧化钛复合材料。图4-3中的(e)(f)是通过溶胶-凝胶法制备得到的二氧化钛复合材料(TiO_2-SiO_2/D),它仍然具有天然硅藻壳面的形态,同时完整地保存了硅藻壳面上的间隙纹,只是尺寸有一定的缩小,主要是因为煅烧引起的,并且材料的表面比起原始硅藻要光滑和清楚得多。可以看出,我们以硅藻细胞为模板模拟制备了与其形态相似的二氧化钛复合材料。

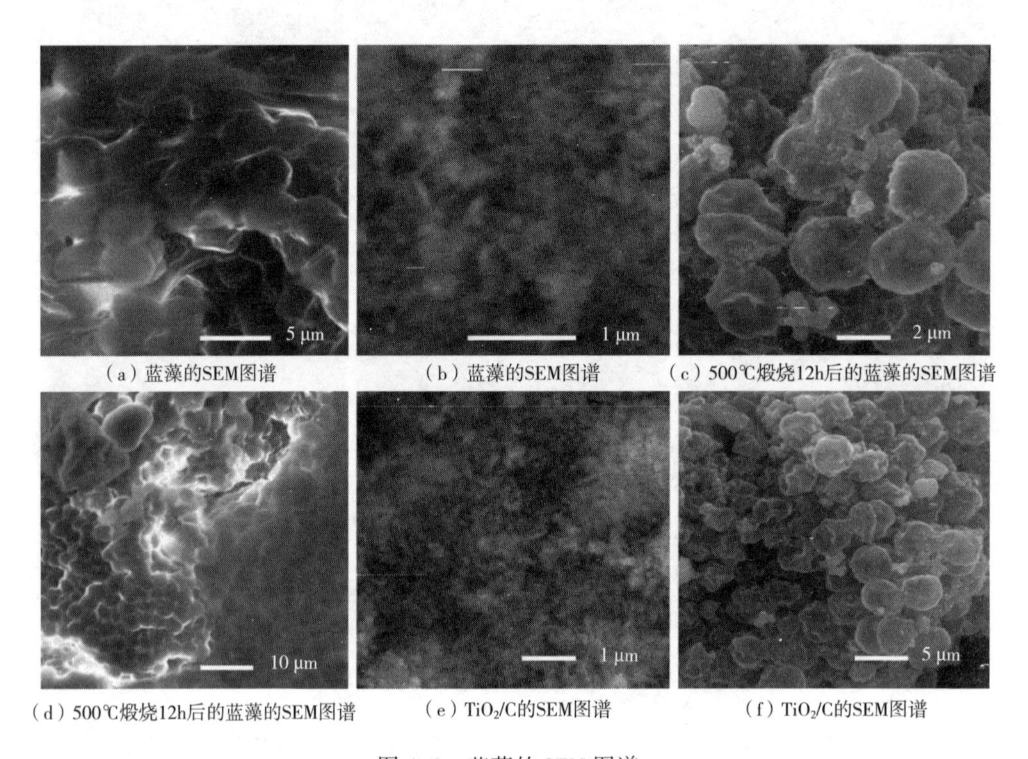

(a)蓝藻的SEM图谱　(b)蓝藻的SEM图谱　(c)500℃煅烧12h后的蓝藻的SEM图谱

(d)500℃煅烧12h后的蓝藻的SEM图谱　(e)TiO_2/C的SEM图谱　(f)TiO_2/C的SEM图谱

图4-3　蓝藻的SEM图谱

4.2.4 红外光谱法(FT-IR)

红外光谱法是一种近代物理分析方法,是鉴别化合物和物质分子结构的常用手段之一。由于几乎所有有机物在红外区域都有特征吸收,所以在介孔材料的研究中,

FT-IR 技术是检测材料中有机物(主要是有机模板剂)的去除情况的一种有效手段。此外 FT-IR 技术也可以对掺杂了杂原子后所引起的结构变化进行表征。另外,因为介孔的尺寸在(2~50)nm 范围内,所以通过吸收光谱和散射光谱,可以观察到介孔分子筛吸收的蓝移、吸收带的多峰结构等变化。红外及拉曼光谱可以用来检测金属离子的键性、配位情况以及化合物的对称性等。以上检测手段互相补充,能够对有序介孔材料的物理化学性能提供比较完整的信息。

在 TiO_2/C、TiO_2-SiO_2/D 和 Degussa P25 的 FT-IR 谱图(400~4000cm^{-1}),我们可以发现:在 500~590cm^{-1} 的强吸收峰是典型的 Ti—O—Ti 存在的特征吸收峰,这也证明了所制备的材料(TiO_2/C 和 TiO_2-SiO_2/D)中含有金属钛。这三个样品中都含有 TiO_2,所以都能在这个区域出现吸收峰。同时在 500~590cm^{-1} 有吸收是因为存在锐态矿型 TiO_2,这个结果与 XRD 的结果是吻合的。TiO_2-SiO_2/D 在 1120cm^{-1} 处出现了不对称的 Si—O—Si 震动峰,这主要是因为硅藻的壳是硅质成分的,经过煅烧之后,可能变成了 SiO_2。而在 TiO_2/C 和 Degussa P25 中,都没有出现这个峰,由此说明了硅藻中的硅元素掺杂到了 TiO_2-SiO_2/D 中。所有的样品在 1620cm^{-1} 处都有震动峰出现,可以归为材料所吸附的水分子的 O—H 键面内变形振动吸收,三个样品在 3400cm^{-1} 左右的宽吸收峰可以认是被材料所吸附的水分子的 O—H 键伸缩振动吸收(图 4-4)。

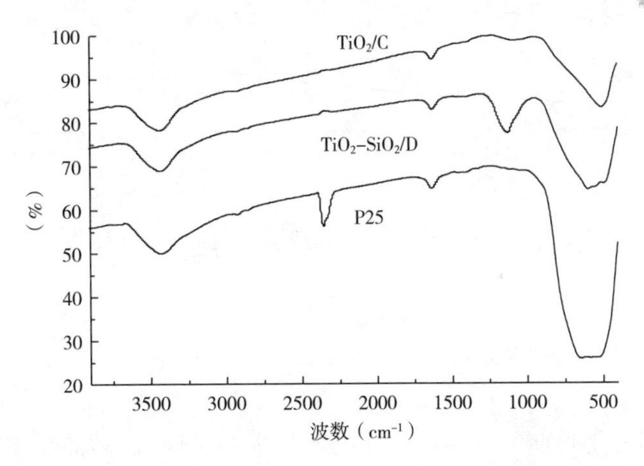

图 4-4　制备的 TiO_2/C、TiO_2-SiO_2/D 和 Degussa P25 的红外图谱

4.2.5　N_2 吸附

由于介孔材料具有发达的介孔结构,因此在进行氮气的等温吸附时,氮气在孔

道内会凝聚而引起氮气吸附-解吸附曲线呈回滞环形状,其吸附和解吸附行为能直接反映出孔道形状的结构特征。图 4-5 属于典型的介孔物质吸附曲线,当氮气相对压力在 0~0.35 时,氮气吸附-解吸附呈现出一条短的,平缓的增加;当吸附曲线在 P/P_0 大于 0.4 以后,曲线迅速升高,而且由于孔的滞后作用,吸附和解吸附曲线两者靠近,出现了一个狭窄的空间。当吸附曲线在 P/P_0 接近 1.0 时曲线几乎垂直,这说明催化剂中存在介孔结构。通过 BET 公式和 BJH 方程计算出 TiO_2-SiO_2/D 的比表面积是 41.7m^2/g、孔容是 0.22cm^3/g、孔径是 21nm。TiO_2/C 的比表面积是 37.8m^2/g、孔容是 0.09cm^3/g、孔径是 9.7nm。孔径分布曲线可以看出 TiO_2/C 和 TiO_2-SiO_2/D 主要孔径在 3~25nm,属于介孔范围,并且这些不规则的曲线预示着材料具有不规则的孔道。

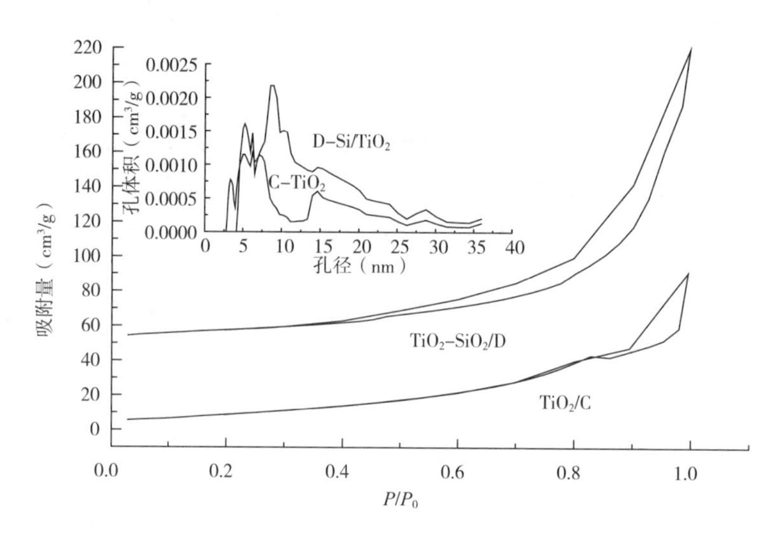

图 4-5　TiO_2/C 和 TiO_2-SiO_2/D 的 N_2 等温吸附/解附曲线,插入的小图孔径分布图

4.2.6　X 射线衍射图谱(XRD)

X 射线衍射法是目前测定物质晶体结构的重要手段,而多晶粉末衍射法是鉴定物质晶相的有效手段。

每一种晶态物质都有其特定的结构,即其原子的种类、数目及其在空间的排列组合方式都各不相同,因此各种晶态物质的粉末衍射图都有不同的特征,其衍射线的位置(θ)和强度(I)的分布都不相同。在介孔材料的表征手段中,最常见的就是 X 射线衍射法(XRD)。在小角度衍射区域内($2\theta<10°$)的衍射峰是确认介孔结构存在的有力证据之一。X 射线衍射仪的形式多种多样,用途各异,但其基本构成很相

似。图 4-6 为 X 射线衍射仪的基本构造原理图，主要部件包括：

高稳定度 X 射线源提供测量所需的 X 射线：改变 X 射线管的阳极靶的材质可以改变 X 射线的波长，X 射线源的强度可通过调节阳极电压加以控制。样品及样品位置取向的调整机构系统：样品必须是单晶、粉末、多晶或微晶的固体块。射线检测器：检测衍射强度或同时检测衍射方向，通过仪器测量系统或计算机处理系统可以得到多晶衍射图谱数据。衍射图的分析处理系统：现代的 X 射线衍射仪器一般都安装有专用的衍射图处理分析软件的计算机系统。它们的特点是自动化和智能化。

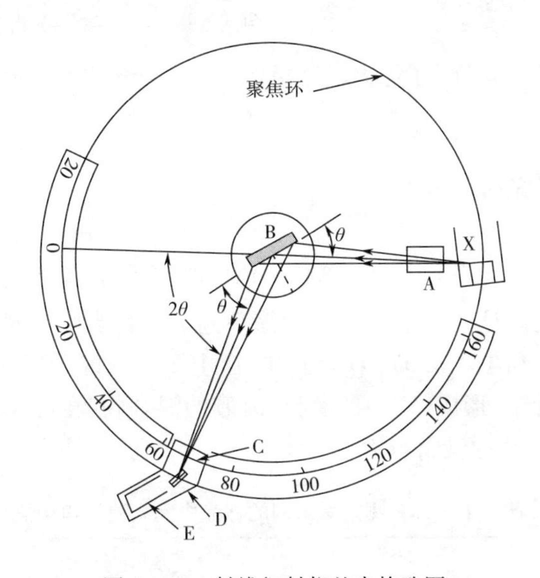

图 4-6　X 射线衍射仪基本构造图

本处采用日本 D/max-3B 型 X 射线衍射仪（XRD）检测样品的孔结构和物相，射线为 CuKα。高角衍射（HAXRD）条件：电压 40kV，电流 30mA，步宽 0.02°，扫描速度 10°/min，扫描范围 10°~95°。XRD 广角衍射图（图 4-7）中可以看出该图谱是典型的锐钛矿二氧化钛的高角 X 射线衍射峰。在 $2\theta=25.5°$ 处的高强度衍射峰，表明所以样品中的 TiO_2 已高度晶化为锐钛矿型 TiO_2（$2\theta=25.5°$），这与 FT-IR 的结果是一致的。同时三者的图谱比较也可以看出 TiO_2/C 和 P25 均具有锐态矿和金红石型（$2\theta=28.0°$）的二氧化钛，而 TiO_2-SiO_2/D 仅出现锐态矿型的峰，并且没有相应的 SiO_2 衍射峰出现，可能是由于 TiO_2 覆盖在硅藻细胞框架的外表面，而 XRD 仅为样品的表面衍射，所以没有出现相应的峰。

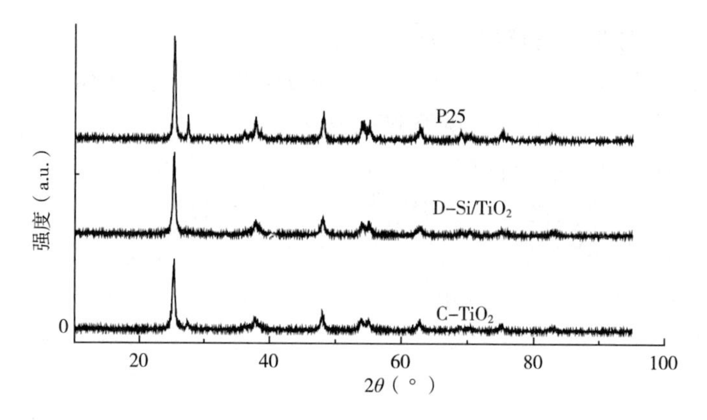

图 4-7　制备的 TiO_2/C、TiO_2-SiO_2/D 和 Degussa P25 的 XRD 谱

4.2.7　X 射线荧光光谱(XRF)

通过表 4-1 可以计算得到 TiO_2-SiO_2/D 的 Ti/Si 摩尔比为 8,说明我们制备得到了高钛硅比的材料,而且硅藻中的硅元素掺杂到了材料当中。同时可以看出元素 C 也掺杂到了 TiO_2/C 和 TiO_2-SiO_2/D 材料中,C 主要是来源于组成生物本身的元素。在溶胶-凝胶的过程中,形成模板-钛溶胶-凝胶的混合物,在煅烧时,模板本身的 Si、C 元素可能掺杂到二氧化钛材料中。

表 4-1　XRF 测定后得到的样品中元素种类和含量

样品	主要元素含量(%)			
	Ti	O	C	Si
TiO_2-SiO_2/D	36.09	47.65	4.31	2.62
TiO_2/C	47.41	46.47	3.97	—

4.2.8　光电子能谱(XPS)

对 TiO_2-SiO_2/D 和 TiO_2/C 进行了 XPS 光谱分析分别为图 4-8 和图 4-9。通过 XPS 图谱的分析,可以得到 TiO_2-SiO_2/D 和 TiO_2/C 两种材料主要是由 Ti、C 和 O 三种元素构成的。TiO_2-SiO_2/D 和 TiO_2/C 的 Ti 2p 图谱与典型 TiO_2 的 XPS 国际标准数据相吻合,说明两种材料中都含有 TiO_2。TiO_2-SiO_2/D 和 TiO_2/C 的 O1s 图谱主要是由少量的羟基[—OH(531.5±0.5)eV]和材料表面吸收的水[(533±1)eV]两个主要的成分引起的。XPS 的全程扫描图谱[图 4-8(a)和图 4-9(a)]都证明了所制备的

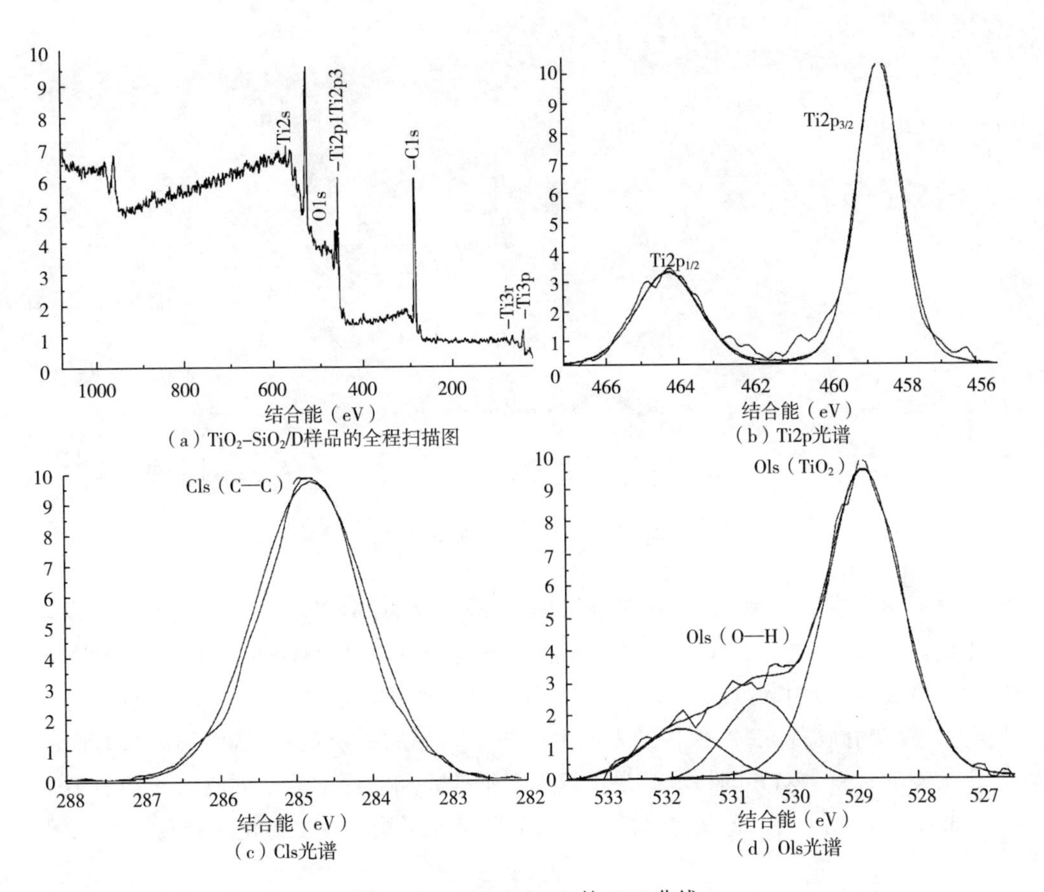

（a）TiO_2-SiO_2/D样品的全程扫描图

（b）Ti2p光谱

（c）Cls光谱

（d）Ols光谱

图 4-8　TiO_2-SiO_2/D 的 XPS 曲线

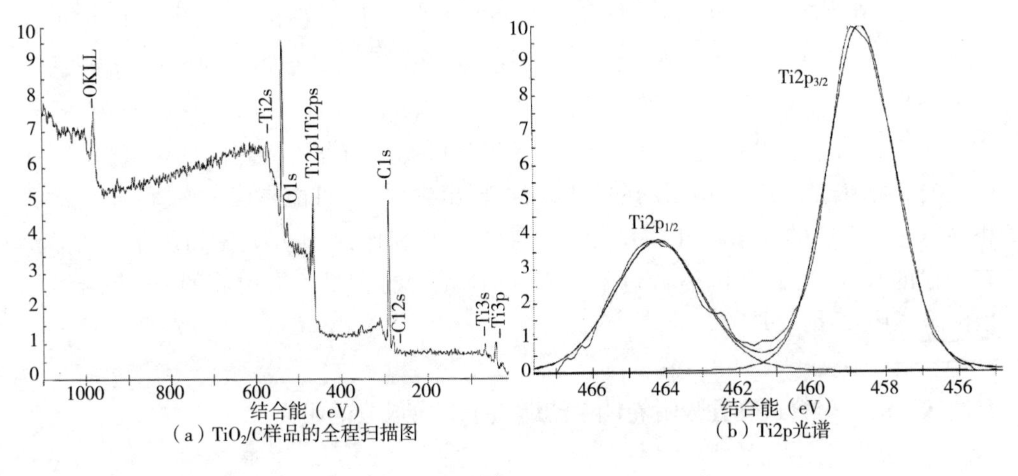

（a）TiO_2/C样品的全程扫描图

（b）Ti2p光谱

图 4-9

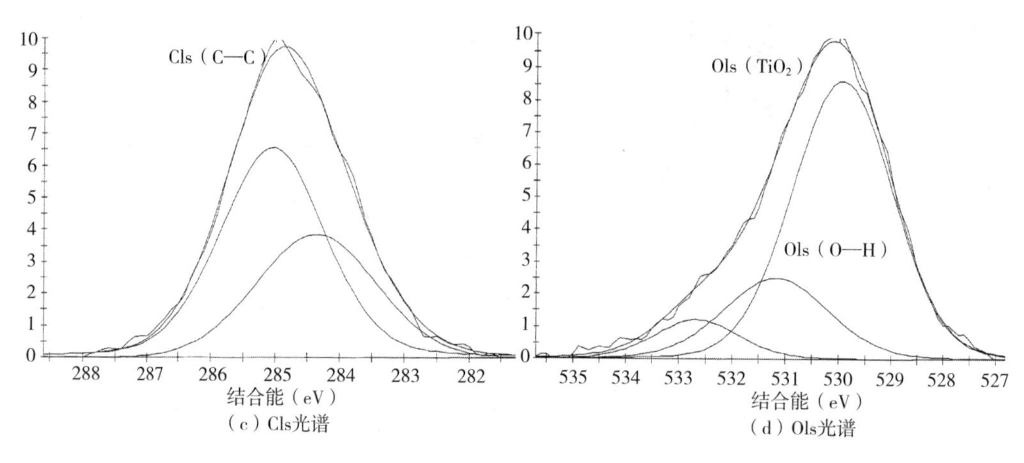

图 4-9 TiO_2/C 的 XPS 曲线

混合材料中含有 C 元素，这个与 XRF 的结果是一致的，主要是因为 C 元素是组成生物体的基本元素之一，C1s 图谱的最强的峰出现在 284.8eV，主要是由于石墨碳(284.8eV C ═C)引起的。但是，从 XPS 的图谱中也没有 Si 的相应峰出现，这个可能是因为“二氧化钛外衣”在模板的表面上形成了均一的一层覆盖，从而形成可有序的介孔结构的材料。XPS 的检测结果不仅表明了硅藻和蓝藻中的 C 元素沉积到了 TiO_2-SiO_2/D 和 TiO_2/C 中，而且在模板的表面上还形成了均一的二氧化钛介孔材料。

4.2.9 紫外-可见漫反射图

图 4-10 为 TiO_2-SiO_2/D、TiO_2/C 和 P25 的紫外-可见扫描图。从图 4-10 中可以得到，与 P25 相比，在可见光区 TiO_2-SiO_2/D 和 TiO_2/C 具有加强了的可见光吸收，但在紫外光区，它们的吸收强度弱于 P25。在 400~680nm，TiO_2-SiO_2/D 和 TiO_2/C 具有比 P25 更强的吸收能力，这可能是由于能带隙(可见光与紫外光之间的区域)的转移引起的。此外，在能带隙吸附的起始区域表现出红移，这可能是因为 Si 和 C 元素沉积在材料中引起的。同时，TiO_2-SiO_2/D 与 TiO_2/C 相比，在可见光区和紫外光区都具有较强的吸收，可能是因为材料中的 Si 和 C 元素的含量不同引起的，这个结果与 XRF 和 XPS 的结果是吻合的。

4.2.10 纳米材料选择性吸附卷烟主流烟气中有害成分的研究

分别称取一定量的硅藻、蓝藻二氧化钛纳米粒子加入无水乙醇中，搅拌并超声振

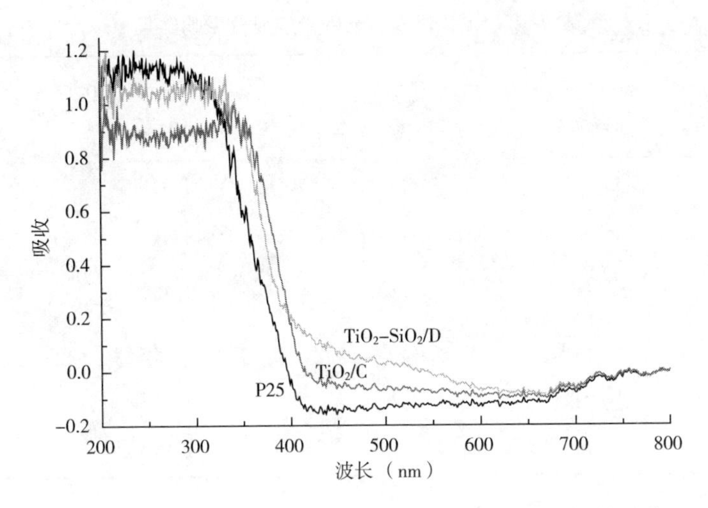

图 4-10　TiO_2/C,TiO_2-SiO_2/D 和 P25 的紫外-可见扫描图谱

荡处理使其均匀分散形成悬浮液,然后用注射器注入 20μL 所制悬浮液到卷烟嘴棒中,每支卷烟嘴棒中纳米粒子的添加量为 2mg。对照烟为同牌号未添加任何纳米粒子的卷烟。

采用《烟草及烟草制品　调节和测试的大气环境》(GB/T 16447—2004)的条件调节卷烟样品。按照《卷烟和滤棒物理性能的测定》(GB/T 22838—2009)的方法检测滤棒物理性能。按照《常规分析用吸烟机　定义和标准条件》(GB/T 16450—2004)的条件抽吸卷烟。按照国标 GB 5606. 5—2005 对卷烟进行烟气常规检测。按照《卷烟　烟气总粒相物中苯并[α]芘的测定》(GB/T 21130—2007),《卷烟主流烟气中氰化氢的测定　续流动法》(YC/T 253—2008),《卷烟主流烟气中酚类化合物的测定　高效液相色谱法》(YC/T 255—2008),《卷烟主流烟气中主要羰基化合物的测定　高效液相色谱法》(YC/T 254—2008),《卷烟主流烟气中氨的测定　离子色谱法》(YC/T377—2010),《卷烟烟气气相中一氧化碳的测定　非散射红外法》(GB/T 23356—2009),《卷烟主流　烟气总粒相物烟草特有 *N*-亚硝胺的测定　高效液相色谱—串联质谱联用法》(TCJC-ZY-IV-005-2012)的方法分别测定烟气 8 种有害成分检测。卷烟样品的感官质量评价由评吸委员会 15 名成员参照《卷烟　第 4 部分:感官技术要求》(GB 5606. 4—2005)的方法完成。

4. 2. 10. 1　硅藻、蓝藻二氧化钛纳米材料降低卷烟主流烟气中常规有害成分的作用

使用吸烟机正常抽吸纳米材料滤嘴卷烟,按照 GB 5606. 5—2005 标准方法进行卷烟烟气常规检测,得到数据见表 4-2。

表 4-2　XRF 对卷烟烟气常规成分影响结果

样品	总粒相物(mg/支)	焦油(mg/支)	烟气烟碱(mg/支)	水分(mg/支)
1#	13.03	13.39	1.33	1.21
2#	13.04	13.37	1.35	1.16
3#	13.11	13.32	1.32	1.23
4#	13.02	13.37	1.29	1.22
5#	13.05	13.49	1.31	1.20
空白卷烟	13.16	14.01	1.33	1.06

由表 4-2 可知，与空白卷烟相比，添加 XRF 材料的卷烟主流烟气中总粒相物和焦油都有所降低，且水分含量有所提高。

由表 4-3 可知，与空白卷烟相比，添加 XPS 材料的卷烟主流烟气中总粒相物、焦油和烟气烟碱都有所降低。

表 4-3　XPS 对卷烟烟气常规成分影响结果

样品	总粒相物(mg/支)	焦油(mg/支)	烟气烟碱(mg/支)	水分(mg/支)
1#	12.95	13.24	1.17	1.21
2#	12.98	13.25	1.15	1.16
3#	13.02	13.28	1.14	1.23
4#	13.01	13.29	1.16	1.22
5#	12.97	13.32	1.11	1.14
空白卷烟	13.24	14.05	1.45	1.12

4.2.10.2　硅藻、蓝藻二氧化钛纳米材料降低卷烟有害成分的作用

由表 4-4 可知，与空白卷烟相比，添加 XRF 二氧化钛纳米材料的卷烟中的 8 种有害成分中 CO、苯并[α]芘、NNN、巴豆醛、HCN、苯酚均有不同程度的降低。这可能由于本研究制备二氧化钛纳米材料含有丰富的介孔，用于卷烟滤棒中，该介孔材料大量吸附烟气中的这些有害物质。因此，烟气中的有害成分的含量明显降低。

表 4-4 XRF 对卷烟烟气常规影响结果卷烟 8 种有害成分分析结果

样品名称	苯并[α]芘（ng/支）	NNK（ng/支）	NNN（ng/支）	巴豆醛（μg/支）	HCN（μg/支）	氨离子（μg/支）	苯酚（μg/支）
1#	8.08	2.48	3.03	13.89	98.36	5.34	14.89
2#	8.06	2.44	3.05	13.87	98.52	5.35	14.78
3#	8.03	2.45	3.01	13.82	98.76	5.53	14.83
4#	8.12	2.51	3.04	13.85	99.02	5.48	14.81
5#	8.10	2.43	3.02	13.79	98.41	5.46	14.91
空白卷烟	9.51	2.60	3.60	17.50	125.0	5.50	20.03

由表 4-5 可知，与空白卷烟相比，添加 XPS 二氧化钛纳米材料的卷烟中的 8 种有害成分中 CO、苯并[α]芘、NNK、NNN、巴豆醛、HCN、氨离子、苯酚均有不同程度的降低，其中苯并[α]芘、巴豆醛、苯酚降低明显。这可能由于 XPS 二氧化钛纳米材料含有丰富的介孔，用于卷烟滤棒中该介孔材料大量吸附烟气中的有害物质。因此，烟气中的有害成分的含量明显降低。

表 4-5 XPS 对卷烟烟气常规影响结果卷烟 8 种有害成分分析结果

样品名称	CO（mg/支）	苯并[α]芘（ng/支）	NNK（ng/支）	NNN（ng/支）	巴豆醛（μg/支）	HCN（μg/支）	氨离子（μg/支）	苯酚（μg/支）
1#	15.09	8.32	2.18	3.12	13.64	98.97	5.32	15.19
2#	15.12	8.54	2.14	3.11	13.66	99.10	5.35	15.15
3#	15.13	8.32	2.15	3.13	13.71	99.01	5.30	15.13
4#	15.10	8.52	2.11	3.16	13.73	98.94	5.31	15.18
5#	15.11	8.43	2.16	3.12	13.72	98.91	5.32	15.13
空白卷烟	15.71	9.42	2.58	3.64	17.31	126.2	5.57	21.13

4.2.11 本节小结

硅藻和蓝藻不仅作为材料合成的模板，而且将自身的元素自动地沉积到了介孔二氧化钛材料上。此外，合成的二氧化钛材料与模板（硅藻和蓝藻）的形态相似，并且是锐钛矿型的。XRF、XPS 二氧化钛纳米材料表现出明显的卷烟降害活性。通过卷烟主流烟气、卷烟 8 种有害成分分析的实验证明，该材料在卷烟中的新颖运用具有广阔前景。

4.3 Co-Ti-SiO_2 水葱纳米材料的制备、表征及降低烟气中有害物质

生物模板合成法不仅利用了有机模板来调控无机材料的形成,更是直接利用天然的生物材料为模板来实现材料制备的高效、便捷、经济却行之有效的一种新途径。其目的在于以下两点。

第一,做到模板微观形貌和其生物功能的复制。在这种情况下,生物模板一般具有某种特定的形态学特征(如昆虫翅膀、蓝藻、硅藻、病毒等),复制过程的典型特征就是模板精细的复制物的形成。事实上,已经有非常多的生物物种被用于模板,如细菌、真菌、病毒、液晶、昆虫翅膀和植物叶子、蜘蛛丝、木头、问荆草、硅藻属、纤维、纸、毛发、羊毛等。大多数被用于生物模板结构复制合成的模板具有纳米孔道,以及其他更复杂的等级结构特征,在纳米尺度上复制模板物结构特征的精确水平是生物模板技术的主要挑战之一。

第二,利用生物的特殊结构来诱导无机材料的组装。天然的生物体系被用于无机结构成核的诱导和成型,该反应的发生一般由共价/非共价之间的相互作用以及分子识别的过程来诱导。为了促使组装过程的发生,使用的生物模板必须具有一些特别的物理化学或形态特征以作为无机材料构建的平台。

生物模板对无机材料形成的调控是生物模板合成技术的关键。在分子水平上,蛋白质在模板合成中的作用研究得较为广泛,此外还有 DNA 等。植物的茎杆、叶片、昆虫的外壳、翅膀,病毒的蛋白质外壳和 DNA 链段等诸多生物结构已经被用做生物模板制备特殊材料结构的研究。

4.3.1 Co-Ti-SiO_2/水葱材料的制备

取用 PBS 缓冲液配制的溶液,用此溶液浸泡新鲜的剪成圆瓶状的水葱杆,常温下浸泡,HCl 脱水,醋酸钴溶液浸泡,乙醇溶液脱水。TEOS-钛酸丁酯的乙醇溶液浸泡,氨水浸泡。滤掉溶液,水葱置于恒温干燥箱中干燥。程序升温进行焙烧。

4.3.2 Co-Ti-SiO_2/水葱材料的表征

4.3.2.1 SEM 表征

由图 4-11 的 SEM 图可以看出,图 4-11(a)的结构被图 4-11(b)很好地复制下

来,气孔清晰可见,但是随着焙烧温度的升高,水葱的结构被烧坍塌,因此可以看到图 4-11(c)有一部分气孔结构,而图 4-11(d)则完全看不到气孔结构的存在。

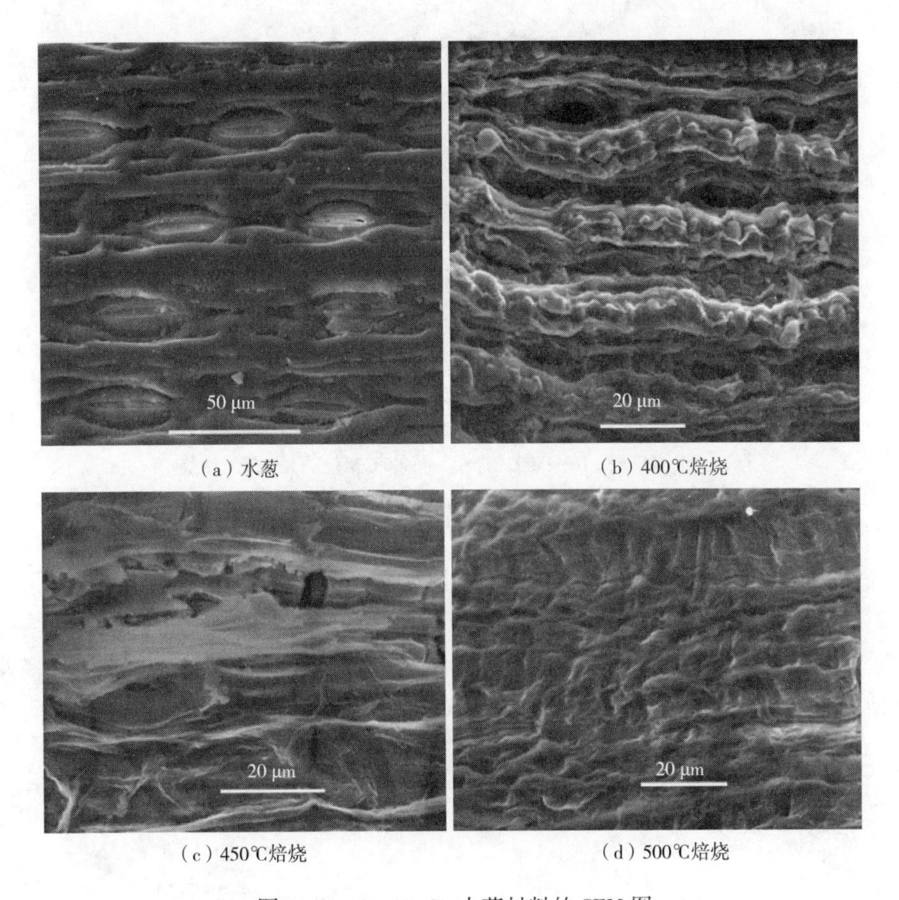

(a)水葱　(b)400℃焙烧
(c)450℃焙烧　(d)500℃焙烧

图 4-11　Co-Ti-Si/水葱材料的 SEM 图

4.3.2.2　XRD 表征

图 4-12 是四个样品的 XRD 大角衍射图,从 10°~90°的大角衍射图可以看出:a,b,c,d 催化剂在 25°处有一个弱的锐钛矿峰,而在其他范围内并没有很明显的峰存在,也说明催化剂是一种无定型结构,在合成过程中加入了钴盐以后,对催化剂的介孔结构形成影响不大。XRD 广角衍射没有钴的氧化物特征峰存在,表明 Co^{2+} 离子已经高度分散并嵌入 Ti-SiO_2 的硅结构中。

4.3.2.3　N_2 等温吸附-解吸曲线

图 4-13 给出了样品的 N_2 等温吸附-解吸附曲线。结果发现该吸附-解吸曲线

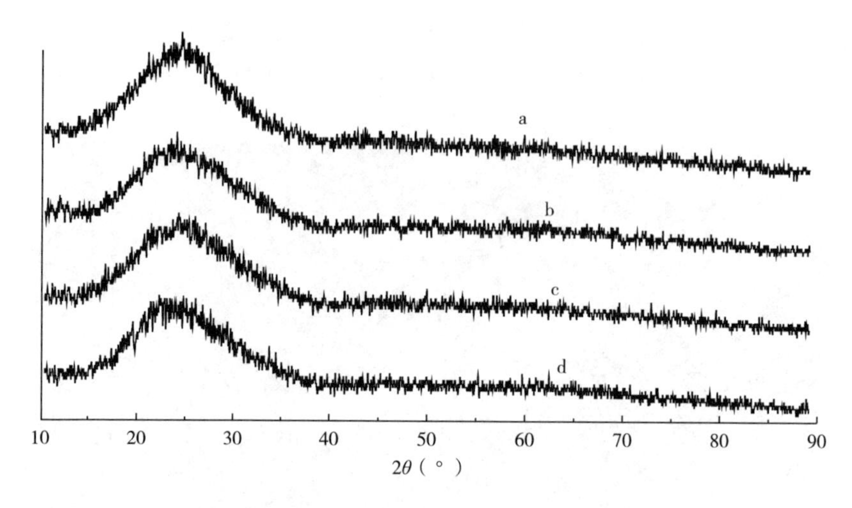

图 4-12　Co-Ti-SiO_2/水葱材料的 XRD 的衍射图

a—400℃焙烧　b—450℃焙烧　c—500℃焙烧　d—550℃焙烧

属于朗格缪尔 IUPAC Ⅳ型，属于典型的介孔物质吸附曲线。由于介孔材料具有发达的介孔结构，因此在进行氮气的等温吸附时，氮气在孔道内会凝聚而引起氮气吸附-解吸附曲线呈回滞环形状。其吸附和解吸附行为能直接反映出孔道形状的结构特征。吸附-脱附不完全可逆，即吸附脱附等温线不重合的现象称为迟滞效应，多发生于Ⅳ型吸附平衡等温线。曲线的起始部分对应于在较低的相对压力下介孔表面的单层吸附，不存在迟滞现。

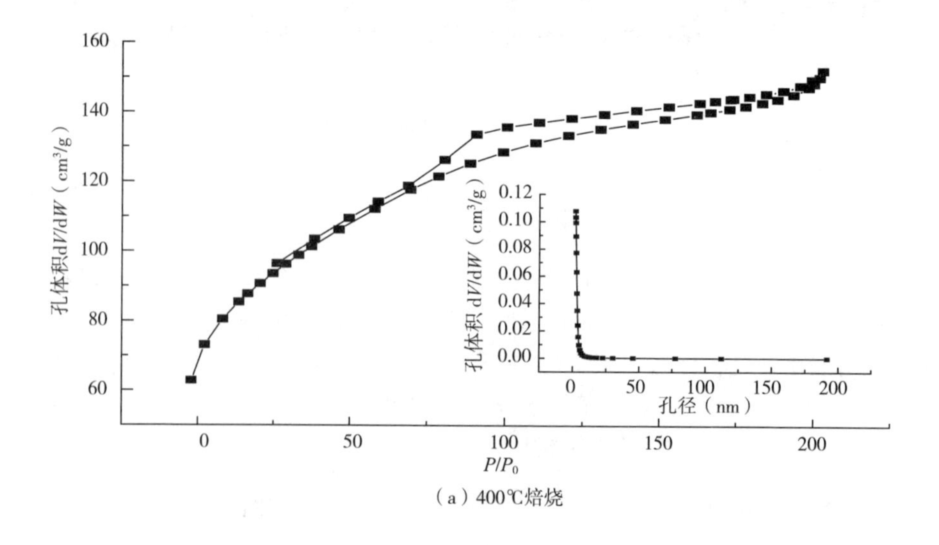

（a）400℃焙烧

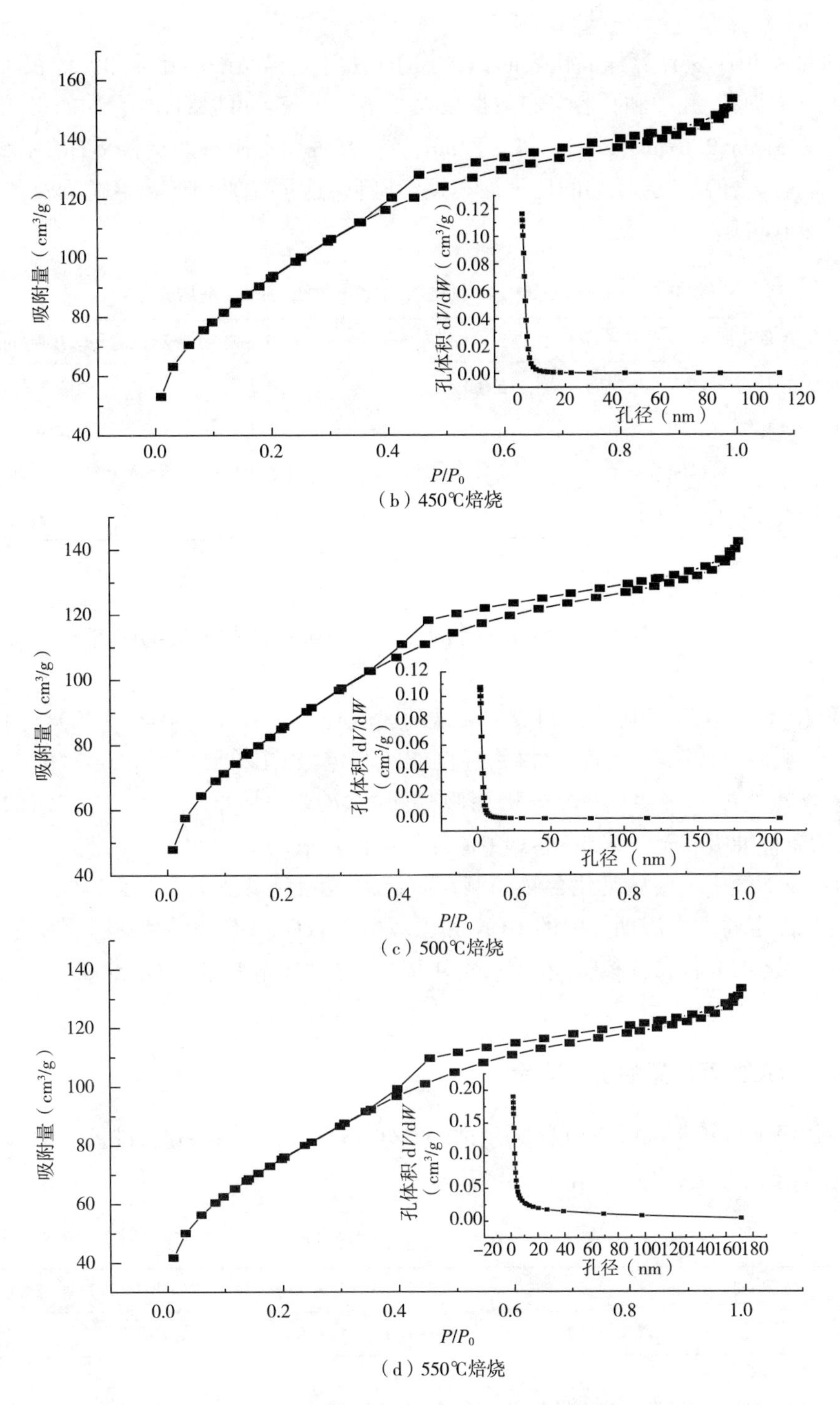

图 4-13　Co-Ti-SiO_2/水葱材料的 N_2 等温吸附-解吸曲线和孔径分布图

同时用BET法计算样品比表面积,用BJH法计算样品平均孔径和孔体积。三种样品的比表面积、孔径和孔容分布数据见表4-6。从表中可以看出,它们的平均孔径分别为2.51nm、2.67nm、2.7nm和2.83nm,进一步说明所制备的材料具有介孔结构。另外,随着温度的增加,样品的比表面积逐渐降低,这可能是由于温度的升高导致材料的部分孔坍塌。

表4-6 Co-Ti-SiO_2/水葱材料的比表面积、孔容、平均孔径

催化剂	比表面积(m^2/g)	孔容(cm^3/g)	平均孔径(nm)
Co-Ti-SiO_2/水葱(400℃)	362	0.227	2.512
Co-Ti-SiO_2/水葱(450℃)	339	0.226	2.67
Co-Ti-SiO_2/水葱(500℃)	310	0.210	2.7
Co-Ti-SiO_2/水葱(550℃)	276	0.196	2.83

4.3.3 Co-Ti-SiO_2/水葱材料降低卷烟烟气中的HCN和巴豆醛的研究

采用《烟草及烟草制品 调节和测试的大气环境》(GB/T 16447—2004)的条件调节卷烟样品。按照《卷烟和滤棒物理性能的测定》(GB/T 22838—2009)的方法检测滤棒物理性能。按照《常规分析用吸烟机 定义和标准条件》(GB/T 16450—2004)的条件抽吸卷烟。采用《卷烟主流烟气中氰化氢的测定》(YC/T 253—2008)和《卷烟主流烟气中主要羰基化合物的测定 高效液相色谱法》(YC/T 254—2008)的方法分别测定卷烟主流烟气中的HCN和巴豆醛释放量。卷烟样品的感官质量评价由评吸委员会11名成员参照《卷烟 第4部分:感官技术要求》(GB 5606.4—2005)的方法完成。

4.3.3.1 HCN释放量的空白试验

使用吸烟机正常抽吸空白卷烟,按照YC/T 253—2008标准方法进行卷烟烟气中HCN释放量的测定,得到数据见表4-7。

表4-7 HCN释放量空白试验数据

次数	1	2	3	4	均值	标准差
g/支	82.72	83.26	86.61	86.04	84.30	2.25

通过t检验,求得空白卷烟HCN释放量95%置信区间为[81.51,87.09],超过这一范围的空白样品测定值认为有显著差异。

4.3.3.2 巴豆醛释放量的空白试验

使用吸烟机正常抽吸空白卷烟，按照 YC/T 254—2008 标准方法进行卷烟烟气中巴豆醛释放量的测定，得到数据见表 4-8。

表 4-8 巴豆醛释放量空白试验数据

次数	1	2	3	4	均值	标准差
μg/支	17.01	17.76	16.24	17.82	17.34	0.53

通过 t 检验，求得空白卷烟巴豆醛释放量 95%置信区间为[16.69，18.00]，超过这一范围的空白样品测定值认为有显著差异。

4.3.3.3 Co-Ti-SiO_2/水葱材料降低卷烟烟气中 HCN 和巴豆醛的作用

用纸张压纹机将 Co-Ti-SiO_2/水葱液以刷涂的方式均匀涂布于不断滚动的纤维素纸表面，烘干后涂布量为(2.6±0.2)g/m^2。将涂布 Co-Ti-SiO_2/水葱材料的纤维素压纹纸在 40℃下烘干并卷盘，在 ZL23 纸棒成型机上制成纸质基棒(WD)。以蒸馏水处理的空白压纹纤维素纸基棒作为对照样品。采用行业现有的二元复合滤棒成型方式，将 Co-Ti-SiO_2/水葱材料纸质基棒与醋纤基棒复合成 100mm(15mm WD+20mm CA+30mm WD+20mm CA+15mm WD)纸醋二元复合滤棒，其中纸质滤棒单元置于近烟丝端。利用复合滤棒卷接某牌号卷烟样品。试验卷烟为由涂布材料的压纹纤维素纸基棒制备的二元复合滤嘴卷烟。以空白压纹纤维素纸基棒制备的二元复合滤嘴及普通醋纤滤嘴卷烟作为对照样品。

使用吸烟机正常抽吸二元复合滤嘴卷烟，按照 YC/T 253—2008 标准方法进行卷烟烟气中 HCN 释放量的测定，得到数据见表 4-9。

表 4-9 HCN 释放量空白试验数据

次数	1	2	3	4	5	均值
g/支	62.72	63.26	58.61	59.04	58.30	60.25

Co-Ti-SiO_2/水葱材料对降低卷烟主流烟气中 HCN 的释放量具有较好效果，添加 Co-Ti-SiO_2/水葱材料二元复合滤嘴卷烟烟气中 HCN 的释放量平均为 60.25，降低率为 28.52%，降幅优于普通二元复合滤嘴。

使用吸烟机正常抽吸空白卷烟，按照 YC/T 254—2008 标准方法进行卷烟烟气中巴豆醛释放量的测定，得到数据见表 4-10。

表 4-10　巴豆醛释放量空白试验数据

次数	1	2	3	4	5	均值
μg/支	15.83	15.76	16.04	15.82	15.94	15.83

Co-Ti-SiO_2/水葱材料对于降低巴豆醛具有较好效果，添加 Co-Ti-SiO_2/水葱材料二元复合滤嘴卷烟烟气中巴豆醛的释放量平均为 15.83，降低率为 9.39%，降幅优于普通二元复合滤嘴。

综上所述，通过分析 Co-Ti-SiO_2/水葱材料降低卷烟烟气中 HCN 和巴豆醛的释放量数据可以发现，添加 Co-Ti-SiO_2/水葱材料二元复合滤嘴对于降低卷烟烟气中 HCN 和巴豆醛的释放量都具有较好效果，降幅优于其他普通二元复合滤嘴。其原因可能是 Co-Ti-SiO_2/水葱纳米材料，易与 HCN 和巴豆醛发生化学结合作用。

4.3.3.4　卷烟感官评吸

将 Co-Ti-SiO_2/水葱材料制备的二元复合滤嘴卷烟 50 支；以未添加 Co-Ti-SiO_2/水葱材料的空白卷烟 50 支作为对照。

将上述所有卷烟烟支置于恒温恒湿箱内（温度 22℃±1℃，湿度 60%±2%）平衡 48h，按照《卷烟　第 4 部分：感官技术要求》（GB 5606.4—2005）由具有卷烟评吸资格的专家进行评吸，结果见表 4-11。

表 4-11　卷烟评吸结果

样品	光泽(5)	香气(32)	谐调(6)	杂气(12)	刺激性(20)	余味(25)	总分(100)
二元复合滤嘴卷烟	5.0	28.0	5.2	10.8	18.6	22.1	89.7
空白卷烟	5.0	28.0	5.0	10.5	18.0	22.0	89.0

由表 4-11 中数据可知，Co-Ti-SiO_2/水葱材料制备的二元复合滤嘴卷烟的评吸分高于对照样，特别是杂气和余味明显高于对照样。这说明二元复合滤嘴对烟草的烟气具有明显的提升作用，并且改善了余味，口腔舒适干净。

4.3.4　本节小结

①首次利用水葱为模板，采用水热合成法成功制备出了 Co-Ti-SiO_2 材料。

②通过对样品进行 XRD、SEM、氮气吸附等表征，表明所制备的材料是典型的介孔材料，并且很好的复制出了水葱的结构。

③利用该材料可降低卷烟烟气中 HCN 和巴豆醛的释放量，该材料对烟草的烟气具有明显的提升作用，并且改善了余味，口腔舒适干净。

5 气凝胶

5.1 琼脂-纳米 SiO_2 气凝胶的制备及在卷烟滤嘴中的应用

近年来,吸烟与健康问题日益受到关注,卷烟滤嘴的材料或结构创新已成为一种有效降低卷烟烟气中有害成分释放量的途径。基于纳米材料的高比表面积和优异的催化或吸附性能,在滤嘴中添加纳米材料成为烟气减害研究的热点之一。研究分别报道有以钛酸盐纳米管及纳米片、碳纳米管、金属掺杂纳米多孔氧化物、疏水纳米 SiO_2、纳米 γ-AlOOH 等材料添加到卷烟滤嘴后可有效降低烟气有害成分释放量。然而,纳米材料的粉体特性使其难以在卷烟滤棒的工业化生产中应用,进而制约了其在卷烟中的应用。将纳米粉体通过聚集的方法加工成块体状材料后可解决其应用困难的问题,但会导致其比表面积大幅降低,从而失去应用价值。

生物质气凝胶材料是一种新型三维宏观网络结构材料。研究分别报道有以壳聚糖/纤维素、魔芋葡甘聚糖、壳聚糖以及纤维素气凝胶的制备方法或吸附性能。尽管生物质气凝胶对烟气有害成分的吸附能力较弱,且密度太低,不适合直接应用于卷烟滤嘴,但其具有三维网络多孔结构,适合于纳米材料的分散。因此,将纳米材料负载于适宜的生物质气凝胶,对于提高纳米材料在卷烟降焦减害中的应用价值具有重要意义。

目前,生物质-SiO_2 复合气凝胶的制备已有报道,所述方法是 SiO_2 气凝胶制备与生物质气凝胶制备相结合的方法。其中,SiO_2 是以正硅酸乙酯等为前驱体在凝胶形成过程中通过原位反应生成,最终并不是将纳米 SiO_2 颗粒负载于生物质气凝胶的三维网络结构中,而是形成了一种密度极低的有机-无机杂化气凝胶结构。因此,本研究选择琼脂(agar)为基质,采用溶胶-凝胶法制备琼脂-纳米 SiO_2 气凝胶材料,对材料形貌进行表征;采用模拟烟气吸附装置考察材料对巴豆醛的吸附效果,并通过二元复合滤棒的形式考察其在卷烟滤嘴中的应用效果。本研究旨在研发一种新型卷烟滤嘴减害材料,为卷烟降焦减害技术开发及应用提供参考。

5.1.1 琼脂-纳米 SiO_2 气凝胶制备

称取 0.50g 琼脂粉和一定量的纳米 SiO_2 粉体(0、0.125g、0.33g、0.75g 和 2.00g),加入 25mL 去离子水,超声分散 10min,然后将混合液放入 95℃水浴锅中搅拌 5min,得到均一溶胶溶液,自然冷却后,得到凝胶。将凝胶放入冷冻干燥机中干燥 24h,制得气凝胶,破碎、过筛后得到所需目数的颗粒。

5.1.2 琼脂-纳米 SiO_2 气凝胶表征

形貌表征:将待测气凝胶样品用导电胶固定于样品台上,对样品喷铂 20s 增强其导电性,然后利用高分辨扫描电子显微镜(SEM)观察气凝胶的表面形貌。

按文中 5.1.1 所述制备不同纳米 SiO_2 含量的琼脂-纳米 SiO_2 气凝胶,包括气凝胶中纳米 SiO_2 质量分数分别为 20%、40%、60%、80%的 Agar-SiO_2-20%、Agar-SiO_2-40%、Agar-SiO_2-60%、Agar-SiO_2-80%,并制备不含纳米 SiO_2 的琼脂气凝胶(Agar-SiO_2-0%),共计 5 个样品。SEM 图(图 5-1)显示,琼脂气凝胶为片层相互叠加的三维网络结构,当在凝胶制备过程中加入纳米 SiO_2 后,所得气凝胶产品中 SiO_2 纳米颗粒粘附在琼脂片上。随着纳米 SiO_2 使用量的增加,琼脂片层上的 SiO_2 纳米颗粒增加;当纳米 SiO_2 的质量分数达到 60%时,琼脂片层已被 SiO_2 纳米颗粒全部覆盖;当纳米 SiO_2 的质量分数达到 80%时,琼脂片层表面的 SiO_2 纳米颗粒已呈堆积态势。

微结构表征:气凝胶样品首先在 100℃、通氮气条件下预处理除水 4h;抽真空脱气处理 4h,用比表面积及孔径分布分析仪测定样品的 N_2 吸脱附等温线。依据 BET(Brunauer-Emmett-Teller)方程计算样品比表面积,利用 BJH 方法计算孔径分布。

化学官能团表征:用红外光谱仪,采用 KBr 压片法测定样品的红外光谱。

表 5-1 显示,Agar-SiO_2-0%即琼脂气凝胶的比表面积为 17.65m^2/g,当加入纳米 SiO_2 后,比表面积显著增加,为 73.62~424.75m^2/g,特征是随着 SiO_2 质量分数的增加,样品比表面积增大。图 5-2(a)是纳米 SiO_2 的 N_2 吸附-脱附曲线,显示纳米 SiO_2 的比表面积为 554.23m^2/g,明显高于 Agar-SiO_2-0%。这应是随着琼脂-纳米 SiO_2 气凝胶中纳米 SiO_2 质量分数的增大、气凝胶比表面积逐渐增大的原因。图 5-2(b)是系列琼脂-纳米 SiO_2 气凝胶的 N_2 吸附-脱附曲线,可以看出,Agar-SiO_2-0%吸附量较低,加入纳米 SiO_2 可显著增强气凝胶的吸附能力。琼脂-纳米 SiO_2 气凝胶较强的吸附能力与其高比表面积有关。

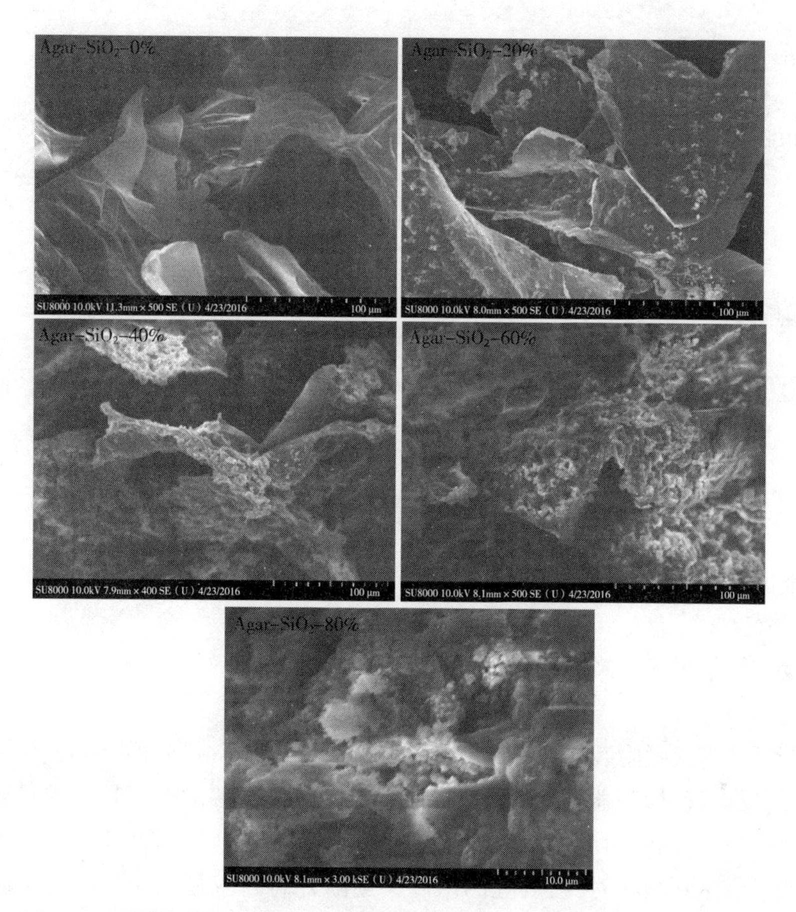

图 5-1　不同纳米 SiO_2 质量分数的琼脂-纳米 SiO_2 气凝胶样品的 SEM 照片

此外，图 5-2 中明显的迟滞环效应显示了纳米 SiO_2 的介孔特征，平均孔径为 8.40nm，为纳米 SiO_2 的堆积孔。表 5-1 显示 Agar-SiO_2-0%的平均孔径为 7.55nm，当加入质量分数 20%的 SiO_2 后，平均孔径骤增至 23.46nm。随着纳米 SiO_2 加入量的增大，平均孔径尺寸逐渐降低，系列琼脂-纳米 SiO_2 气凝胶的平均孔径为(23.46～10.38)nm。孔径变化的原因是，当加入少量纳米 SiO_2 时，纳米 SiO_2 均匀分散在琼脂的三维片层上，同时还对琼脂气凝胶的片层结构起到支撑作用，所以孔径会增大。而当加入大量的纳米 SiO_2 时，测出的孔径主要表现为纳米 SiO_2 的堆积孔。

表 5-1　不同纳米 SiO_2 质量分数的琼脂-纳米 SiO_2 气凝胶的微结构参数

样品	Agar-SiO_2-0%	Agar-SiO_2-20%	Agar-SiO_2-40%	Agar-SiO_2-60%	Agar-SiO_2-80%
比表面积(m^2/g)	17.65	73.62	193.55	294.19	424.75
平均孔径(nm)	7.55	23.46	12.83	10.89	10.38

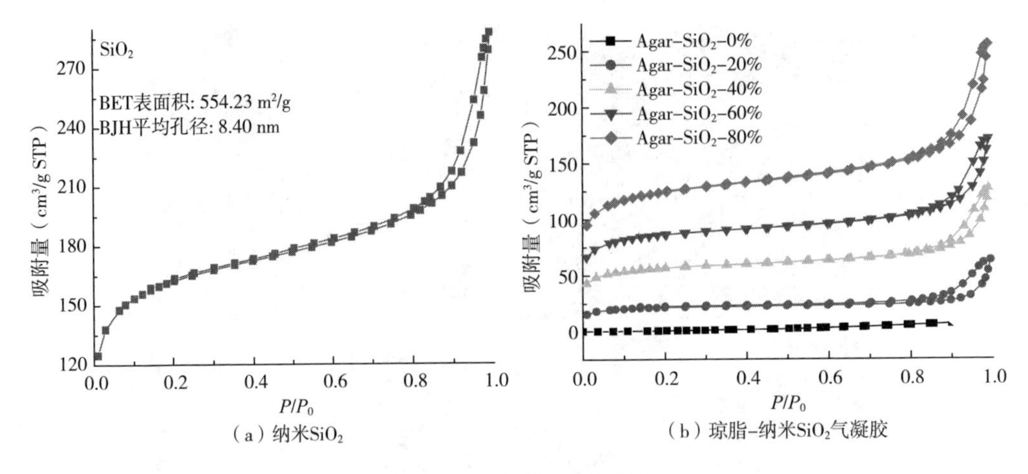

（a）纳米SiO_2　　（b）琼脂-纳米SiO_2气凝胶

图 5-2　N_2 吸附-脱附曲线

化学官能团表征：用红外光谱仪，采用 KBr 压片法测定样品的红外光谱。

5.1.3　琼脂-纳米 SiO_2 气凝胶吸附性能测试

自制模拟烟气吸附装置（图 5-3），该装置主要包括模拟烟气发生器、质量流量控制器、吸附反应管、检测器。基本原理是含一定浓度巴豆醛的模拟烟气通过装有待测吸附材料的吸附管后，材料吸附巴豆醛，使模拟烟气中巴豆醛的浓度下降，当材料对巴豆醛的吸附达到饱和时，巴豆醛的浓度又逐渐升高并恢复到初始浓度。测定各时间点模拟烟气中巴豆醛的浓度，然后通过求解曲线的积分面积来确定材料的吸附容量，积分面积越大，说明吸附能力越强。气相色谱测试条件如下：

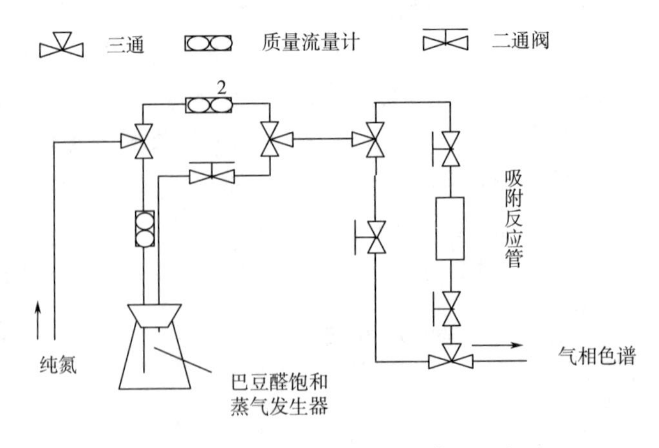

图 5-3　巴豆醛吸附性能测试装置示意图

N_2:0.22MPa;H_2:0.05MPa;空气流速:500mL×90%=450(mL/min);巴豆醛流速:20mL×8%=1.6(mL/min);步长:500s;汽化室温度:130℃;检测室温度:170℃;柱温:180℃;样品量:100mg。

为研究琼脂-纳米 SiO_2 气凝胶对烟气有害成分的吸附性能,首先以烟气7种有害成分之一的巴豆醛作为探针分子,按前文所述方法进行吸附测试,结果见图5-4和表5-2。可以看出,琼脂-纳米 SiO_2 气凝胶对巴豆醛的吸附性能优于不添加纳米 SiO_2 的琼脂气凝胶(Agar-SiO_2-0%),且随着纳米 SiO_2 质量分数的增加,吸附性能提高。但是,Agar-SiO_2-80%气凝胶韧性不足,较脆易碎,耐加工性不好,不适于在卷烟滤棒中添加。Agar-SiO_2-60%气凝胶韧性适宜,密度为 $0.39g/cm^3$,远较 Agar-SiO_2-0%密度 $0.02g/cm^3$ 高,符合卷烟滤棒工业化生产中对滤棒添加物的技术要求。综合考虑不同纳米 SiO_2 质量分数的琼脂-纳米 SiO_2 气凝胶的吸附性能、密度、耐加工性,优选 Agar-SiO_2-60%进行卷烟应用研究。

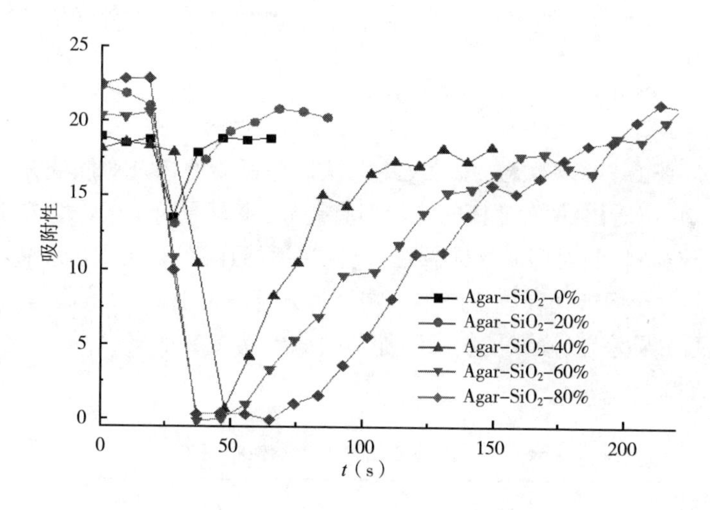

图5-4　不同纳米 SiO_2 质量分数的琼脂-纳米 SiO_2 气凝胶对巴豆醛的吸附性能对比图

表5-2　不同纳米 SiO_2 质量分数的琼脂-纳米 SiO_2 气凝胶对巴豆醛吸附量

样品	吸附量①(mg/g)
Agar-SiO_2-0%	1.65
Agar-SiO_2-20%	3.13
Agar-SiO_2-40%	4.35
Agar-SiO_2-60%	8.91
Agar-SiO_2-80%	13.80

①以单位质量吸附剂吸附巴豆醛的量计。

5.1.4 琼脂-纳米 SiO_2 气凝胶颗粒复合滤棒

在滤棒成型丝束开松过程中，将琼脂-纳米 SiO_2 气凝胶颗粒材料（0.80~0.40mm，20~40 目）均匀施加至开松丝束带，生产滤棒料棒，后与空白棒复合加工成琼脂-纳米 SiO_2 凝胶颗粒二元复合滤棒作为试验滤棒（图 5-5）。将试验滤棒一切为四后接装卷烟，则每支卷烟含琼脂-纳米 SiO_2 凝胶颗粒 30mg。同时，加工对照滤棒，对照滤棒为不含琼脂-纳米 SiO_2 凝胶颗粒的二元复合滤棒，除质量外，对照滤棒与试验滤棒的压降、圆周、硬度、长度等物理指标均一致。

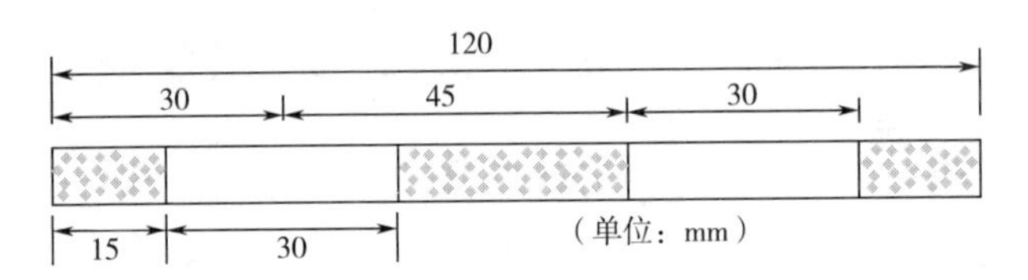

图 5-5　琼脂-纳米 SiO_2 凝胶颗粒二元复合滤棒结构示意图

利用 Agar-SiO_2-60%颗粒，按照文中方法制备试验滤棒及对照滤棒，滤棒物理指标见表 5-3。可以看出，两种滤棒的质量稍有差异，主要原因是试验滤棒添加有 Agar-SiO_2-60%颗粒材料，而对照滤棒无颗粒材料，在滤棒压降等物理指标无差异条件下，质量指标不会对卷烟烟气释放量产生影响。另外，两种滤棒样品的压降、圆周、长度、圆度等指标无明显差异，确保了使用两种不同滤棒卷接成烟支后，烟气化学成分释放量具有可比性。

表 5-3　滤棒样品物理指标检测结果①

滤棒样品	质量(g)	压降(Pa)	圆周(mm)	圆度(%)	长度(mm)
对照滤棒	0.78	3265	24.21	0.21	119.96
试验滤棒	0.86	3201	24.27	0.21	119.80

①表中数据为 20 支滤棒样品检测结果平均值，凝胶颗粒添加量为 120mg/支，一切为四后平均每支卷烟滤棒中凝胶颗粒添加量为 30mg。

5.1.5 卷烟制备与烟气分析

利用试验滤棒和对照滤棒卷制卷烟，使试验卷烟与对照卷烟的烟丝净含丝量保持一致。将卷烟样品在温度（22±1）℃和相对湿度（60±2）%条件下平衡 48h，使用前进行质量分选。按照 GB/T 19609—2004 和 GB/T 23355—2009 的方法测定卷烟主流烟气中焦油和烟碱的释放量。分别按照标准 GB/T 21130—2007、YC/T 253—2008、YC/T 254—2008、YC/T 255—2008、GB/T 23228—2008、GB/T 23356—2009、YC/T 377—2010 的方法测定卷烟主流烟气 7 种有害成分的释放量；参照文献方法计算卷烟烟气危害性评价指数。

利用上述滤棒卷制烟支、进行主流烟气常规指标和 7 种有害成分的检测，分析 Agar-SiO_2-60%对烟气有害成分的吸附性能，试验卷烟和对照卷烟检测结果见表 5-4 和表 5-5。结果显示，Agar-SiO_2-60%颗粒对主流烟气常规指标基本无影响，且可有效降低烟气中 NNK、NH_3 以及巴豆醛等有害成分的释放量，危害性指数降低 0.6，减害效果明显。

表 5-4 卷烟样品主流烟气常规指标检测结果

卷烟样品	焦油(mg/支)	烟碱(mg/支)	CO(mg/支)
对照卷烟	10.6	1.09	11.3
试验卷烟	10.7	1.07	11.2

表 5-5 卷烟样品烟气 7 种有害成分检测结果

卷烟样品	CO (μg/支)	HCN (μg/支)	NNK (ng/支)	NH_3 (μg/支)	苯并[α]芘 (ng/支)	苯酚 (μg/支)	巴豆醛 (μg/支)	危害性指数
对照卷烟	11.3	115.7	4.7	9.7	8.6	16.0	19.9	9.2
试验卷烟	11.2	110.3	4.1	8.8	8.6	16.0	18.0	8.6

5.1.6 Agar-SiO_2-60%化学官能团分析及吸附机理探讨

为进一步认识 Agar-SiO_2-60%对烟气有害成分的选择性吸附机理，采用傅里叶变换红外光谱分析了 Agar-SiO_2-60%的化学官能团情况，并与琼脂、SiO_2 相比较，结果见图 5-6。对于琼脂而言，2900cm^{-1} 附近的吸收峰带为—OCH_3 的伸缩振动峰，1664cm^{-1} 处为—NH 和—CO 形成的共轭肽键的 C ═O 伸缩振动峰。对于 SiO_2 而言，1631cm^{-1} 处的吸收峰对应于 O—H 键的弯曲振动，归属于化学吸附水。1000～1250cm^{-1} 的吸收峰对应于 Si—O—Si 键的非对称伸缩振动，797cm^{-1} 和 468cm^{-1} 处的吸收峰归属于 Si—O—Si 键的对称伸缩振动，965cm^{-1} 处的吸收峰对应于 Si—OH 基团。对于 Agar-SiO_2-60%，其特征吸收峰主要表现为 SiO_2 的吸收峰。

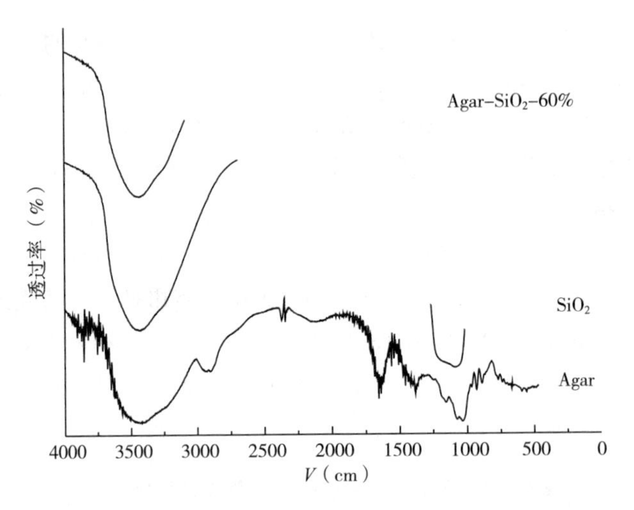

图 5-6　Agar-SiO_2-60%、Agar 以及 SiO_2 的红外光谱

因此，可以推测 Agar-SiO_2-60%对烟气有害成分的吸附应是纳米 SiO_2 起主要作用，琼脂主要是对纳米 SiO_2 进行分散和锚定。NNK、NH_3、巴豆醛以及 HCN 均具有一定极性，能够被选择性吸附与纳米 SiO_2 表面的 Si—OH 极性基团以及 Si—O 不饱和悬键有关，其可与目标分子通过氢键、范德华力等相互作用。此外，琼脂能使纳米 SiO_2 分散良好，可充分发挥纳米 SiO_2 的高比表面积和多孔结构，与烟气充分接触后，使有害成分与 Agar-SiO_2-60%表面活性位点发生作用。

5.1.7　卷烟感官质量评价

感官评吸委员会由 7 名具有省级感官评吸资格的成员组成，参照 GB 5606.4—2005 的方法进行卷烟样品的感官质量评价。卷烟感官质量评价结果（表 5-6）显示，在卷烟滤棒中添加 Agar-SiO_2-60%颗粒后，与对照卷烟感官质量得分基本一致，不会给卷烟烟气引入杂气，而且可以在一定程度上降低烟气刺激性，这可能与气凝胶颗粒吸附了烟气中的刺激性成分如巴豆醛、NH_3，以及不良气息成分如 HCN 有关。说明琼脂-纳米 SiO_2 气凝胶颗粒可以在不降低卷烟感官质量的前提下降低烟气危害性。

表 5-6　卷烟样品感官质量评价结果

卷烟样品	光泽	香气	协调	杂气	刺激	余味	合计
对照卷烟	5.0	29.0	5.0	10.5	17.5	22.0	89.0
试验卷烟	5.0	29.0	5.0	10.5	18.0	22.0	89.5

5.1.8 本节小结

以琼脂和纳米 SiO_2 为原料,通过溶胶-凝胶法,制备了不同纳米 SiO_2 质量分数的琼脂-纳米 SiO_2 气凝胶,该气凝胶呈三维网络多孔结构,平均孔径 23.46~10.38nm,比表面积 73.62~424.75m²/g。当纳米 SiO_2 在气凝胶中的质量分数从 0%依次增加到 20%、40%、60%、80%时,气凝胶对巴豆醛的吸附能力呈现逐渐增强的规律。优选 Agar-SiO_2-60%气凝胶颗粒(纳米 SiO_2 在气凝胶中的质量分数为 60%)进行卷烟应用试验,按每支卷烟滤棒添加 30mg Agar-SiO_2-60%制备二元复合滤棒并用于卷烟,主流烟气常规指标较对照卷烟基本无变化。有害成分 NNK、NH_3 以及巴豆醛释放量分别降低 12.8%、11.3%和 9.5%,烟气危害性指数降低 0.6,感官质量没有降低。琼脂-纳米 SiO_2 气凝胶在卷烟减害或其他环境净化领域有较好的应用前景。

5.2 石墨烯-纳米 SiO_2 气凝胶对巴豆醛的吸附性研究

石墨烯作为当前最热门的新型材料,始于 2004 年英国曼彻斯特大学物理学教授用胶带分离法制备而得,是主要由碳原子以 sp^3 杂化轨道组成六角形呈蜂巢晶格的二维碳纳米材料。独特的分子结构使其具有优异的物理及化学特性,比如具有很大比表面积,其导热性能、力学性能及电子传递能力十分优良,故在材料科学、微纳米加工、生物医学和新能源等方面具有重要的应用前景。作为一种新型吸附性材料,石墨烯可应用于去除空气或水体中的重金属离子、有机污染、染料等物质,Ma 等报道利用石墨烯粉末吸附水体中染料亚甲基蓝,并通过不同反应接触时间、温度和浓度条件的控制,对石墨烯粉末吸附性能进行了研究。但二维石墨烯片层间的 π-π 相互作用容易促使石墨烯产生不可逆的凝聚,因此其广泛应用也受到很大的制约。

将石墨烯构筑成三维的气凝胶结构,有望避免这一缺陷。近年来,科研人员在对石墨烯气凝胶研制及性能改性方面进行了大量有益探索及研究,研究石墨烯气凝胶对有害气体的吸附特性,并从机理上分析其对有害气体吸附原理。目前,人们已制备出具有超低密度以及优异可压缩特性的石墨烯气凝胶,同时建立对这种石墨烯气凝胶改性技术方案,以实现具有特殊功能和性质的石墨烯气凝胶复合物。研究报道 MnO_2 微球嵌入包覆在石墨烯片层中,研究其比电容的稳定性及其循环性能。通过原位自组装得到纳米二氧化钛(NTs)石墨烯复合水凝胶,研究 H-NTs-GO 对酸性大红吸附过程,并考察了反应温度对吸附效果的影响。为进一步提高石墨烯气凝胶的吸附性能，并针对石墨烯气凝胶存在的低密度及其可压缩变形不利于实际应用的特点，本工作以石墨烯作为载体，通过加入 SiO_2 纳米粉体与石墨烯片层间的相互作用自组装成三维多孔结构的复合气凝胶，显著提高石墨烯凝胶的比表面积及其可塑性，同时测试其对挥发性有机化合物巴豆醛的吸附性能。本研究旨在开发新型绿色环保的吸附材料，为吸附研究及其应用提供技术参考。

5.2.1 石墨烯及石墨烯-纳米 SiO_2 气凝胶的制备

以石墨（325 目）、浓硫酸、硝酸钠、高锰酸钾、去离子水等为原料制备均匀分散的氧化石墨烯（GO），量取 30mL 3.5g/L GO 溶液于烧杯中，加入 0.3g 葡萄糖（利用葡萄糖作为还原剂还原氧化石墨烯，同时作为交联剂连接石墨烯纳米片层，形成三维多孔结构），磁力搅拌溶解最后得到石墨烯（GF），再加入一定量的 SiO_2 纳米粉体（分别为 0g、0.05g、0.10g、0.15g、0.30g、0.60g、1.00g，分别标记为 0#、1#、2#、3#、4#、5#、6#），继续磁力搅拌 30min，得到灰黑色的溶液。后将溶液转入反应釜中，130℃ 反应 12h，自然冷却，用去离子水浸泡 24h 除去杂质离子，再冷冻干燥 24h，得到 GF-SiO_2 气凝胶，且气凝胶颜色随着 SiO_2 量的增加而越来越灰白。

5.2.2 GF-SiO_2 气凝胶的物相结构表征

在实验室使用扫描电子显微镜、全自动比表面分析仪器，对 GF-SiO_2 气凝胶物相结构进行表征。

按文中 5.2.1(1)所述制备不同 SiO_2 纳米粉体含量的 GF-SiO_2 气凝胶，包括气凝胶中 SiO_2 纳米粉体质量分数分别为 32.2%、48.8%、58.8%、74.1%、85.1%、90.5%的 GF-SiO_2-32.2%、GF-SiO_2-48.8%、GF-SiO_2-58.8%、GF-SiO_2-74.1%、GF-SiO_2-85.1%、GF-SiO_2-90.5%，并制备不含纳米 SiO_2 纳米粉体的 GF 气凝胶（GF-SiO_2-0%），共计 7 个样品。SEM 图（图 5-7）显示，GF 气凝胶呈三维片层多孔结构，随着 SiO_2 纳米粉体添加量增加，GF 气凝胶片层上负载的 SiO_2 纳米粉体量逐渐增加。当 SiO_2 纳米粉体质量分数占比达到 58.8%时，GF 气凝胶片层上负载的 SiO_2 纳米粉体已呈基本饱和态，且纳米粉体负载在片层上的分布较为均匀。当 SiO_2 纳米粉体质量分数占比达到 74.1%时，GF 片层表面的 SiO_2 纳米粉体已开始团聚。当 SiO_2 纳米粉体质量分数占比达到 90.5%时，GF 片层表面的 SiO_2 纳米粉体已呈明显堆积态势，说明 SiO_2 纳米粉体的添加已过量。

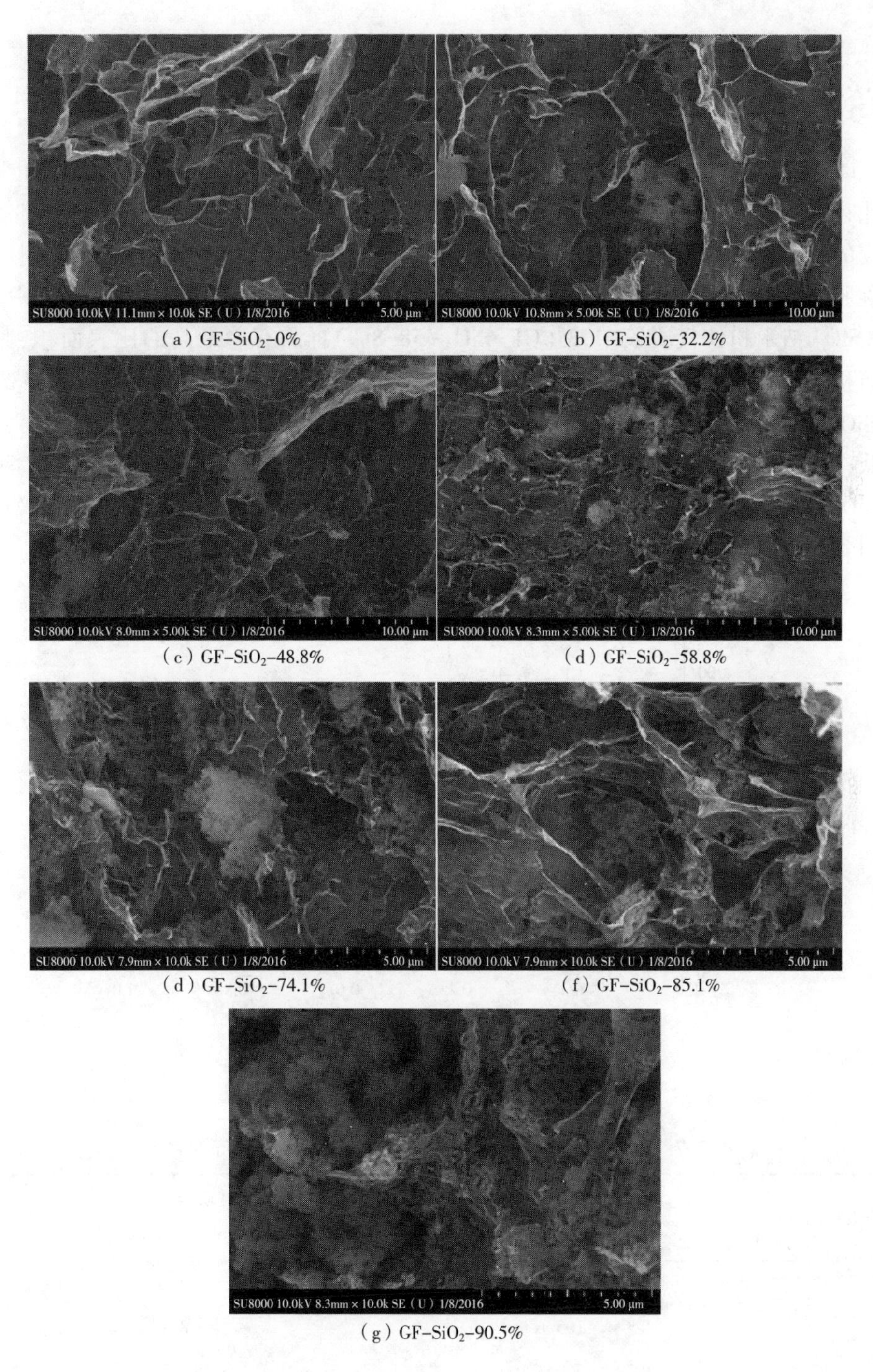

（a）GF-SiO_2-0%　（b）GF-SiO_2-32.2%

（c）GF-SiO_2-48.8%　（d）GF-SiO_2-58.8%

（d）GF-SiO_2-74.1%　（f）GF-SiO_2-85.1%

（g）GF-SiO_2-90.5%

图 5-7　不同添加量的 GF-SiO_2 气凝胶 SEM 图

5.2.3 GF-SiO_2 气凝胶的比表面积及孔径分布

图 5-8 和表 5-7 分别为 GF 气凝胶及 GF-SiO_2 气凝胶的吸附脱附曲线和 BET 及孔径分布统计。从表 5-7 中可以看到,在石墨烯加入 SiO_2 纳米粉体之后,复合凝胶的比表面积明显提高。这可能是由于 SiO_2 纳米粉体比表面积较大及其对石墨烯凝胶的三维片层结构起支撑作用,从而使得比表面积显著增加。其中,在 GF-SiO_2 纳米粉体气凝胶中,3#(GF-SiO_2-58.8%)样品有着最高的比表面积,其比表面积高达 433.0m^2/g。为比较复合气凝胶比表面积,本研究还测试了 GF 气凝胶和 SiO_2 纳米粉体的比表面积。从图 5-8 中我们看到,测定的 GF 气凝胶比表面积较低,可能原因为 GF 气凝胶片层间的 π-π 键的相互作用产生了凝聚现象。测定的 SiO_2 纳米粉体虽具有较高的比表面积,但由于粉体材料在实际应用中很难塑形,使用受到极大的限制。

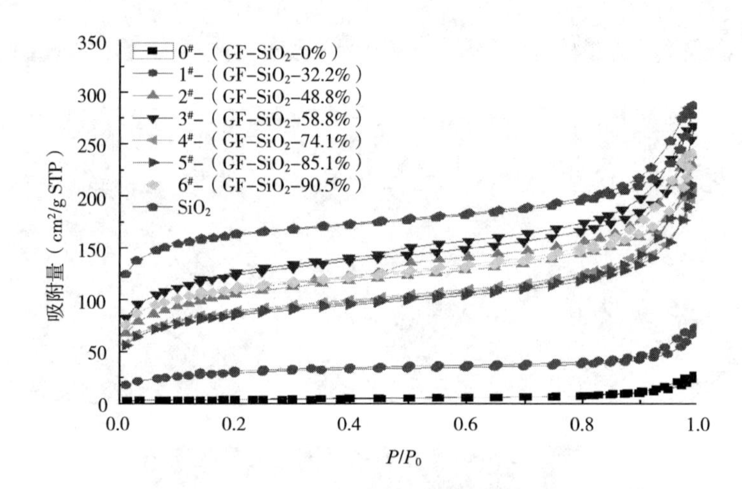

图 5-8 GF-SiO_2 气凝胶的吸附脱附曲线

表 5-7 GF-SiO_2 纳米粉体气凝胶的 BET 及孔径分布统计表

样品	BET 表面积(m^2/g)	BJH 吸附平均孔径(4V/A)(nm)
0#	15.2	16.1
1#	105.6	8.1
2#	369.8	7.2
3#	433.0	7.3

续表

样品	BET 表面积(m^2/g)	BJH 吸附平均孔径(4V/A)(nm)
4#	307.8	7.7
5#	297.3	8.5
6#	382.2	8.1
SiO_2	554.2	8.4

5.2.4 GF-SiO_2 气凝胶对巴豆醛的吸附性试验

吸附测试装置包括模拟巴豆醛饱和蒸气发生器、质量流量控制器、吸附反应U型管及检测器。原理为含一定浓度巴豆醛模拟气体通过装有待测吸附材料吸附管后，由于吸附材料对巴豆醛的吸附，模拟气体中巴豆醛浓度下降，当吸附材料对巴豆醛的吸附逐渐达到饱和时(转效点)，巴豆醛浓度又逐渐增加，并恢复到初始浓度。通过测定各时间点模拟气体中巴豆醛浓度，求曲线积分面积以定量吸附材料的吸附容量，积分面积越大，说明吸附能力越强。测试条件：气相色谱测试条件如下：N_2：0.22MPa；H_2：0.05MPa；汽化室温度：130℃；检测室温度：170℃；柱室温度：180℃。其示意图如图5-9所示。

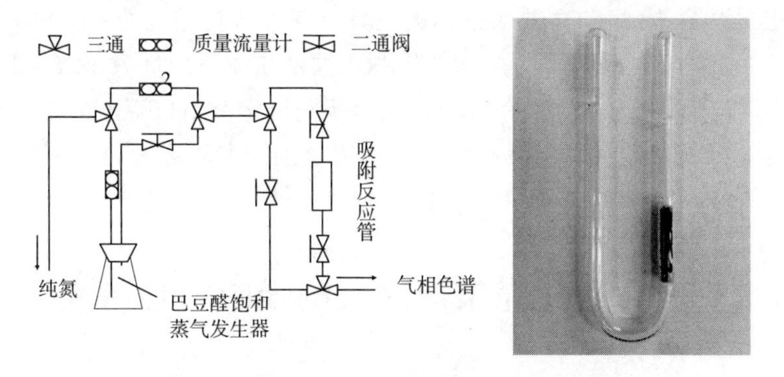

图5-9 测定GF-SiO_2气凝胶吸附性能示意图

用吸附测试装置对GF-SiO_2气凝胶对巴豆醛的测定，结果如表5-8所示。从表5-8中可以明显看出，GF-SiO_2气凝胶显示出对巴豆醛优异的吸附性能，这可能是由于GF-SiO_2气凝胶中GF片层结构及SiO_2强的吸附性能和高的比表面积引起的。其中3#(GF-SiO_2-58.8%)有最佳的吸附性能，其单位质量对巴豆醛吸附量高达

127.1mg/g。随着添加 SiO_2 纳米粉体量的增加,吸附材料单位质量的吸附值反而下降,主要原因为添加入的 SiO_2 纳米粉体出现团聚及堆积,从而造成比表面积减少,吸附能力有所下降。

表 5-8 GF-SiO_2 气凝胶的吸附性能统计表

样品	吸收值	单位质量吸收值(mg/g)
GF	165.35	16.5
1#	376.43	26.3
2#	1065.17	74.3
3#	1786.78	127.1
4#	1661.33	118.2
5#	1137.02	80.9
6#	954.70	67.9

5.2.5 本节小结

本节通过修正 Hummers 氧化法制备氧化石墨烯,利用葡萄糖作为还原剂及交联剂还原氧化石墨烯,加入 SiO_2 纳米粉体构筑具有三维多孔结构的 GF-SiO_2 气凝胶。材料表征结果表明:以石墨烯作为载体,当 SiO_2 纳米粉体添加量为 58.8%时,其在气凝胶片层中均匀分布,且有较大的比表面积,经吸附测定其对巴豆醛的吸附能力最高达 127.1mg/g,作为吸附性材料具有很好的适用范围。本研究为研发新型绿色吸附材料、开发减害技术及其应用提供了参考。

5.3 基于交联化构建壳聚糖凝胶的吸附特性研究

壳聚糖又称脱乙酰甲壳素,由自然界广泛存在的几丁质经过脱乙酰作用得到。这种天然高分子化合物的生物官能性、安全性、微生物降解性及其吸附性等优良性能被广泛研究应用,在食品、化工及生物医学工程等领域的研究取得了重大进展。目前,壳聚糖在烟草方面的研究应用为烟胶专用壳聚糖,该产品与烟丝均匀混合黏附于烟丝表面,可增强烟丝的抗张强度、耐水性及耐破性,能显著增强卷烟烟支的燃烧性能,降低烟草焦油和烟碱含量,使烟支杂气减轻,改善卷烟吸味。目前,报道有壳聚糖及其衍生物在卷烟降焦减害、烟草薄片生产及烟丝保润剂方面的研究进展,以及作为滤嘴添加剂的发展动向。以戊二醛为交联剂,通过壳聚糖大分子链的羟基和氨基,在壳聚糖大分子链之间形成化学交联点,合成壳聚糖(CS)交联水凝胶,其对脂肪的吸附能力比起单纯的壳聚糖有很大的提高。采用壳聚糖-G-β-环糊精改性的醋酸纤维丝束对烟气中的稠环芳烃的去除率达46.6%。通过壳聚糖和N,N'-亚甲基双丙烯酰胺等交联制备壳聚糖水凝胶,利用其三维网状高分子多孔结构,通过螯合及离子交换方式吸附金属离子,可以有效地去除废水中的重金属离子。但对以戊二醛交联处理的壳聚糖凝胶对巴豆醛的吸附特性研究,目前尚未见相关报道。

5.3.1 壳聚糖凝胶的制备

准确称取1.500g的壳聚糖(CS)溶于50mL稀醋酸(HAc,0.1mol/L)溶液,加入10mL,0.320mol/L的戊二醛(GA),搅拌均匀后倒入模具中(烧杯),在50℃条件进行交联凝胶反应,用清水洗净后,对样品采用冷冻干燥,得到试验基准样品(0#)。

5.3.2 交联壳聚糖凝胶

按照上述基本方案制备交联壳聚糖凝胶,在基本条件不变情况下,通过对壳聚糖浓度、戊二醛使用量及胶凝温度三个变量,按照不同梯度进行交联化处理,制备1#~9#共9份试验样品(详见表5-9)。

表5-9 条件变量及对应样品编号

试验条件变量	变量梯度及对应样品编号		
壳聚糖浓度	1.0g(1#)	1.5g(2#)	2.0g(3#)
戊二醛量	5mL(4#)	10mL(5#)	15mL(6#)
胶凝温度	45℃(7#)	50℃(8#)	55℃(9#)

在试验过程中,对搅拌的溶液注入戊二醛,几秒后即出现溶液凝固成淡黄色透明胶体。对每份胶体样品使用玻璃棒搅碎,倒入铺上两层纱布的漏斗中,加去离子水搅拌混匀后抽滤,重复7次,测试pH约为5.8。将样品转移到9cm直径的培养皿中并对样品进行编号标识。加盖保鲜膜后,对保鲜膜进行密集扎孔,以备真空冷冻干燥使用。使用真空冷冻干燥机对样品进行冻干,每个样品冻干两次,冻干温度从-20℃逐

渐升高到 20℃，每次冻干时间总计 24h。

5.3.3 壳聚糖凝胶加热失重分析

将 0#样品 150℃加热处理 2h，样品呈黑褐色。再称取少量 0#样品，每份 0.15g 共分 4 份分别放在坩埚里，在 50℃，80℃，100℃，120℃分别加热处理 2h；不同处理温度下的样品失重情况如图 5-10 所示。

整体来讲，试验过程加热温度越高，失重越多，产物颜色越深；加热处理后的颜色加深有可能发生部分氧化和降解。

对上述梯度加热处理的 0#样品（共 5 个样品）各称取 0.15g，按照 300r/min，30min 的设置条件分别进行球磨，分别得到壳聚糖凝胶颗粒样品。

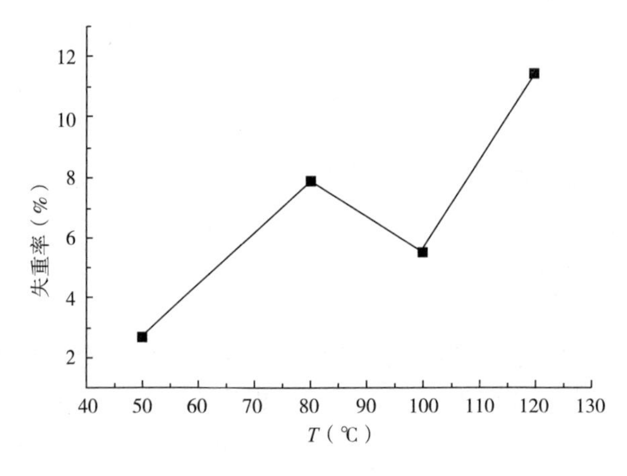

图 5-10 样品的失重情况图

5.3.4 壳聚糖凝胶颗粒吸附性

通过模拟含巴豆醛等的空气通过吸附管，进行壳聚糖凝胶颗粒的吸附性能测试，其装置原理详见图 5-11。

采用空气 0.10MPa，氢气 0.06MPa，氮气 0.25MPa，灵敏度 1，汽化 130℃，柱室 180℃，检测 170℃，步长 420，积分区域 300~420，进样时间 20point；巴豆醛载气 10%，混气 30%，试验样品用量 25mg，对 0#样品各温度条件下单位样品的巴豆醛吸附量进行测试。结果详见图 5-12。

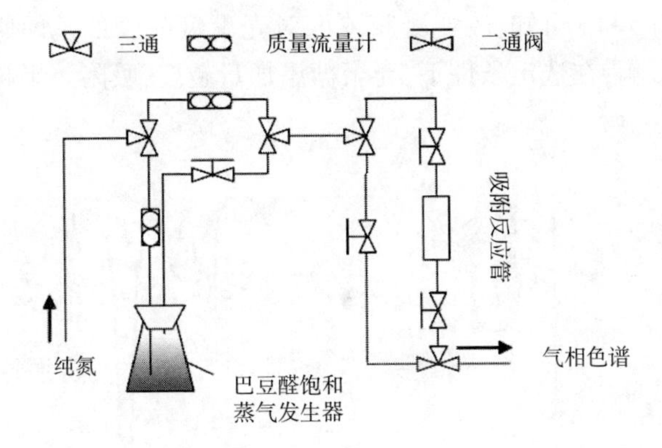

图 5-11　气相色谱法测定巴豆醛吸附性能装置图

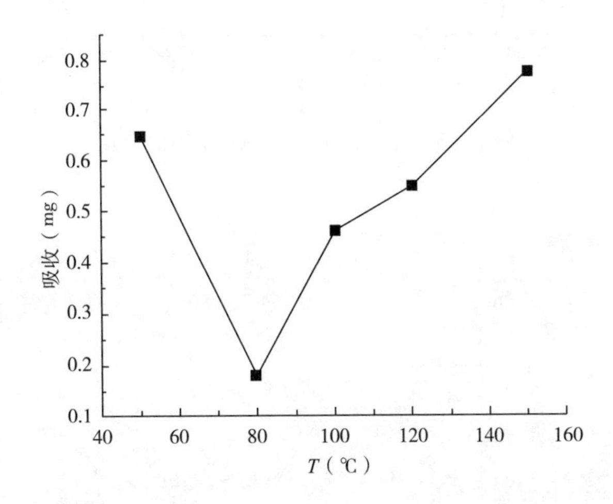

图 5-12　单位质量样品的巴豆醛吸附量对处理温度作图

从图 5-12 中可知：除 50℃可能无法起到除水效果外，温度越高，对巴豆醛的吸附性能越好，说明 150℃处理壳聚糖凝胶有利于对巴豆醛的吸附。接下来，将 1#～9#样品都放在 9cm 直径培养皿里，马弗炉 150℃加热 2h；称量 0.15g 左右 1#～9#样品球磨 300r/min，30min，以备后续分析检测使用。

5.3.5　壳聚糖浓度对凝胶性能的影响

本工作对影响壳聚糖凝胶主要条件壳聚糖浓度、戊二醛用量及胶凝温度等变量制备的样品，采用红外光谱仪测试各变量梯度对凝胶基团的影响关系，并利用吸附装置测试其对巴豆醛吸附性能，结果如图 5-13 所示。

从图 5-14、图 5-15 可知,改变凝胶浓度对壳聚糖凝胶的基团影响不大,壳聚糖凝胶结构无明显影响;在选定条件下,壳聚糖添加量越多,吸附效果越差。

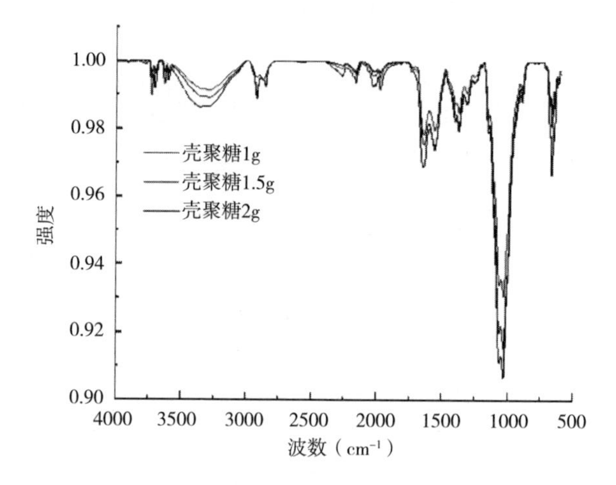

图 5-13 壳聚糖浓度对凝胶基团的影响

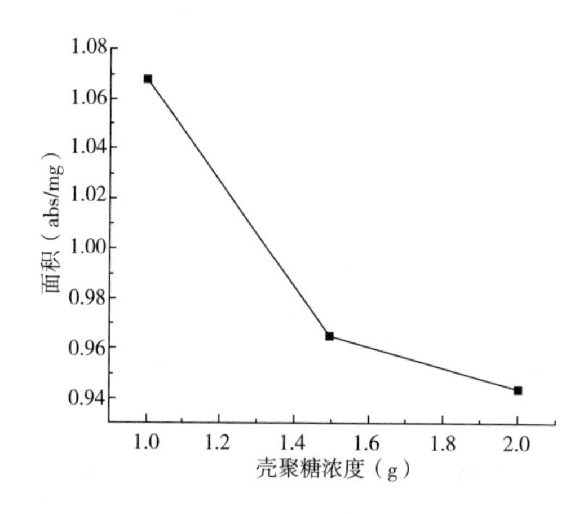

图 5-14 壳聚糖浓度对凝胶吸附性能的影响

5.3.6 戊二醛含量对壳聚糖凝胶性能的影响

从图 5-15、图 5-16 可知,改变戊二醛含量对壳聚糖凝胶的基团影响不大,壳聚糖凝胶结构无明显影响。在选定条件下,改变戊二醛含量增加到 10mL 以后,对巴豆醛的吸附性能变为负相关关系。

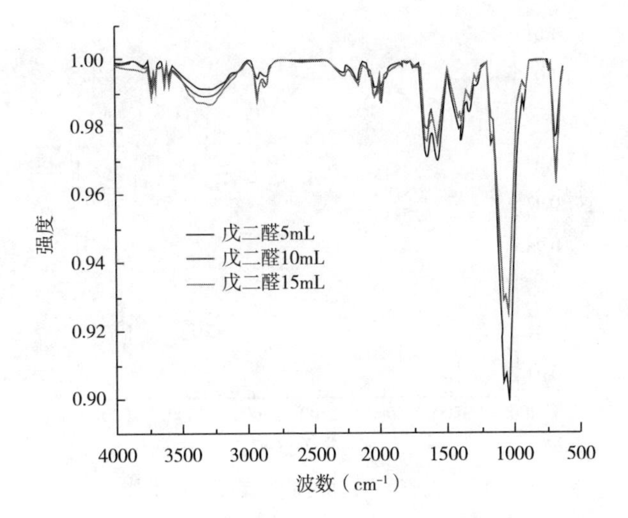

图 5-15　戊二醛含量对凝胶基团的影响

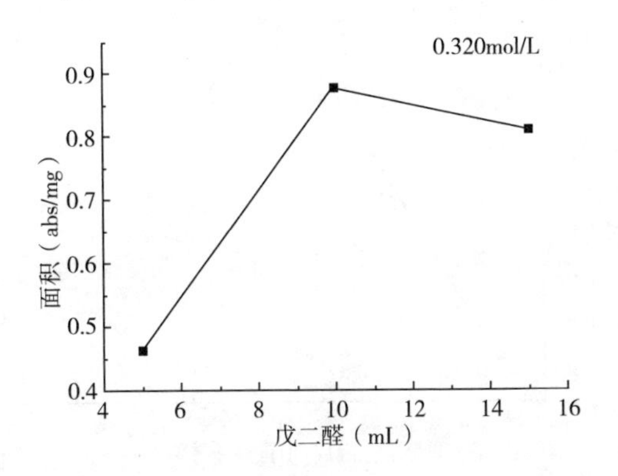

图 5-16　戊二醛含量对巴豆醛吸附性能的影响

5.3.7　凝胶温度对壳聚糖凝胶性能的影响

从图 5-17、图 5-18 可知，改变凝胶温度对壳聚糖凝胶的基团影响不大，壳聚糖凝胶结构无明显影响；在选定条件下，凝胶温度 50℃ 的样品对巴豆醛的吸附性能最好。

5.3.8　壳聚糖凝胶的热稳定性

从图 5-19 可知，壳聚糖凝胶在热稳定性方面，当其含水量为 6%左右，测试温度超过 200℃时，凝胶结构均开始出现分解现象。

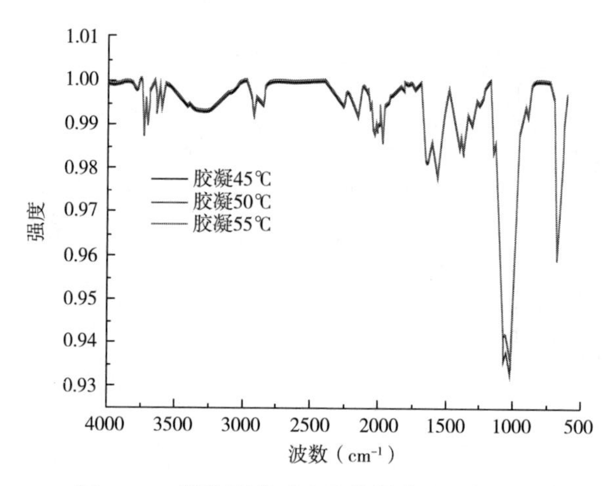

图 5-17　凝胶温度对壳聚糖凝胶基团的影响

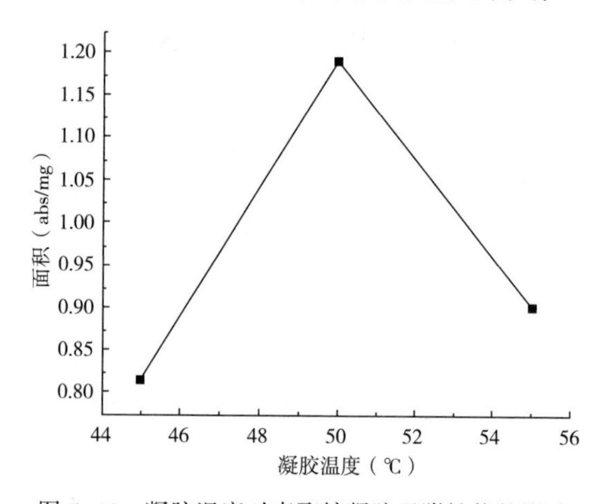

图 5-18　凝胶温度对壳聚糖凝胶吸附性能的影响

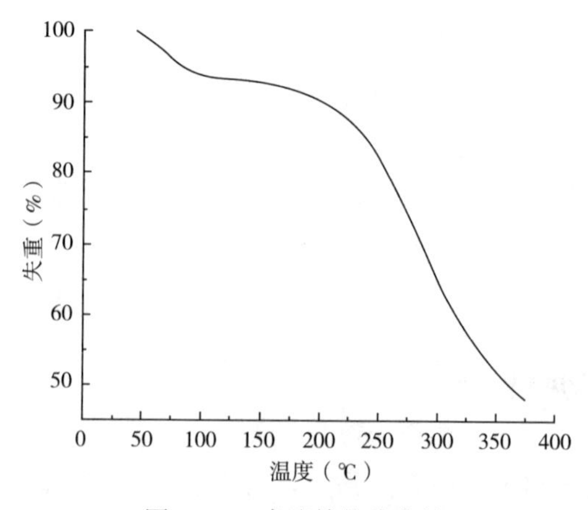

图 5-19　壳聚糖热稳定性

5.3.9 本节小结

壳聚糖凝胶在选定梯度变量的条件下,对其基团结构无明显影响。在选定条件下,当壳聚糖添加量越多,其对巴豆醛吸附效果越差。当戊二醛量增加到 10mL 时对巴豆醛的吸附性能最佳。当凝胶温度在 50℃ 条件时,其对巴豆醛的吸附性能最好。试验优化得到壳聚糖凝胶最佳加工工艺参数为:壳聚糖含量为 1.0g,戊二醛量为 10mL(0.320mol/L),胶凝温度为 50℃。

6 天然植物颗粒

6.1 纳米多孔玉米淀粉的研制及吸附性能研究

多孔淀粉,又称微孔淀粉,是一种新型变性淀粉,由淀粉经生物酶解或其他方式在其颗粒表面及内部形成蜂窝状孔洞的中空颗粒。与天然淀粉相比,多孔淀粉具有较大的比表面积及优异的吸附性能,且无毒、易降解,作为一种良好的吸附材料广泛应用于医药、食品、化工等领域。多孔淀粉应用于吸附卷烟烟气有害成分的研究也有报道。

多孔淀粉孔结构对其吸附性能的影响前人做了研究,多数研究结果表明淀粉的吸附性能与其比表面积及孔径分布密切相关,比表面积越大,吸附性能越好。但目前报道的多孔淀粉,由于孔径一般为微米级,很难在比表面积的提高上取得突破性的进展。生物酶水解淀粉制备多孔淀粉最常用到的是糖化酶,其次是 α-淀粉酶。研究认为生物酶首先通过水解淀粉分子链,作用于淀粉颗粒表面易于水解的非还原性末端,对颗粒进行螺旋状剥离,在表面形成凹坑,进而生成孔洞。随着酶解的进行,孔洞不断径向延伸并汇合至颗粒脐点处,生成较大的空腔,最终导致整个淀粉颗粒崩塌。糖化酶既能水解淀粉分子链的 α-1,4-葡萄糖苷键,又能水解 α-1,6 葡萄糖苷键,造孔效果较好,但目前报道的研究中糖化酶只能制备微米级孔道的多孔淀粉。α-淀粉酶只能作用于 α-1,4-糖苷键,也就是水解直链淀粉,也能水解支链淀粉,但是不能水解直链淀粉分支处的 α-1,6-糖苷键,可以用于调节糖化酶的酶解速度。关于糖化酶和 α-淀粉酶协同作用制备多孔淀粉的研究,国内外也有报道,但所制备的多孔淀粉尚未突破微米级孔径的范围。本节以酶解法制备多孔玉米淀粉为基础,优化酶与多孔淀粉的质量比、糖化酶与 α-淀粉酶的比例、反应时间,研制出纳米级孔径多孔淀粉,显著增加了多孔玉米淀粉的比表面积,提高了吸附性能,并起到改善形貌的作用。

6.1.1 酶与多孔淀粉的质量比对形成纳米多孔淀粉孔径及其形貌的影响

称取一定量玉米淀粉加入烧瓶中,加入柠檬酸钠-柠檬酸缓冲液,60℃水浴恒温预热 10min，加入复合酶溶液（α-淀粉酶和糖化酶），60℃水浴恒温下搅拌反应一定时间后，加入适量 4% NaOH 溶液终止酶解反应。取反应产物离心（3000r/min，10min），弃上清液，沉淀物用去离子水洗涤并抽滤 4 次，置于 60℃烘箱，干燥 6h，粉碎后得纳米多孔淀粉。

鉴于前人单独利用糖化酶水解淀粉制备多孔淀粉的研究已有大量报道，且无法制备纳米级多孔淀粉的现状，本项目研究了 α-淀粉酶的造孔作用。为研究 α-淀粉酶对多孔淀粉孔径及形貌的影响，做条件实验使 α-淀粉酶与多孔淀粉的质量比分别为 1∶100、5∶100，所得产物扫描 SEM 图如图 6-1 所示。

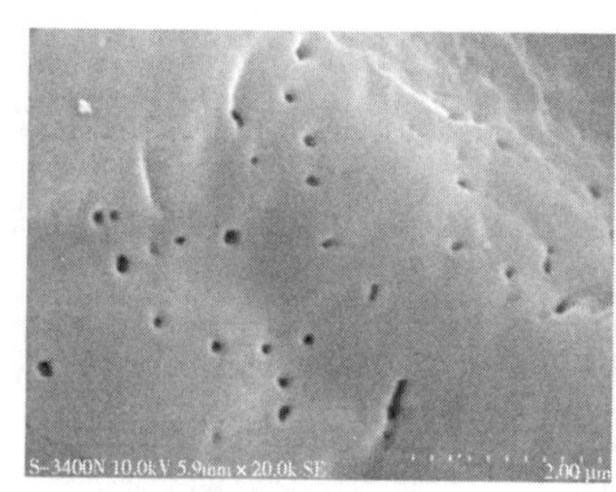

（a）α-淀粉酶与玉米淀粉比例为1∶100时产物的电镜图像

（b）α-淀粉酶与玉米淀粉比例为5∶100时产物的电镜图像

图 6-1　多孔淀粉 SEM 图

图 6-1 中可以看出，α-淀粉酶浓度较大即与原玉米淀粉质量比为 5∶100 时，玉米淀粉上所造孔洞直径较大，均为微米级孔道，而且微粒破碎现象比较严重。当α-淀粉酶的浓度较低（酶与原玉米淀粉质量比为 1∶100）时，淀粉微粒基本不破碎，而且所造孔道大多小于 1μm，但存在开孔率太低的缺陷。观察产物形貌可以看出，酶与原玉米淀粉质量比为 1∶100 时产物形态无微粒破碎现象。因此，选择酶浓度与多孔淀粉最佳的质量比为 1∶100。

6.1.2　酶反应时间对形成纳米多孔淀粉孔径及其形貌的影响

保持淀粉酶与原玉米淀粉质量比 1∶100 不变，研究反应时间 20h、36h 和 48h 对纳米多孔淀粉孔径及其形貌影响进行研究，其产物形貌扫描 SEM 图如图 6-2 所示。

从图 6-2 可以看出，虽然随反应时间延长，淀粉表面生成的孔道数目逐渐增加，但是 36h 和 48h 变化不大。而且，即使反应 48h 后，淀粉微粒上的开孔率仍然偏低，需要在反应中加入水解能力较强的生物酶以增加其开孔率。因此，选择 36h 为最佳反应时间。

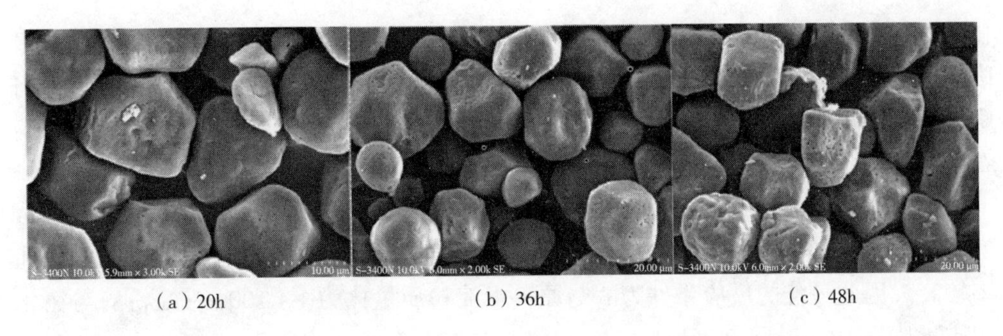

（a）20h　（b）36h　（c）48h

图 6-2　α-淀粉酶酶解玉米淀粉不同反应时间产物的电镜图像

6.1.3　复合酶配比对形成纳米多孔淀粉孔径及其形貌的影响

研究结果表明，对于水解玉米淀粉，α-淀粉酶和糖化酶具有协同作用，而且糖化酶的酶活要明显高于α-淀粉酶。因此，在保持总酶量与原玉米淀粉质量比1∶100的前提下，对复合酶比例对产物的影响进行研究。其产物形貌扫描SEM图如图6-3所示。

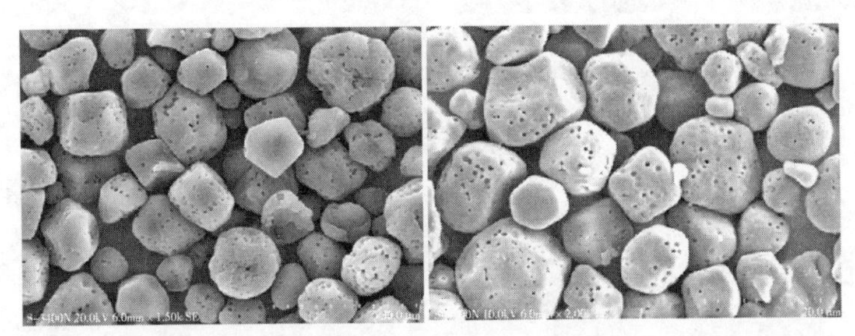

（a）α-淀粉酶与糖化酶质量比为1∶3　（b）α-淀粉酶与糖化酶质量比为1∶3

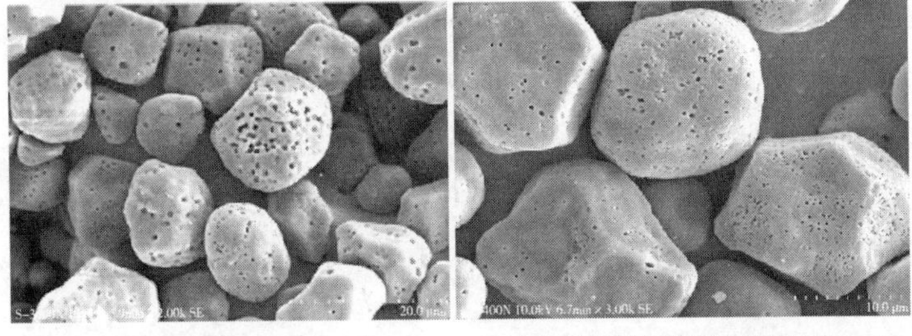

（c）α-淀粉酶与糖化酶质量比为1∶1　（d）α-淀粉酶与糖化酶质量比为5∶1

图 6-3　酶总量与原玉米淀粉质量比为1∶100时，
α-淀粉酶与糖化酶不同比例时产物的电镜图像

图6-3(a)是α-淀粉酶与糖化酶比例为1∶3时产物的电镜图像。与图6-3相

比，淀粉微粒表面的开孔率有明显提高，但孔径也相应扩大到 500～1000nm。进一步降低糖化酶在复合酶中的比例到 1∶1，所得淀粉微粒表面的孔径仍然变化不大。当降低糖化酶比例到 α-淀粉酶与糖化酶重量比为 5∶1 时，可以看出，所得产物表面的孔径明显减小，大多数孔径<500nm。

结合糖化酶在复合酶中比例产物趋势，继续降低糖化酶在复合酶中比例为 10∶1。实验产物扫描 SEM 图如图 6-4 所示，所制多孔淀粉的孔径集中在 50～300nm，且开孔率较高。因此最佳的反应条件为酶与原玉米淀粉质量比为 1∶100，α-淀粉酶与糖化酶质量比为 10∶1，反应 36h。

（a）α-淀粉酶与糖化酶质量比为10∶1，反应36h时产物的电镜图像　　（b）淀粉微粒的高分辨电镜图像

图 6-4　扫描 SEM 图

6.1.4　纳米多孔淀粉吸油率

为认识所制纳米多孔淀粉的吸附性能，本文对最佳条件获得的纳米多孔淀粉吸油率进行了检测，并与常规多孔淀粉进行对比。结果表明，纳米多孔淀粉的吸油率为 145%，常规多孔淀粉的吸油率为 100%。纳米多孔淀粉的吸油率明显高于常规多孔淀粉，纳米多孔淀粉的吸附能力更优越于常规多孔淀粉。

6.1.5　不同多孔淀粉微结构参数比较

为进一步认识最佳条件所制纳米多孔淀粉与常规多孔淀粉微结构的不同，本工作对两种多孔淀粉的微结构进行了分析，结果见表 6-1。可以看出，与常规多孔淀粉相比，纳米多孔淀粉的比表面积显著高于常规多孔淀粉，孔径显著低于常规多孔淀粉。基于其孔径的显著缩小，纳米多孔淀粉的孔容明显低于常规多孔淀粉。

表 6-1 不同多孔淀粉微结构参数

样品	比表面积(m^2/g)	孔容(mL/g)	孔径(nm)
纳米多孔淀粉	2.930	0.9397	50~300
常规多孔淀粉	1.626	1.5354	$(1\sim2)\times10^3$

6.1.6 本节小结

本工作以玉米淀粉为原料,通过设计和优化酶解反应条件,研制出纳米多孔玉米淀粉;与常规多孔淀粉相比,其具有更高的比表面。该项研究拓宽了多孔淀粉的种类及其制备技术,对于延伸多孔淀粉的在卷烟中的应用、改善其吸附性能具有重要意义。

6.2 甘薯固体香料的制备及应用研究

甘薯,又名红薯、地瓜、番薯,是我国重要的粮食作物、饲料作物、工业原料及新能源作物。烤甘薯等甘薯加工食品色泽金黄、香甜诱人,深受大家喜爱。目前对甘薯香味研究主要集中于不同加工方式其香味形成机制、化学成分的研究,以及对甘薯香料的研究,对甘薯加工食品的加工方式选取,作为食品添加剂增强食品甘薯香气等方面应用提供理论基础。杨金初等发现美拉德反应和焦糖化反应产物在甘薯浸膏致香成分中占主导,正是这些物质赋予了甘薯浸膏浓郁的烤甜香、焦甜香和烘烤香等香韵。郑美玲等以普薯 32 号为原料,通过烘烤、醇提得到烤甘薯浸膏,香味成分主要包括呋喃类、呋喃酮类、吡喃酮类。WANG 等发现与煮沸和微波法加工甘薯相比,传统烘烤方式得到的甘薯香气成分更多,烘烤香更加浓郁。可见不同的加工方式对甘薯的香气成分有影响。陈芝飞等以鲜甘薯为原料制备甘薯提取液,其关键香味成分主要有糠醛、麦芽酚、异麦芽酚、呋喃甲醇、2-乙基-3-甲基吡嗪等,后又将提取液进行同时蒸馏萃取,浓缩得甘薯香精。但有关甘薯固体香料的研究鲜有报道。

固体香料与液体、膏状香料相比,有利于包装和运输,且香味不易散失,适合长时间贮存,故固体香料的提出对延长香料产品贮存时间,开发新型香料方面有广阔的价值。为得到香味物质更多且更适宜于制备甘薯固体香料的干燥方式,本实验首先对新鲜甘薯进行烘烤预处理,利用不同的干燥方法,如红外干燥、冷冻干燥、微波干燥和真空干燥制备甘薯固体香料,并对得到的甘薯固体香料香气成分以及表面结构进行分析,分析比较其差异,探究不同的干燥方式对其致香成分和表面结构的影响,以期为甘薯固体香料的研制提供理论依据。

6.2.1 甘薯固体香料的制备

挑选新鲜甘薯材料,洗净晾干表面水分,用切片器将甘薯切成厚度为3cm小段,置于烤箱中230℃烘烤30min,烤后样品捣碎至无明显颗粒状态备用。

6.2.1.1 红外干燥

将备用样品均匀铺在玻璃托盘中,置于红外干燥装置中,通过预实验后,采用间歇式红外干燥方式,即每干燥5min间歇5min并搅拌,共干燥80min。干燥后样品打粉至40目备用。

6.2.1.2 冷冻干燥

将备用样品均匀铺在玻璃托盘中,并在-20℃预冻12h,然后放入冷冻干燥机中。经前期预实验后,设置真空度1kPa,冷阱温度-60℃,托盘温度25℃。干燥后样品打粉至40目备用。

6.2.1.3 微波真空干燥

将备用样品均匀铺在玻璃托盘中,置于微波装置内,通过前期预实验,干燥参数为:真空度0.1MPa,干燥温度60℃,干燥时间60min。干燥后样品打粉至40目备用。

6.2.1.4 真空干燥

将备用样品均匀铺在玻璃托盘中,置于真空干燥箱中,经预实验后,干燥参数设置真空度为0.85MPa,干燥温度为60℃,干燥时间为6.6h。干燥后样品打粉至40目备用。

准确称取20.00g干燥后样品粉末进行同时蒸馏萃取,纯水250mL,二氯甲烷50mL,萃取2.5h;得到的二氯甲烷萃取液在45℃和常压下浓缩至0.95mL,以乙酸苯乙酯(0.8472mg/mL)作内标,加50μL,进行GC-MS分析,各做两组平行,取平均值。

GC-MS分析条件为:色谱柱:DB-5ms(30m×250μm×0.25μm)毛细管柱;进样口温度:280℃;检测器(FID)温度:280℃;升温程序:50℃保持2min,以6℃/min升到280℃,保持10min;载气:He,流速1mL/min;进样量:1μL,不分流;溶剂延迟:6min;接口温度:280℃;电离方式:EI;电离能量:70eV;离子源温度:230℃;四极杆温度:150℃;质量扫描范围:20~650amu。

利用 NIST 2011 谱库以及质谱图进行定性分析，选取匹配度大于或等于 80%的物质，利用峰面积计算挥发性/半挥发性物质的绝对含量。

6.2.2 不同干燥样品的挥发性/半挥发性成分分析

采用 GC-MS 联用仪分析甘薯中的挥发性/半挥发性成分，总离子流图见图 6-5。与谱库对照检索，采用峰面积归一化法对成分进行定量，结果见表 6-2。结果表明：干燥后甘薯中主要挥发性/半挥发性物质共 58 种，其中烯烃类和酯类均为 3 种，酸类 10 种、醇类 9 种、酚类 4 种、醛类 12 种、酮类 10 种、其他类 7 种。不同干燥方式因干燥原理导致种类及含量差别较大。红外干燥后甘薯挥发性/半挥发性成分有 40 种，冷冻干燥有 34 种，微波真空干燥有 39 种，真空干燥有 37 种。四种干燥后的甘薯挥发性/半挥发性成分总含量为 36.62～128.87μg/g。

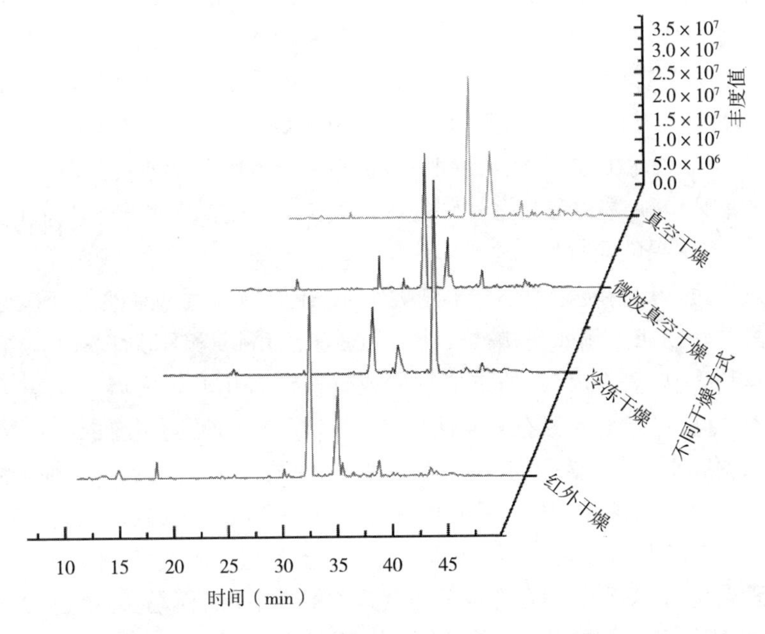

图 6-5　甘薯不同干燥方式的 GC-MS 总离子流图

红外干燥甘薯的挥发性/半挥发性成分主要由酸、酮、醛类组成，因温度较高可发生美拉德反应及焦糖化反应，焦甜香物质多，几乎没有其他低沸点香味物质，故此干燥下的甘薯仅有带苦味的焦香。冷冻干燥的主要由酸、酚、醛类组成，因温度较低，高沸点香味物质较难挥发，而且香味物质含量相较其他少的多，故在香味感官上不太明显。微波真空干燥主要由酸、酚、醇类组成，与冷冻相比多一点焦甜香。真空干燥主要由酸、醛、酚类组成，且物质含量高，感官香味较前三种干燥方式丰富。

由表6-2分析可知，酸类成分是甘薯中含量最丰富的成分，甘薯四种干燥方式中酸类成分数量相差小，含量差别较大。但酸性成分阈值通常较高，对甘薯香味贡献较小。四种干燥方式均以棕榈酸和亚油酸高沸点物质占比最高。萜烯类物质种类较少，主要赋予甘薯果香、花香。其中，β-石竹烯存在于各种植物中，具有辛香、木香及温和的丁香香气；D-柠檬烯有新鲜橙子香气及柠檬样香气，分别是冷冻干燥、微波真空干燥的特有挥发性/半挥发性香味物质。因为β-石竹烯、D-柠檬烯沸点均较低，冷冻干燥温度低及微波真空干燥速度，挥发损失的小，故为两者的特有物质，其他两种干燥方式温度高、时间长损失大。

不同干燥方式对醇类物质的影响较大，四种干燥方式各有3种醇类物质，无共有醇类物质。一般认为醇类物质来自脂肪氧化，其在感官分析上具有较高的阈值，但香气活性值均较低。香叶醇与橙花醇互为立体异构体，为无色至淡黄色油状液体，具玫瑰味香气，因沸点低、长时间在高温环境中损失大，仅存在冷冻干燥中。

不同干燥方式对醛类物质的影响较大，四种干燥方式的醛类物质仅有苯乙醛1种共有物质。有学者研究发现，苯乙醛、苯甲醛香味稀释因子最大，即香味阈值低，是甘薯香味的主要组成物质。醛类物质可通过Strecker氧化生成或不饱和脂肪酸在大于60℃的温度下氧化生成，其阈值一般很低，对甘薯香味的形成贡献较大。两者均属于Strecker降解产物，苯甲醛具有特殊的杏仁气味、果香味，苯乙醛有类似风信子的香气，稀释后具有水果的甜香气。

甘薯烘烤过后淀粉转化为小分子糖类物质，还原糖与氨基酸发生美拉德反应，生成一系列的香味物质。例如，呋喃类、呋喃酮类、吡喃酮类和环戊烯酮类等物质，是烤甘薯具有烤甜香、烘烤香、焦香的重要物质成分。5-羟甲基糠醛属于呋喃类物质，因干燥温度及时间的影响，仅存在真空干燥中，其是美拉德反应主要的副产物之一，具有持久的焦糖和水果香。2-甲基-3-羟基-4-吡喃酮又称麦芽酚，属于吡喃酮类化合物，被认为是烤甘薯的特征香韵，具有增香、固香、增甜的作用，可抑制苦、酸、涩等味。2-乙酰基吡咯属于具有核桃、甘草、烤面包、炒榛子和鱼样的香气。

目前研究表明，没有一种香味成分可代表烤甘薯香味，而是多种成分共同作用的结果。WANG等通过香味提取物稀释分析实验发现，在烤甘薯中测得的37种香味物质都没有烤制甘薯香味，并推测所有挥发性成分对烤制甘薯香味都有贡献，其香味可能是不同类型化合物的微妙平衡。以干燥后甘薯挥发性/半挥发性成分总含量为考察指标，选取最优的干燥方式，而四种干燥方式中，真空干燥后的甘薯香料香味成分总含量最高，为128.87μg/g。因真空干燥是在真空状态下进行加热，降低水分沸点，加速水分蒸发，减少干燥时间，一些低沸点易挥发、散失的香味物质损失少，故烘烤后甘薯以真空干燥的方式所得到甘薯固体香料的香味物质最多、品质较好。

表 6-2 四种干燥方式甘薯挥发性/半挥发性成分分析

类别	化合物	CAS 号	含量(μg/g)			
			红外干燥	冷冻干燥	微波真空干燥	真空干燥
萜烯类	角鲨烯	000111-02-4	0.60	0.93	1.22	2.12
	β-石竹烯	000087-44-5	—	0.03	—	—
	D-柠檬烯	005989-27-5	—	—	0.27	—
	小计		0.60	0.97	1.50	2.12
酯类	棕榈酸甲酯	000112-39-0	0.10	0.10	0.22	0.31
	反式-4-甲氧基肉桂酸异辛酯	083834-59-7	0.26	—	0.24	0.66
	对甲氧基肉桂酸辛酯	005466-77-3	0.18	0.16	0.20	0.59
	二氢猕猴桃内酯	015356-74-8	0.33	0.18	0.37	0.45
	小计		0.87	0.44	1.03	2.01
酸类	正壬酸	000112-05-0	0.10	—	0.04	0.09
	月桂酸	000143-07-7	0.10	0.50	0.18	0.30
	肉豆蔻酸	000544-63-8	0.35	0.52	0.54	1.01
	十五烷酸	001002-84-2	0.54	0.58	0.81	0.74
	棕榈油酸	000373-49-9	0.04	—	0.11	0.70
	棕榈酸	000057-10-3	6.60	0.06	35.99	67.83
	十七酸	000506-12-7	0.47	—	0.47	1.37
	亚油酸	000060-33-3	13.44	7.89	12.89	22.62
	油酸	000112-80-1	3.70	2.65	—	—
	硬脂酸	000057-11-4	2.18	2.73	3.08	5.19
	小计		27.52	14.94	54.11	99.85
醇类	4-异丙基苯甲醇	000536-60-7	0.07	—	—	0.08
	香叶基香叶醇	024034-73-9	0.41	—	0.57	—
	植物醇	000150-86-7	0.24	—	—	0.68
	橙花醇	000106-25-2	—	0.07	—	—
	香叶醇	000106-24-1	—	0.11	—	—
	(1*S*,2*E*,4*R*,7*E*,11*E*)-2,7,11-西柏三烯-4-醇	025269-17-4	—	0.85	—	—

续表

类别	化合物	CAS 号	含量(μg/g)			
			红外干燥	冷冻干燥	微波真空干燥	真空干燥
醇类	β-桉叶醇	000473-15-4	—	—	0.23	—
	(6Z,9Z)-6,9-十五碳二烯-1-醇	077899-11-7	—	—	3.36	—
	香叶基芳樟醇	001113-21-9	—	—	—	1.09
	小计		0.72	1.02	4.16	1.86
酚类	2-甲氧基-4-乙烯苯酚	007786-61-0	0.17	0.30	0.20	0.24
	2,6-二叔丁基-4-甲基苯酚	000128-37-0	0.06	0.12	0.09	0.11
	2,4-二叔丁基酚	000096-76-4	0.12	0.20	0.16	0.21
	异丁香酚	000097-54-1	—	0.13	—	—
	2,2′-亚甲基双-(4-甲基-6-叔丁基苯酚)	000119-47-1	0.51	4.82	4.46	6.38
	小计		0.86	5.57	4.91	6.95
醛类	苯甲醛	000100-52-7	0.16	—	—	—
	苯乙醛	000122-78-1	0.46	0.26	0.54	0.45
	β-环柠檬醛	000432-25-7	0.06	0.09	0.07	—
	香兰素	000121-33-5	0.04	—	—	—
	E-15-七烯醛	1000130-97-9	0.43	—	0.41	1.04
	3,7-二甲基-3,6-辛二烯醛	055722-59-3	—	0.15	—	—
	(E)-柠檬醛	000106-26-3	—	1.08	—	—
	柠檬醛	005392-40-5	—	1.54	—	—
	反式-2,4-癸二烯醛	025152-84-5	—	—	0.02	—
	肉豆蔻醛	000124-25-4	—	—	0.07	0.06
	5-羟甲基糠醛	000067-47-0	—	—	—	0.09
	(9Z)-十八碳-9,17-二烯醛	056554-35-9	—	—	—	6.87
	小计		1.14	3.11	1.11	8.51
酮类	1,2-环己二酮	000765-87-7	0.36	—	—	—
	2-甲基-3-羟基-4-吡喃酮	000118-71-8	1.24	0.39	0.39	1.06
	大马士酮	023726-93-4	0.09	0.06	0.12	0.11
	β-紫罗兰酮	000079-77-6	0.18	0.17	0.26	0.22

续表

类别	化合物	CAS 号	含量(μg/g)			
			红外干燥	冷冻干燥	微波真空干燥	真空干燥
酮类	4-[2,2,6-三甲基-7-氧杂二环(4.1.0)庚-1-基]-3-丁烯-2-酮	023267-57-4	0.17	0.15	0.27	0.24
	2-羟基环十五酮	004727-18-8	0.49	0.74	0.51	1.15
	1-[5-(3-呋喃基)四氢呋喃-2-甲基-2-呋喃基]-4-甲基-3-戊烯-2-酮	036238-02-5	—	0.15	0.19	—
	小计		2.53	1.66	1.74	2.78
其他	2-乙酰基吡咯	001072-83-9	0.42	—	0.11	0.15
	1,4-二乙酰苯	001009-61-6	0.07	0.06	0.08	0.13
	1-(3,5-二甲氧基-4-羟基苯酚)丙烯	020675-95-0	0.04	—	—	—
	(*Z*)-9-十八烯腈	000112-91-4	0.17	—	0.19	0.50
	棕榈酰胺	000629-54-9	0.25	—	0.40	0.69
	油酸酰胺	000301-02-0	0.32	0.28	0.69	0.91
	芥酸酰胺	000112-84-5	1.11	3.04	1.34	2.42
	小计		2.39	3.38	2.81	4.81
	总计		36.62	31.08	71.35	128.87

注 “—”表示未检出。

6.2.3 主成分分析及聚类分析

对表 6-3 中甘薯固体香料的挥发性成分数据进行主成分分析,由表 6-2 可知前 3 个主成分的特征值均大于 1,累计方差贡献率达 100%,超过 80%。这说明前 3 个主成分综合了 4 种不同干燥样品挥发性成分的原始变量信息,能够代表样品挥发性成分的主要特征。

表 6-3 甘薯固体香料挥发性/半挥发性成分的主成分特征值与贡献率

成分	起始特征值			提取平方和载入		
	总计	方差(%)	累积贡献率(%)	总计	方差(%)	累积贡献率(%)
1	28.04	49.18	49.18	28.04	49.18	49.18
2	17.08	29.96	79.14	17.08	29.96	79.14
3	11.89	20.86	100.00	11.89	20.86	100.00

通过表 6-4 因子载荷矩阵可知:能够主要反映主成分 1 的指标有棕榈酰胺、(*Z*)-9-十八烯腈、二氢猕猴桃内酯、*E*-15-七烯醛、十七酸、反式-4-甲氧基肉桂酸异辛酯、棕榈酸、亚油酸、1,4-二乙酰苯、油酸酰胺、*β*-环柠檬醛、棕榈酸甲酯等。能够主要反映主成分 2 的指标有 2,6-二叔丁基-4-甲基苯酚、2,4-二叔丁基酚、芥酸酰胺、2-甲氧基-4-乙烯苯酚、月桂酸等。能够主要反映主成分 3 的指标有 D-柠檬烯、*β*-桉叶醇、(6*Z*,9*Z*)-6,9-十五碳二烯-1-醇、反式-2,4-癸二烯醛等。

表 6-4 甘薯固体香料挥发性/半挥发成分的主成分因子载荷矩阵

序号	指标	主成分		
		1	2	3
1	角鲨烯	0.82	0.57	-0.02
2	*β*-石竹烯	-0.78	0.62	0.11
3	D-柠檬烯	0.12	-0.21	-0.97
4	棕榈酸甲酯	0.92	0.33	-0.20
5	反式-4-甲氧基肉桂酸异辛酯	0.97	0.03	0.24
6	对甲氧基肉桂酸辛酯	0.87	0.40	0.30
7	正壬酸	0.67	-0.58	0.47
8	月桂酸	-0.39	0.91	0.11
9	肉豆蔻酸	0.77	0.63	0.12
10	十五烷酸	0.65	0.22	-0.73
11	棕榈油酸	0.89	0.38	0.25
12	棕榈酸	0.96	0.27	-0.12
13	十七酸	0.97	0.09	0.23
14	亚油酸	0.96	0.06	0.26
15	油酸	-0.72	-0.40	0.57
16	硬脂酸	0.82	0.56	0.10
17	4-异丙基苯甲醇	0.62	-0.28	0.73
18	香叶基香叶醇	0.00	-0.80	-0.60
19	植物醇	0.81	0.15	0.57
20	橙花醇	-0.78	0.62	0.11
21	香叶醇	-0.78	0.62	0.11
22	(1*S*,2*E*,4*R*,7*E*,11*E*)-2,7,11-西柏三烯-4-醇	-0.78	0.62	0.11
23	*β*-桉叶醇	0.12	-0.21	-0.97

续表

序号	指标	主成分		
		1	2	3
24	(6*Z*,9*Z*)-6,9-十五碳二烯-1-醇	0.12	-0.21	-0.97
25	香叶基芳樟醇	0.83	0.44	0.36
26	2-甲氧基-4-乙烯苯酚	-0.35	0.93	0.09
27	2,6-二叔丁基-4-甲基苯酚	-0.03	1.00	-0.09
28	2,4-二叔丁基酚	0.21	0.98	0.03
29	2,2′-亚甲基双-(4-甲基-6-叔丁基苯酚)	0.40	0.88	-0.25
30	苯甲醛	-0.17	-0.85	0.50
31	苯乙醛	0.66	-0.61	-0.44
32	*β*-环柠檬醛	-0.93	-0.13	-0.36
33	香兰素	-0.17	-0.85	0.50
34	*E*-15-七烯醛	0.98	0.01	0.22
35	3,7-二甲基-3,6-辛二烯醛	-0.78	0.62	0.11
36	(*E*)-柠檬醛	-0.78	0.62	0.11
37	柠檬醛	-0.78	0.62	0.11
38	反式-2,4-癸二烯醛	0.12	-0.21	-0.97
39	肉豆蔻醛	0.77	0.16	-0.62
40	5-羟甲基糠醛	0.83	0.44	0.36
41	(9*Z*)-十八碳-9,17-二烯醛	0.83	0.44	0.36
42	1,2-环己二酮	-0.17	-0.85	0.50
43	2-甲基-3-羟基-4-吡喃酮	0.46	-0.48	0.75
44	异丁香酚	-0.78	0.62	0.11
45	大马士酮	0.82	-0.30	-0.48
46	*β*-紫罗兰酮	0.62	-0.06	-0.79
47	4-{2,2,6-三甲基-7-氧杂二环[4.1.0]庚-1-基}-3-丁烯-2-酮	0.76	-0.02	-0.66
48	2-羟基环十五酮	0.58	0.72	0.40
49	二氢猕猴桃内酯	0.98	-0.21	-0.06
50	1-[5-(3-呋喃基)四氢呋喃-2-甲基-2-呋喃基]-4-甲基-3-戊烯-2-酮	-0.47	0.27	-0.84
51	2-乙酰基吡咯	0.18	-0.88	0.44

续表

序号	指标	主成分		
		1	2	3
52	1,4-二乙酰苯	0.94	0.29	0.17
53	1-(3,5-二甲氧基-4-羟基苯酚)丙烯	-0.17	-0.85	0.50
54	(*Z*)-9-十八烯腈	0.98	0.08	0.19
55	棕榈酰胺	1.00	0.01	-0.03
56	油酸酰胺	0.93	0.26	-0.25
57	芥酸酰胺	-0.22	0.94	0.25

根据4种干燥方式的挥发性/半挥发性成分的相对含量,以及3个主成分的特征值,以及表6-4中挥发性/半挥发性成分的载荷值,计算4种干燥方式的第1、第2、第3主成分值,然后以第1主成分值为*X*轴、第2主成分值为*Y*轴、第3主成分值为*Z*轴作散点图。将表6-4中的物质做散点图并与4种干燥方式的散点图结合,得到4种不同干燥方式甘薯主要香味物质主成分载荷图,见图6-6。由图6-6可知,4种干燥方式组分均相距较远,说明四种干燥方式得到的样品主要香味物质通过主成分分析表现出了明显的差异,与表6-2结果相符。

综合分析图6-6、表6-4可知,红外干燥时间短、速度快,但温度稍高,对苯甲醛、香兰素、1,2-环己二酮、2-乙酰基吡咯、1-(3,5-二甲氧基-4-羟基苯酚)丙烯物质影响较大。冷冻干燥先将甘薯预冻,对低沸点香味物质较多的保存下来,如β-石竹烯、橙花醇、香叶醇、(1*S*,2*E*,4*R*,7*E*,11*E*)-2,7,11-西柏三烯-4-醇、柠檬醛、异丁香酚等花香味物质。微波真空干燥速度快、温度较低,对D-柠檬烯、β-桉叶醇、(6*Z*,9*Z*)-6,9-十五碳二烯-1-醇、反式-2,4-癸二烯醛等低沸点物质影响较大。真空干燥时间较长,低沸点易损失香味物质较少,多为高沸点的香味物质或香味前提物,如对甲氧基肉桂酸辛酯、棕榈油酸、香叶基芳樟醇、5-羟甲基糠醛、(9*Z*)-十八碳-9,17-二烯醛。

由图6-6主成分载荷图可知,真空干燥附近挥发性/半挥发性物质种类最多。为了更清晰直观分析不同干燥方式甘薯挥发性/半挥发性物质之间差异,利用表6-2数据对其作聚类热图分析,结果如图6-7所示。不同色块代表不同含量,从红到蓝代表含量逐渐减少,可明显看出真空干燥的挥发性/半挥发性物质种类及含量均高于其他三种。从聚类分析上看,总体分为两大类,真空干燥为一类,其余三种干燥方式为一类,分为同类的表明之间差异不明显,表明真空干燥的方式最好,与主成分分析结果一致。

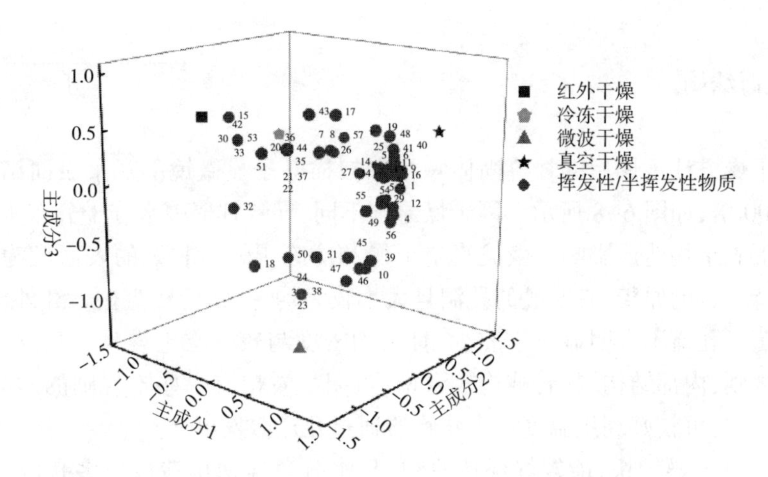

图 6-6　四种不同干燥方式甘薯挥发性/半挥发性物质主成分载荷值

（序号表示的挥发物质同表 6-4）

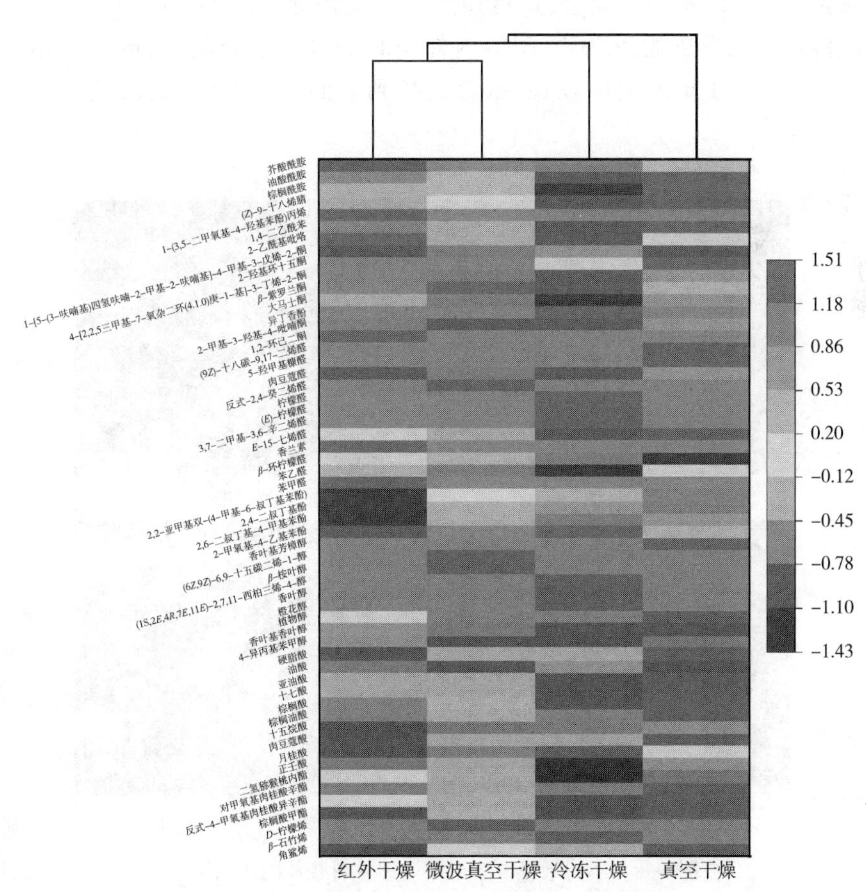

图 6-7　四种不同干燥方式甘薯挥发性/半挥发性物质聚类热图

6.2.4 表面结构

不同干燥方法干燥后的甘薯固体颗粒在扫描电子显微镜下观察表面结构，放大倍数为1500倍，如图6-8所示。因干燥原理不同，导致甘薯中水分子分布不同，对甘薯的表面形貌结构造成影响。微波真空干燥和冷冻干燥后甘薯的表面较为平坦，能较好的保持甘薯的原貌，有明显的孔洞且大小较为均一，结构较疏松。红外干燥甘薯表面水分蒸发孔道不太明显及空腔少，且结构密度与较真空干燥大。真空干燥甘薯的表面不规则，内部结构塌陷，结构较致密，可明显看出有一些不规则的水分蒸发同通道和小空腔，可较好利用温度将香味物质通过孔道散发出来。

微波真空干燥较快，能较好保持原貌，且水分急速逸出造成较多孔洞。冷冻干燥因甘薯先经冷冻，水分在真空状态下从固态直接升华到气态，脱水彻底，可保持甘薯原貌。两者结构均较疏松，在运输过程中易损坏。红外干燥是利用红外线辐射到物料后转化为热能，在短时间内内外同时加热使水分蒸发，造成上述形貌特征。真空干燥由于干燥时间较长，水分迁移到表面无法及时散失，造成内部结构塌陷。

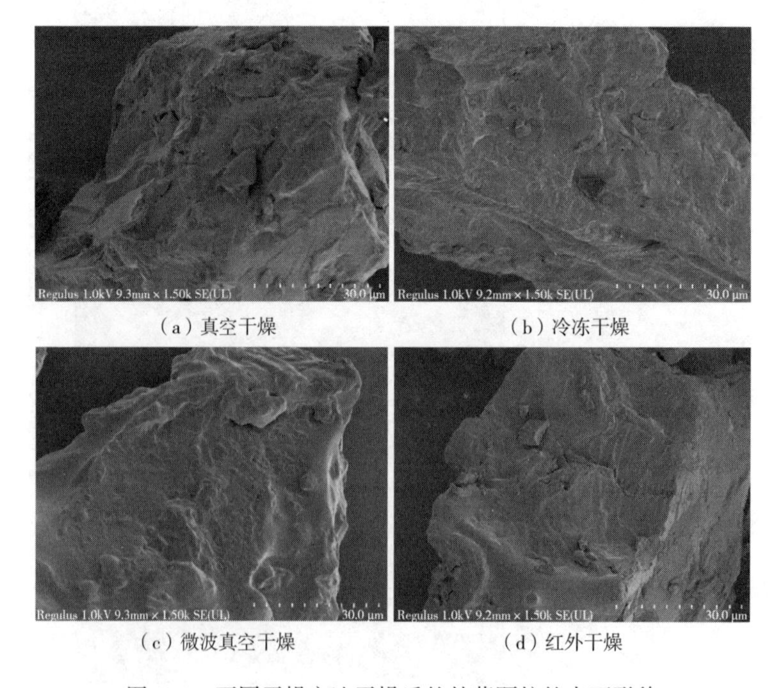

（a）真空干燥　　（b）冷冻干燥

（c）微波真空干燥　　（d）红外干燥

图6-8　不同干燥方法干燥后的甘薯颗粒的表面形貌

6.2.5 丙二醇添加量对红薯固体香料持香能力影响

(1)不同丙二醇添加量对甘薯固体香料挥发性成分释放的影响

为了研究丙二醇添加量对所得甘薯香料挥发性成分释放的影响,以不同丙二醇添加量甘薯固体香料烘烤 10h 后的挥发性成分总量为横坐标,以挥发性成分挥发量比例为纵坐标,作图 6-9。由图 6-9 可知,挥发性成分散失率随着丙二醇添加量的增加呈现先降低再增高的趋势,总体来说甘薯固体香料的持香能力得到改善。挥发性成分散失率在添加量 4%时达到最低,因此最合适的丙二醇添加量为 4%。

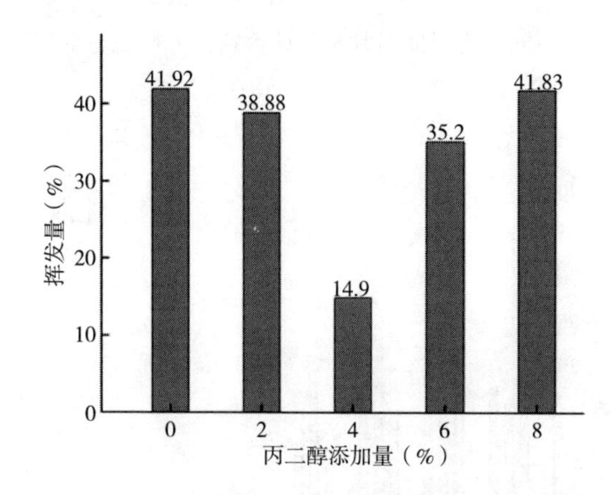

图 6-9 不同丙二醇添加量对甘薯固体香料挥发性成分释放的影响

(2)甘薯固体香料挥发性成分随时间变化情况

图 6-10 为 4%丙二醇添加量时甘薯固体香料挥发性成分含量的变化情况,可以看出,挥发性成分减少的比较慢,分析原因可能有两点,一是由于甘薯固体香料结构原因,甘薯固体香料结构致密,无明显空隙,使挥发性成分较难散失;二是由于保润剂的添加使甘薯固体香料的结合水增加,甘薯固体香料挥发性成分中的极性分子与结合水之间形成氢键,使挥发性成分的挥发性降低。

(3)甘薯固体香料不同类型挥发性成分随时间变化情况

图 6-11 为 4%丙二醇添加量时,甘薯固体香料不同类型挥发性成分随时间的变化情况,用各类挥发性成分含量占挥发性成分总量的百分比表示。从图 6-11 可以看出,烃类随着时间占比基本呈下降趋势,因为烃类中低沸点物质占比较高,且烃类极性最小,水对其束缚力小,因此烃类散失的更快。酸类和醇类散失的较慢,因为酸和醇的极性较大,因此甘薯固体香料中的结合水对其的束缚力也较大。酮类和醛类的比例基本不变。

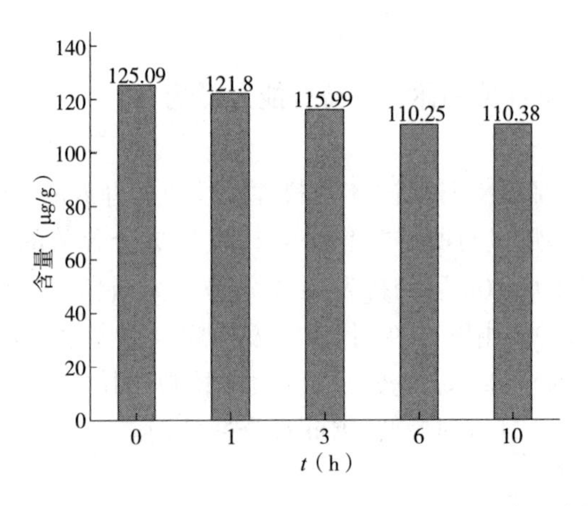

图 6-10　不同烘烤时间对甘薯固体香料挥发性成分释放的影响

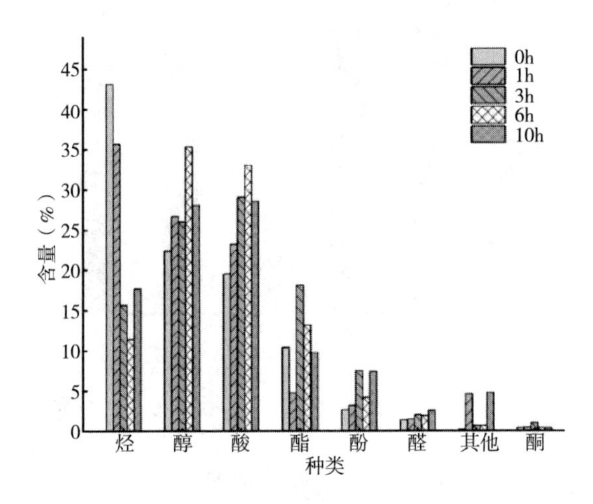

图 6-11　甘薯固体香料不同类型挥发性成分随时间变化图

表 6-5 为卷烟评吸结果，其中空白未添加甘薯固体香料，样品 1#、2#、3#分别添加 0.1g、0.2g、0.3g 持香能力改良后的甘薯固体香料。与空白组相比，添加甘薯固体香料的卷烟在抽吸时香气量明显增多，刺激性降低，余味和杂气均有所改善。其中，得分最高的为样品 2，即添加 0.2g 甘薯固体香料效果最好。

表 6-5　卷烟评吸结果

样品	评吸分数	评吸结果
空白	86	香气充足，较谐调，较有刺激性，稍有杂气，余味较舒适
1#	87.5	香气细腻，香气量足，略有刺激性，稍有杂气，余味较舒适
2#	88.9	香气丰满细腻，微有刺激性，无杂气，谐调，余味较舒适
3#	88.6	香气充足，略有刺激性，无杂气，较谐调，余味较舒适

6.2.6 本节小节

通过比较不同干燥方式甘薯固体香料的GC-MS结果及主成分分析结果,可知真空干燥的甘薯固体香料挥发性/半挥发性物质含量最高,为128.87μg/g,主要为较高沸点香味物质及香味前提物。扫描电子显微镜下甘薯固体香料的表面结构分析真空干燥的最好,其表面有较多水分蒸发通道和孔洞,有益于香味物质逸出,且结构较为致密,不易破碎,在与某些物质如香精香料等混合时,可能具有良好的吸附性能。综上可知,真空干燥最适宜于甘薯固体香料的制备,为甘薯固体香料的应用研究提供理论技术支撑。

6.3 薄荷颗粒香料制备及持香能力改良

薄荷作为常用的重要的芳香植物,其天然提取物是香精和香料的重要组成部分,在卷烟中添加适量薄荷油可以减轻吸食过程中烟气的刺激性,去除烟气中的青杂气。于梦等将薄荷油微乳液固化在多孔淀粉中,并将其应用于卷烟发现:淀粉经酶解后表面孔数目增多,比表面积增大,对各类液体物质吸附能力增强;由于乳化剂具有一定的保湿作用,因此制得的卷烟保润性较好。李景权等利用不同变性淀粉制备薄荷型微胶囊,发现OSA性淀粉制备出的薄荷型微胶囊颗粒具有较长的保存时间及较好的物理结构,且在卷烟吸食过程中香气明显,烟气柔和。刘秀彩等对薄荷类爆珠卷烟中的薄荷醇的分布与转移进行了测定,发现薄荷醇分布在烟支近口处更有利于薄荷醇向主流烟气中迁移。薄荷醇在吸食过程中,滤嘴中薄荷醇含量较高,而主流烟气中薄荷醇含量较低,说明薄荷醇在吸食过程大部分被截留在滤嘴中。

因此,本节以天然薄荷为原料制备薄荷颗粒香料,通过添加不同比例丙二醇用于改善薄荷颗粒香料的持水能力,增强薄荷颗粒香料中纤维素和蛋白质等分子与香气成分的结合能力,进而改善薄荷颗粒香料的持香能力。将改良后的薄荷颗粒香料应用于卷烟滤棒中,以期得到一种特色增香方式,能在卷烟抽吸时引入特色香味,实现不参与燃烧的卷烟增香、补香技术,开展天然植物颗粒香料在卷烟中的香味补偿技术。

6.3.1 薄荷颗粒的制备

将薄荷叶粉碎,取20~60目颗粒为薄荷颗粒香料。将样品分散于导电胶上,经真空喷金后采用 SEM 观察薄荷颗粒香料的微观形貌，电压为 3kV，放大倍数 1000 倍、2000 倍。

以占薄荷颗粒香料重量 0%、1%、2%、3%、4%的丙二醇分别与占薄荷颗粒香料重量 5%的水混匀后，均匀喷洒至薄荷颗粒香料表面，密闭充分浸润 2h，取出后常温下晾干即得含不同比例丙二醇的薄荷颗粒香料。

根据存放不同时间后残余载香量衡量不同颗粒香料的持香能力。将上述不同香料各取 5 份，每份 20g，分别在温度为 22℃，相对湿度为 60%的恒温恒湿箱中存放 0 天、15 天、30 天、60 天、90 天，采用文献中的方法对挥发性香味物质进行同时蒸馏萃取及浓缩。以 100μL 的 0.871g/L 的乙酸苯乙酯为内标。样品待用于 GC-MS 分析（表 6-6）。

表 6-6　GC-MS 分析条件

名称	设定参数
色谱柱	DP-5MS（30m×0.25mm×0.25μm）
载气 & 流量	He&1.0mL/min
进样量	1μL
进样口温度	280℃
分流比	不分流
升温程序	40℃保持 2min 以 5℃/min 的速率升温至 180℃保持 2min 15℃/min 的速率升温至 260℃保持 2min
传输线温度	280℃
离子源温度	230℃
电离方式	EI
电离能量	70eV
质量扫描范围	30~550amu
溶剂延迟	7min

利用 Nist 20 谱库将质谱图中各色谱峰进行检索，同时进行人工解析，对化学成分进行定性分析。采用内标法对物质进行定量分析。

挥发性物质含量（μg/g）=［内标物质量（μg）×挥发性物质峰面积］/［内标物峰面积×样品质量（g）］

6.3.1.1 薄荷颗粒香料表面形貌

为分析薄荷颗粒香料的表面微观结构,采用扫描电(SEM)对薄荷颗粒香料形貌进行表征(见图 6-12)。由图 6-12 可以看出,薄荷颗粒香料呈不规则多孔结构,比表面积较大。

图 6-12 薄荷颗粒香料表面形貌

6.3.1.2 薄荷颗粒香料香味成分确定

对未添加丙二醇的薄荷颗粒香料在存放 90 天后的香味成分与对照组香味成分进行对比分析,结果见表 6-7。

表 6-7 薄荷颗粒香料存放 90 天后与对照组挥发性物质对比分析

类别	中文名称	物质含量(μg/g)	
		对照	存放后
醇	3-辛醇	38.27	11.43
	异蒲勒醇	29.22	12.21
	薄荷醇	4126.13	1762.12
	α-松油醇	15.74	7.97
	叶绿醇	17.45	17.39
酮	L-薄荷酮	1101.83	342.04
	D-异薄勒酮	19.89	6.95
	2,3-二甲基-2-环戊烯酮	17.34	16.08
	5-甲基-2-(1-甲基亚乙基)环己酮	101.93	39.95
	6-甲基-3-(1-甲基乙基)-7-噁双环-2-庚酮	17.49	7.77
	3-甲基-6-(1-甲基亚乙基)-2-环己烯-1-酮	46.01	20.54
	3 甲基-6-(1-甲基乙基)-2-环己烯-1-酮	39.14	19.56

续表

类别	中文名称	物质含量(μg/g)	
		对照	存放后
烯烃	右旋萜二烯	52.75	12.24
	榄香烯	12.37	5.66
	β-波旁烯	14.07	—
	1,Z-5,E-7-十二碳三烯	20.11	10.42
	1-石竹烯	88.07	29.52
	γ-杜松烯	12.21	—
	β-古巴烯	45.26	17.81
	α-摩勒烯	19.95	9.35
	γ-古巴烯	60.84	26.68
	δ-杜松烯	10.94	—
其他	香芹酚	34.36	21.23
	5-(2-羟基亚乙基)-2(5H)-呋喃酮	33.41	23.20
	4-乙酰基-1-甲基-环己烯	165.59	99.04
	n-戊酸 cis-3-己烯-1-基酯	12.70	—
	总量	6153.05	2519.15

注 “—”为未检出。

由表6-7可得,鉴定出的薄荷颗粒挥发性物质主要包括醇类、酮类、萜烯类等。其中含量较高的物质为醇类,共有5种。薄荷醇是最主要的特征成分,具有有轻快的甜的气味和很强的清凉作用。3-辛醇呈玫瑰和橙似香气,并具有辛辣的脂肪气。异蒲勒醇呈薄荷和樟脑香气,另外还微有玫瑰叶和香茅香韵。α-松油醇具有丁香味。酮类有7种,具有令人愉悦的花香,其中L-薄荷酮具有淡的椒样薄荷香气、3甲基-6-(1-甲基乙基)-2-环己烯-1-酮有樟脑气味。烯烃类10种,大都带有甜香、花香和木香,主要为右旋萜二烯有似鲜花的清淡香气、榄香烯呈肉桂香气、1-石竹烯具有淡的丁香似香味。其他类中香芹酚具有宜人的辛香和草香,对口腔咽喉黏膜有杀菌作用。

从挥发性物质种类上看:存放前薄荷颗粒共有26种挥发性物质,存放90天后薄荷颗粒中挥发性物质减少为22种。从挥发性物质含量上看,存放前薄荷颗粒挥发性物质含量为6153.05μg/g,存放后挥发性物质含量为2519.15μg/g,存放后挥发性物质总量相较存放前下降59.06%,其中酮类物质下降最多为65.43%。醇类、萜烯类、酚类下降幅度分别为57.15%、57.04%、38.21%。总体来说,天然薄荷颗粒在存放过程中香味损失较快,不利于其加工应用,本文将进一步采用丙二醇改良其持香能力。

6.3.2 薄荷颗粒香料持香能力研究

不同丙二醇添加量(0%、1%、2%、3%、4%)的薄荷颗粒存放后挥发性物质总量结果如图 6-13 所示。由图 6-13 可知不同丙二醇添加量的薄荷颗粒存放后残余挥发性物质总量依次为 2519.15μg/g、3959.69μg/g、4472.69μg/g、2281.68μg/g、1536.98μg/g。随着丙二醇添加量的增加,挥发性物质的总量呈现出先升高后降低的趋势。挥发性成分总含量最多的为丙二醇添加量 2%时的样品。当丙二醇添加量从 0 增加至 2%时,薄荷颗粒含水率逐渐增大,颗粒中纤维素和蛋白质等大分子更易与香气分子以氢键结合等方式形成较稳定的络合物,对香气成分束缚能力逐渐增强。当丙二醇添加量大于 2%时,样品强结合水比例下降,样品表面过于湿润,易发生恒速干燥,挥发性香味成分容易随水分蒸发而损失。

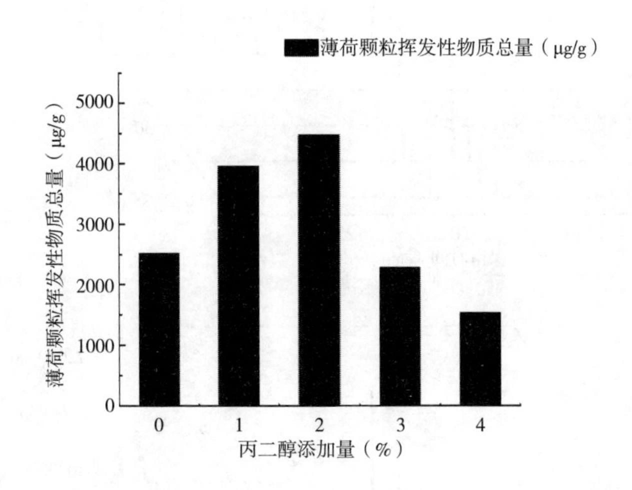

图 6-13 不同丙二醇添加量的薄荷颗粒香料存放 90 天后挥发性香味物质含量对比图

当丙二醇添加量为 2%时,薄荷颗粒的持香能力最强。进一步研究了存放时间对添加 0 及 2%丙二醇样品的挥发性香味物质总量的影响,如表 6-8 所示。可以看出,在不同存放时间(0 天、15 天、30 天、60 天、90 天)下,随着存放时间的增加,挥发性物质的总量呈现出逐步降低的趋势。在存放 90 天后,丙二醇添加量为 2%的样品挥发性物质残余量约为 72.69%,较未添加丙二醇的样品残余量 40.94%相比,挥发性物质保留量大大增加。

表 6-8 不同存放时间下添加 0 与 2%丙二醇样品挥发性物质的总量

样品	挥发性物质总量(μg/g)				
	0 天	15 天	30 天	60 天	90 天
添加 0 丙二醇样品	6153. 10	4010. 06	3518. 94	3007. 45	2519. 15
添加 2%丙二醇样品	6164. 16	5390. 64	5098. 18	4750. 26	4472. 69

根据 GC-MS 分析结果,进一步对比了存放时间对添加 0 及 2%丙二醇样品的不同极性的挥发性香味成分的影响,挥发性物质的总离子流图如图 6-14 所示。除加入内标品(乙酸苯乙酯,保留时间 20. 79min)外,其他挥发性成分均随存放时间的增加而

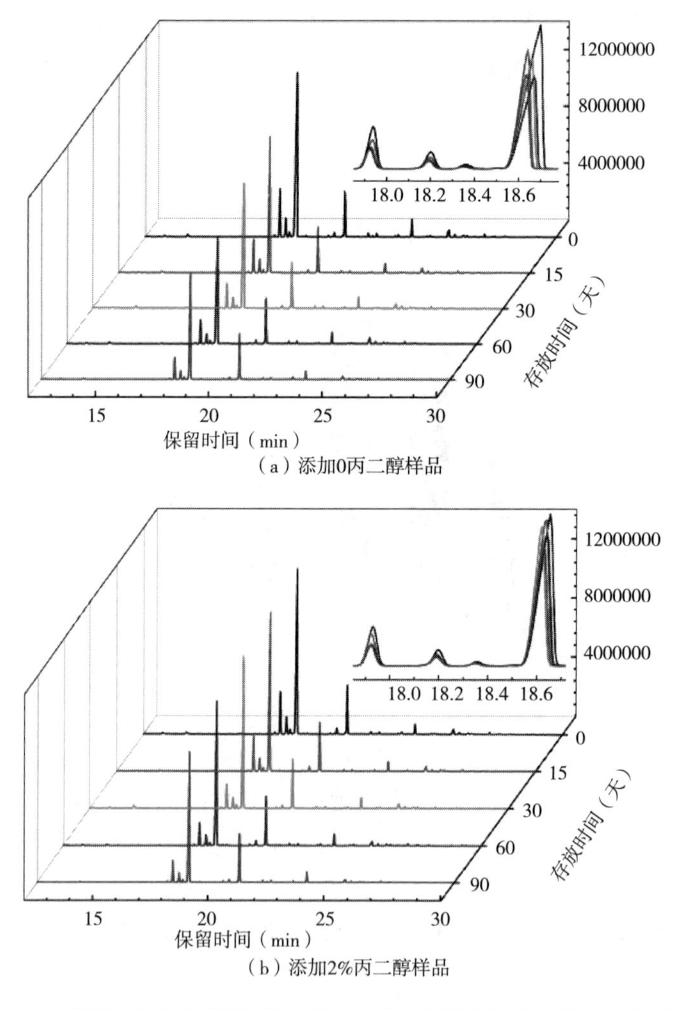

图 6-14 不同存放时间下添加量 0 及 2%丙二醇样品挥发性物质总离子流图

减少。薄荷醇在丙二醇添加量为 2%样品中的挥发速率(保留时间 17.92min,18.20min)与空白样品相似,接近 30 天内的最大挥发率,而薄荷醇在丙二醇添加量为2%的样品中的挥发速率(保留时间 18.63min)远低于空白样品中的挥发率,这表明添加丙二醇可以有效降低薄荷醇的挥发性。这是因为醇既可以作为氢键受体,也可以作为氢键供体,醇类更容易与水分子或极性基团形成氢键,在薄荷颗粒中形成复杂的氢键结构。

根据表 6-7 中采用的分类方法,进一步比较了储存时间对空白样品和丙二醇添加量为 2%的样品中不同极性挥发性风味成分的影响。结果如图 6-15 所示。可以看出,随着储存时间的增加,挥发性物质中酮和烯烃的比例降低,而醇和其他化合物如酚的比例增加。而三类物质极性大小顺序依次为醇类>酮类>烯烃类。这说明在薄荷颗粒香味物质挥发的过程中香味物质极性越小越容易挥发,极性较强的薄荷醇等物质挥发性相对较弱。因此,添加一定丙二醇提高薄荷颗粒含水率之后,使得薄荷颗粒香料中纤维素和蛋白质等大分子及水中某些原子或离子与香气分子尤其是极性较强的香气分子以氢键结合的方式形成较稳定的络合物,从而使极性分子相对难以挥发。

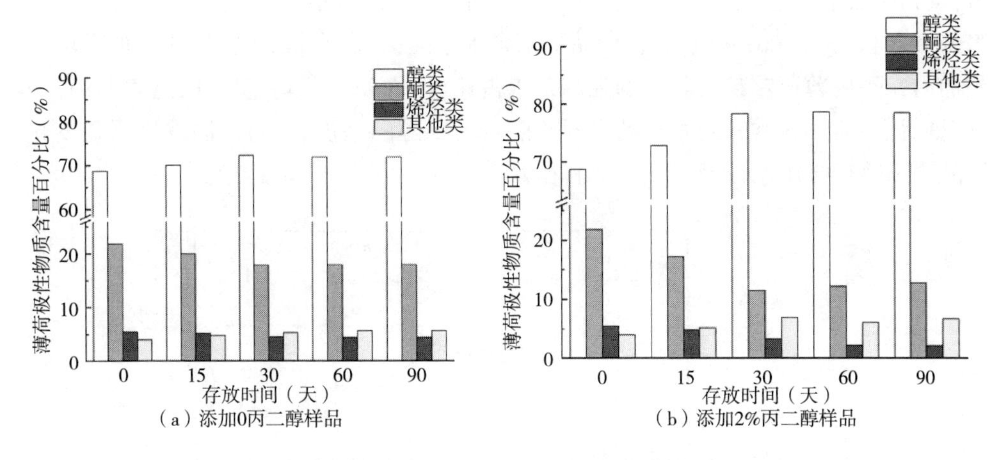

图 6-15 存放时间对添加 0 及 2%丙二醇的薄荷颗粒香料中不同极性挥发性香味物质影响对比分析图

6.3.3 薄荷颗粒香料水分分布状态分析

低场核磁共振(LF-NMR)测定

将存放 90 天后的样品置于温度为 22℃,相对湿度为 60%条件下平衡 48h 后,准确称取 3g 样品于平底磨口玻璃试管中，再插入磁体线圈内进行核磁共振测定。T_2 测定采用 CPMG 序列，磁铁温度为 32℃，主频 $SF=18MHz$，采样频率 $SW=200kHz$，偏移频率 $O_1=601648.13$，90°脉冲时间 $P_1=13\mu s$，180°脉冲时间 $P_2=26.00\mu s$，重复采样等待时间 $T_W=1500ms$，重复采样次数 $NS=32$，采样点数 $T_D=108010$，回波时间 $T_E=0.180ms$，回波个数 NECH = 3000，射频延射频延时 $RFD=0.020ms$，数字增益 $DRG_1=3$，模拟增益 $RG_1=30db$，放大倍数 $PRG=3$。测定结束后对结果进行反演得到 T_2 反演谱。

将不同丙二醇添加量的薄荷颗粒香料置于温度为 22℃，相对湿度为 60%的恒温恒湿箱中平衡 48h，每份设置三个平行试验，根据《烟草及烟草制品水分的测定烘箱法》(YC/T 31—1996) 规定的方法测定薄荷颗粒香料的平衡含水率

图 6-16 为添加不同丙二醇含量的薄荷颗粒香料在 22℃、相对湿度 60%的条件下达到平衡时的 T_2 弛豫时间分布曲线。由图 6-16 可知，薄荷颗粒香料 T_2 弛豫图谱中共有 3 个弛豫峰 T_{21}、T_{22} 和 T_{23} 分别对应着弛豫时间 0.1ms、10ms 和 100ms。T_{21} 弛豫时间最短(0.2ms 左右)，代表薄荷的强结合水，包括颗粒中大分子内部结合水以及化学结合水等。T_{22}(7ms 左右) 对应以微毛细管凝结水为主的弱结合水；T_{23}(100ms 左右) 对应表面物理吸附水以及润湿水等自由水。添加不同丙二醇含量的薄荷香料的水分分布状态如表 6-9 所示，各样品平衡含水率随保湿剂丙二醇含量的增加而增加。添加丙二醇后薄荷颗粒香料中的强结合水占比(峰面积 A_{21}) 均有增加，这表明丙二醇可以增强薄荷颗粒香料对水分的吸附。随着丙二醇的添加，吸附机制发生明显变化，样品表面物理吸附水以及润湿水等自由水含量大大下降，转向由毛细管凝结吸附为主

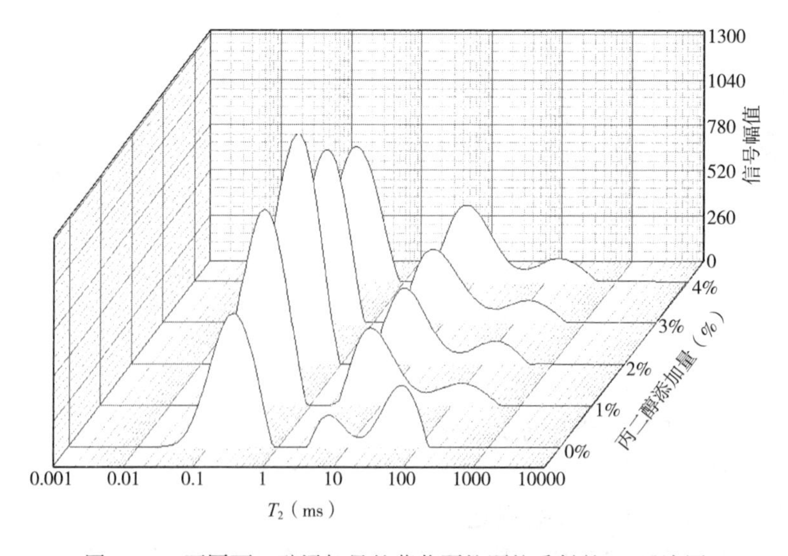

图 6-16　不同丙二醇添加量的薄荷颗粒颗粒香料的 T_2 反演图

的弱结合水以及化学吸附为主的强结合水。丙二醇添加量为2%时,薄荷颗粒香料强结合水比例最高,自由水含量最低,对水分的吸附作用最强。当丙二醇添加量大于2%时,强结合水比例有所下降而弱结合水比例略有升高,这可能是因为吸附水分增多,化学吸附在一定程度上饱和,毛细管吸附水向内部扩散速率减慢,造成毛细管吸附水含量提升。

表 6-9 不同丙二醇添加量下薄荷颗粒香料的水分分布状态及平衡含水率

丙二醇添加量	峰顶点时间(ms)			相对峰面积(%)			平衡含水率(%)
	T_{21}	T_{22}	T_{23}	A_{21}	A_{22}	A_{23}	
0%	0.217	5.111	58.052	65.967	10.029	24.004	16.9
1%	0.235	7.067	141.499	66.402	26.009	7.589	19.6
2%	0.235	7.067	153.437	71.032	22.441	6.527	21.7
3%	0.235	7.663	153.437	62.4	29.047	8.553	22.5
4%	0.235	7.663	153.437	56.448	34.147	9.405	23.6

6.3.4 卷烟感官评吸

采用滤嘴长25mm的常规卷烟制备薄荷颗粒香料卷烟,用镊子将滤嘴中的丝束抽出,在滤嘴中部处剪开,均匀填入10mg、15mg、20mg、25mg、30mg颗粒香料,然后将丝束回填至滤嘴筒中。根据国标要求,在温度(22±2)℃、相对湿度(60±5)%的恒温恒湿箱中平衡48h。请10人评吸小组进行感官特点评价。

将丙二醇改良型薄荷颗粒进行卷烟感官评吸,其结果如表6-10所示。薄荷颗粒香料能够提升卷烟的香气,掩盖杂气,减少刺激性,能够明显提升卷烟的薄荷香,在添加量为滤棒重量25时,烟香较协调。且对比空白样品发现,加入薄荷颗粒后能在一定程度上减轻口腔干燥感,这应是薄荷颗粒中添加了丙二醇,而丙二醇的保润性能改善了卷烟抽吸口感。同时将添加有薄荷颗粒的滤嘴在常温敞口环境下放置三个月,滤嘴无发霉变质等现象,这是由于天然薄荷本身具有抗菌,抗氧化等药理活性。

表 6-10 丙二醇改良型薄荷颗粒香料感官评吸结果

添加量(mg)	与空白烟对比后的评吸结果
10	香气质提升,改善杂气和刺激性,稍有凉感,干燥感降低
15	香气质提升,改善杂气和刺激性,稍有凉感,干燥感降低,烟味协调

续表

添加量(mg)	与空白烟对比后的评吸结果
20	香气质提升,改善杂气和刺激性,余味舒适,凉感明显,有薄荷香气
25	香气质提升,改善杂气和刺激性,余味更舒适,凉感明显,有薄荷香气,烟气细腻柔和
30	香气质提升,改善杂气和刺激性,口感过凉

6.3.5 薄荷颗粒卷烟特征香味成分衰减特性研究

使用上述感官评吸较好的薄荷颗粒香料添加量制备丙二醇改良型薄荷颗粒香料卷烟,将其在温度为22℃,相对湿度为60%的恒温恒湿箱中存放0天、15天、30天、60天、90天,考察不同存放时间对丙二醇改良型薄荷颗粒香料卷烟、丙二醇改良型薄荷颗粒香料卷烟粒相物、丙二醇改良型薄荷颗粒香料卷烟滤嘴中特征香气物质薄荷醇含量的影响。

将分别取10支空白卷烟、外加薄荷醇卷烟及丙二醇改良型薄荷颗粒香料卷烟,将其剪碎后置于50mL三角瓶中,加入50mL无水乙醇及浓度为0.871mg/mL的乙酸苯乙酯内标溶液200μL,超声萃取30min后,过0.45μm有机膜,样品待进样分析。

按照GB/T 23203.1—2008标准要求对空白烟支、存放不同时间的丙二醇改良型薄荷颗粒香料卷烟进行吸烟机抽吸实验,用92mm剑桥滤片捕集空白卷烟、薄荷颗粒香料卷烟主流烟气粒相物并保留烟蒂。抽吸完成后,将收集到的剑桥滤片放入150mL三角瓶中,加入50mL无水乙醇溶液及浓度为0.871mg/mL的乙酸苯乙酯内标溶液200μL,超声30min,过0.45μm有机膜,进行GC-MS分析。将收集到的20支烟蒂放入150mL三角瓶中,加入50mL乙醇溶液及浓度为0.871mg/mL的乙酸苯乙酯内标溶液200μL,超声30min,过0.45μm有机膜,进行GC-MS分析。

6.3.5.1 色谱条件(表6-11)

表6-11 GC-MS分析条件

名称	设定参数
色谱柱	HP-5MS(30m×0.25mm×0.25μm)
载气&流量	He&1.0mL/min
进样量	1μL

续表

名称	设定参数
进样口温度	280℃
分流比	不分流
升温程序	初始温度40℃保持4min, 以2℃/min的速率升温至180℃保持6min, 5℃/min的速率升温至260℃保持3min
传输线温度	280℃
离子源温度	230℃
电离方式	EI
电离能量	70eV
质量扫描范围	30~550amu
溶剂延迟	7min

6.3.5.2 转移率和烟蒂截留率计算

根据公式计算薄荷醇在卷烟(含薄荷颗粒香料)主流烟气粒相物中的转移率X_n:

$$X_n = \frac{m_1 - m_0}{m} \times 100\%$$

式中:X_n——薄荷颗粒香料卷烟主流烟气粒相物中薄荷醇的转移率;

m_1——薄荷颗粒香料卷烟主流烟气粒相物中薄荷醇的含量,μg;

m_0——空白卷烟主流烟气粒相物中薄荷醇的含量,μg;

m——薄荷颗粒香料卷烟滤棒中薄荷醇的含量,μg。

根据公式计算薄荷醇在薄荷颗粒香料卷烟烟蒂中截留率Y_n:

$$Y_n = \frac{a_1 - a_0}{a} \times 100\%$$

式中:Y_n——薄荷醇在薄荷颗粒香料卷烟烟蒂的截留率;

a_1——薄荷颗粒香料卷烟烟蒂中薄荷醇的含量,μg;

a_0——空白卷烟烟蒂中薄荷醇的含量,μg;

a——薄荷颗粒香料卷烟滤棒中薄荷醇的含量,μg。

6.3.5.3 薄荷颗粒卷烟主流烟气中薄荷醇逐口释放规律研究

将放置不同时间的薄荷颗粒香料卷烟在ISO模式下,设置抽吸口数为1、2、3、4、5、6,用直径44mm剑桥滤片捕集不同抽吸口序的主流烟气总粒相物,将收集到的每个剑桥滤片放入 50mL 三角瓶中，加入 20mL 无水乙醇萃取剂及浓度为 0.871mg/mL 的乙酸苯乙酯 50μL，超声 30min，过 0.45μm 有机膜，进行 GC-MS 分析。

丙二醇改良型薄荷颗粒香料卷烟滤棒中特征香味的种类及含量结果如表 6-12 所示。丙二醇改良型薄荷颗粒香料卷烟滤棒中特征香味成分为薄荷醇（81.9μg/支），占其挥发性物质总量的 68.36%。且薄荷醇具有有轻快的甜的气味，在卷烟中可以缓柔和烟气，赋予卷烟较强的清凉感。因此，在后期实验中将薄荷醇作为考察指标。

表 6-12　丙二醇改良型薄荷颗粒香料卷烟中特征香味成分的种类及相对含量

CAS 号	中文名称	含量（μg/支）	相对百分含量（%）
007786-67-6	异蒲勒醇	0.58	0.48%
002216-51-5	薄荷醇	81.9	68.36%
014073-97-3	L-薄荷酮	23.87	19.92%
015932-80-6	5-甲基-2-(1-甲基亚乙基)环己酮	2.79	2.33%
000491-09-8	3-甲基-6-(1-甲基亚乙基)-2-环己烯-1-酮	0.95	0.79%
000089-81-6	3 甲基-6-(1-甲基乙基)-2-环己烯-1-酮	0.87	0.73%
000499-75-2	香芹酚	0.68	0.57%
005989-27-5	右旋萜二烯	1.47	1.23%
000515-13-9	榄香烯	0.45	0.38%
006090-09-1	4-乙酰基-1-甲基-环己烯	3.94	3.29%
005208-59-3	β-波旁烯	0.37	0.31%
000087-44-5	1-石竹烯	1.94	1.62%
	总计	119.81	100%

6.3.5.4　加香卷烟中薄荷醇衰减特性研究

不同存放时间下外加薄荷醇卷烟及丙二醇改良型薄荷颗粒香料卷烟中薄荷醇含量结果如表 6-13、图 6-17 所示。结果表明：增香卷烟含量整体呈减少趋势，其中外加薄荷醇卷烟在 90 天内呈快速衰减趋势，而丙二醇改良型薄荷颗粒香料卷烟中薄荷醇仅在存放 30 天内含量衰减较快，衰减量为 28.72μg/支；存放 30～90 天时，薄荷醇衰减速度较慢，衰减量仅为 6.7μg/支。

表 6-13　不同存放时间下丙二醇改良型薄荷颗粒香料卷烟中薄荷醇含量(μg/支)

处理	存放时间(天)				
	2	15	30	60	90
薄荷颗粒卷烟中薄荷醇含量(μg/支)	81.90	63.70	53.18	49.06	46.89
外加薄荷醇卷烟中薄荷醇含量(μg/支)	89.61	54.1	42.91	31.65	25.99

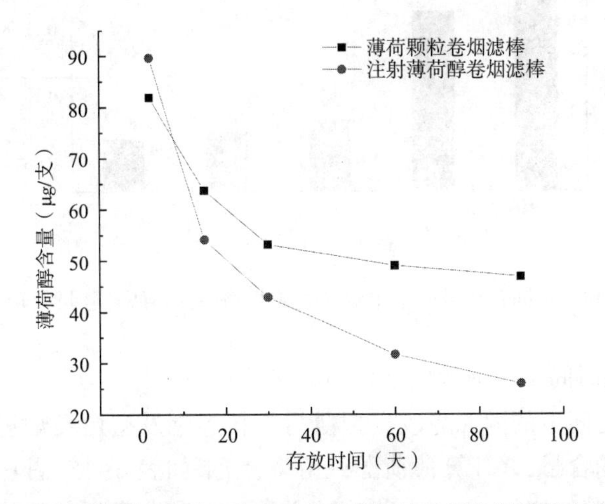

图 6-17　不同存放时间下丙二醇改良型薄荷颗粒香料卷烟滤棒中薄荷醇含量

6.3.5.5　薄荷颗粒香料卷烟主流烟气及烟蒂中薄荷醇衰减特性研究

(1)不同存放时间下薄荷醇向主流烟气粒相物中的转移行为

对不同存放时间下的丙二醇改良型薄荷颗粒卷烟进行抽吸实验,测定薄荷醇在主流烟气粒相物中的转移量,并计算转移率,结果如表 6-14、图 6-18 所示。结果表明:随着存放时间的增加,主流烟气粒相物中薄荷醇转移量呈现逐渐降低的趋势,薄荷醇转移率在 0~30 天内下降较快,在 30~90 天内较转移率较为稳定。

表 6-14　不同存放时间下主流烟气粒相物中薄荷醇转移量及转移率

指标	存放时间(天)				
	2	15	30	60	90
薄荷醇转移量	15.61	8.31	4.52	4.11	3.86
薄荷醇转移率	19.06%	13.05%	8.50%	8.37%	8.23%

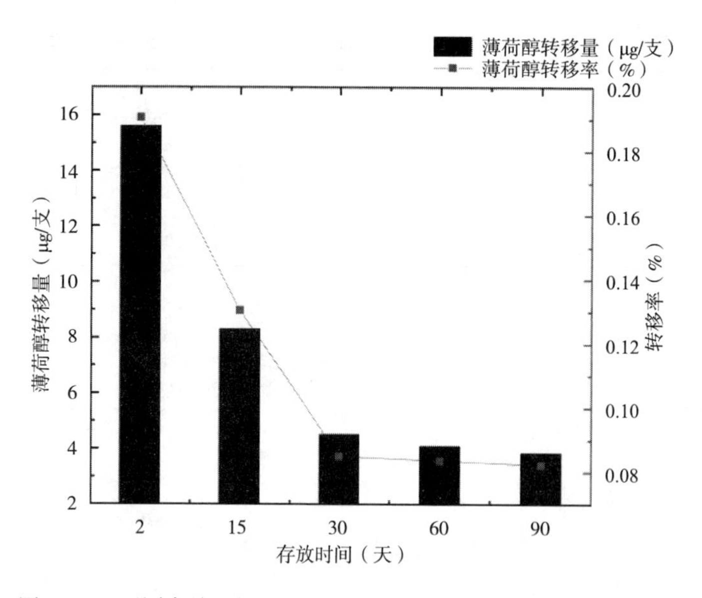

图 6-18　不同存放时间下主流烟气粒相物中薄荷醇转移量及转移率

(2)不同存放时间下薄荷醇向烟蒂中的转移行为

对不同存放时间下的丙二醇改良型薄荷颗粒卷烟及空白卷烟进行抽吸实验,测定烟蒂中薄荷醇的含量,并计算薄荷醇截留率,结果如表 6-15、图 6-19 所示。结果表明,随着存放时间的增加,烟蒂中薄荷醇含量呈现逐渐降低的趋势,截留率有逐渐升高的趋势。

表 6-15　不同存放时间下烟蒂中薄荷醇含量

指标	存放时间(天)				
	2	15	30	60	90
薄荷醇截留量	63. 19	52. 83	46. 43	42. 97	41. 26
薄荷醇截留率	77. 16%	82. 94%	87. 31%	87. 59%	88. 01%

由图 6-19 可知,薄荷醇在滤嘴中的截留率远高于主流烟气粒相物中的转移率,如存放 2 天时,薄荷醇在烟蒂中截留率为 77. 16%,在主流烟气粒相物中的转移率为 19. 06%,表明薄荷醇大部分被截留在滤嘴中,薄荷醇的利用率较低。

6. 3. 5. 6　薄荷颗粒香料卷烟中薄荷醇逐口递送研究

对不同存放时间下的丙二醇改良型薄荷颗粒卷烟、空白卷烟进行抽吸实验,测定薄荷醇在主流烟气粒相物中的逐口转移量,并计算逐口转移率,结果如表 6-16、图 6-20 所

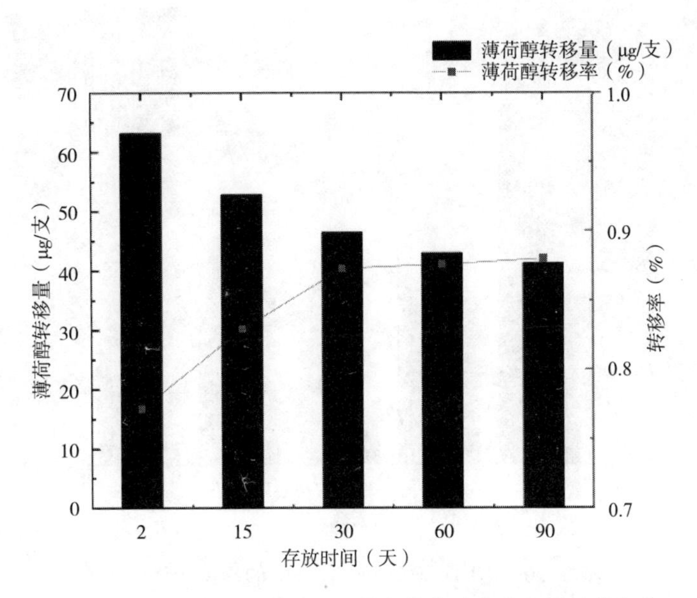

图 6-19　不同存放时间下滤嘴中薄荷醇的截留量及截留率

示。结果表明，随着抽吸口数的增加，薄荷醇在主流烟气中逐口转移量整体呈现逐渐增加的趋势，且在第 6 口时(即最后一口)达到最大值。这是因为随着卷烟抽吸，烟支逐渐变短，烟支滤嘴温度逐渐升高，促进了滤嘴内薄荷醇的释放与转移。且随着存放时间的增加，薄荷醇的逐口总转移量呈不断降低的趋势。

表 6-16　不同存放时间下薄荷醇的逐口转移量

逐口抽吸序号	不同存放时间下薄荷醇含量(μg/支)				
	2 天	15 天	30 天	60 天	90 天
1	0. 379	0. 331	0. 305	0. 210	0. 144
2	0. 781	0. 515	0. 392	0. 332	0. 313
3	1. 280	0. 732	0. 525	0. 447	0. 420
4	2. 321	1. 341	0. 608	0. 529	0. 486
5	3. 024	1. 5667	0. 765	0. 672	0. 612
6	3. 250	1. 983	1. 133	1. 093	1. 010
总和	11. 035	6. 469	3. 728	3. 283	2. 985

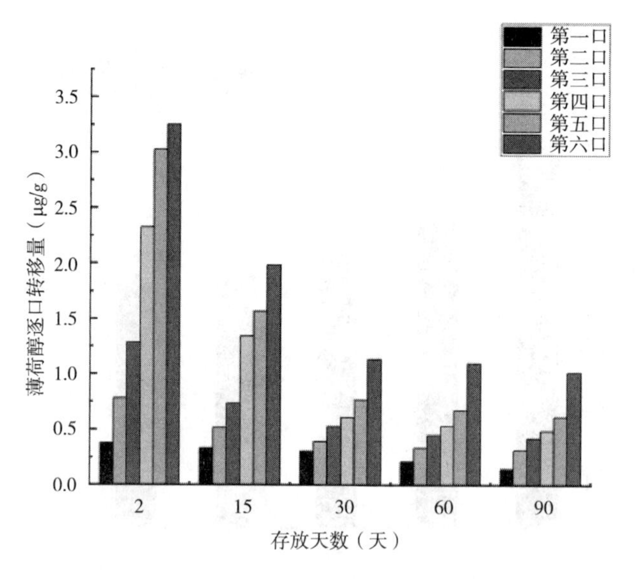

图 6-20　不同存放时间下薄荷醇的逐口转移量

6.3.6　本节小结

本节对不同丙二醇添加量制得的薄荷颗粒香料挥发性物质进行研究，初步探明由丙二醇引起的含水率变化对薄荷挥发性物质含量的影响，并对丙二醇改良型薄荷颗粒香料进行卷烟加香应用，探究其香气成分衰减特性、致香成分在主流烟气中的转移行为等，主要获得了以下结论：

①SEM 表明薄荷颗粒香料呈不规则多孔结构，比表面积较大。

②未添加丙二醇的薄荷颗粒香味物质挥发速度较快，在存放三个月后挥发性物质残余量仅为 40.94%；在丙二醇添加量为 2%时薄荷颗粒的持香能力最强，在温度为 22℃，相对湿度为 60%的恒温恒湿箱中存放三个月后，残余量约为 72.69%，较未添加丙二醇的颗粒香料残余量 40.94%相比，挥发性物质保留量增加 31.75%。

③LF-NMR 分析及相关性分析表明：薄荷存在 3 个 T_2 区间，分别对应化学结合水等强结合水、毛细管凝结水等弱结合水、物理吸附水等自由水。添加丙二醇后薄荷颗粒自由水比例下降，说明添加丙二醇后可有效改善薄荷中的水分分布，增强薄荷中的水分稳定性；其中丙二醇添加量为 2%时，薄荷颗粒中强结合水相对含量最高。

④滤棒加香结果表明，在添加量为滤棒重量 2%时，烟香较协调，且对比空白样品发现，加入薄荷颗粒后能在一定程度上减轻口腔干燥感。

⑤丙二醇改良型薄荷颗粒卷烟滤棒中特征香味成分为薄荷醇，其相对百分含量

为 68.36%,随着存放时间的增加,丙二醇改良型薄荷颗粒卷烟滤棒中薄荷醇含量整体呈下降趋势。

随着存放时间的增加,丙二醇改良型薄荷颗粒卷烟中主流烟气粒相物中薄荷醇转移量呈现降低的趋势,而截留率呈现升高趋势。随着抽吸口数的增加,丙二醇改良型薄荷颗粒卷烟中薄荷醇逐口的转移量也逐渐增加,在最后一口(即第 6 口)时达到最大值。随着存放时间的增加,丙二醇改良型薄荷颗粒卷烟中薄荷醇逐口总转移量呈逐渐降低的趋势。

7 香料包埋技术

7.1 纳米香料微胶囊的制备及在卷烟中的应用

随着生活质量的提高,香精香料在人们的日常生活中发挥着越来越重要的作用。不管是在各种各样的食品中,还是其他各式各样的纺织品和日化品以及一些大大小小的药品,都离不开香精香料的作用。香精在给人带来愉悦舒适的感受的同时,还可以作为一种气味纠正剂、环境美化剂和卫生防腐剂。然而,香精的成分通常情况下很复杂,如含有的一些如醇、酮、酯等容易挥发的成分,对氧气、光照、热等环境条件比较敏感,所以在加香过程中,由于天然香料存在易变质挥发的问题,会对加香的效果产生一定的影响,在一定程度上也造成香料的浪费。因此,如何延长香味的保留时间,同时又能稳定产品的质量,从而扩大香精香料的应用范围,成为学者们研究的热点。随着人们探索的不断深入,新型香精香料——纳米香料,逐渐发展起来并受到人们的广泛关注。

对香精香料通过使用自然的高分子材料或者使用人工合成的高分子材料进行某些化学加工,从而得到的尺度在纳米级范围内的香料产品称为纳米香料,实际上是一种纳米微胶囊。纳米微胶囊的概念是 Narty 在 1978 年提出来的,指的是使用纳米乳化技术、纳米构造技术和纳米复合技术等对囊核物质进行包覆构成的粒径在 1~1000nm 的微型胶囊。纳米微胶囊的颗粒非常小,非常容易扩散或悬浮在溶液中,从而构成透明、均一、稳定的胶体溶液,在靶向性、分散性和缓释性方面,相比于传统的微胶囊,纳米微胶囊的性能更加优良。将香精制成纳米微胶囊能防止芯材因受到外界环境的影响而发生变化,并且具有更好的稳定性,便于储存和运输,目前该技术已经在多个领域得到了大范围的应用,成为许多科学领域竞相研讨的热点,具有广阔的发展前景。

纳米微胶囊有与传统微胶囊不同的独特性质,如纳米微胶囊粒径更小,相对来说比表面积更大,吸附性能更强;纳米微胶囊成品稳定性好,使香精香料由液体变为固体,更加便于储藏和运输;因为纳米胶囊壁材多为生物降解的大分子材料,所以纳米微胶囊食用安全性和生物相容性也比较好,并且毒副作用小;能够改善食物的风味,提高食品的货架期,增强其功能性。

7.1.1 甜橙油纳米微胶囊的复凝聚法制备及其在卷烟中的应用

甜橙油是一种常用的香精香料,但其在空气中易变质、挥发,为提高其稳定性,以甜橙油为芯材、壳聚糖为壁材制备甜橙油纳米微胶囊。通过对壁材用量、香精用量和乳化剂用量等因素的调节,以纳米微胶囊粒径为优化指标进行单因素实验与响应面分析法或正交试验分析法。并采用激光粒度分析仪、扫描电子显微镜、热重分析仪等对纳米微胶囊进行一系列表征,并将纳米香料微胶囊应用于卷烟中,对纳米微胶囊进行热裂解实验和感官评吸。实验结果如下:

①甜橙油纳米微胶囊最佳制备工艺条件中各组分用量分别为:乳化剂为吐温 20,壁材质量浓度 1.8mg/mL,乳化剂浓度 3.6mg/mL,香精浓度 4.05mg/mL。甜橙油纳米微胶囊乳液稳定性良好,粒径呈正态分布,粒径为 500nm 左右。

②甜橙油纳米微胶囊的扫描电镜结果显示,干燥后的纳米微胶囊形状近似椭圆形或不规则球形。

③对比甜橙油、壳聚糖、TPP、甜橙油纳米微胶囊四者的红外光谱分析图可知,甜橙油纳米微胶囊包埋成功,甜橙油纳米微胶囊得率为 83.37%,包埋率为 65.10%。

④通过热稳定性分析可知,海藻酸钠、壳聚糖在一定温度下能够有效抵抗外界高温保护甜橙油香精,减缓香精香精的释放速率,延长留香时间。

⑤甜橙油纳米微胶囊的容重为 0.16g/mL,甜橙油纳米微胶囊的休止角都较小,说明甜橙油纳米微胶囊粉末产品的黏性小、流动性和散落性较好。

⑥甜橙油纳米微胶囊的热裂解结果表明,共鉴定出 20 种挥发性成分,包括庚醛、右旋香芹酮、左旋香芹酮、癸醛、月桂醛、苏合香烯等与感官属性相关性较好的甜橙油特征香味成分,无有害成分产生;感官评吸表明,甜橙油纳米微胶囊在卷烟中添加量为 0.03g/支时,感官评吸效果最好,甜润度增加,刺激性减小,余味更加舒适。

7.1.1.1 甜橙油纳米微胶囊的制备

以壳聚糖为壁材,甜橙油为芯材,选择吐温 20 为乳化剂制备甜橙油纳米微胶囊。具体实验步骤如下:将一定质量的壳聚糖超声溶解于质量分数为 1%的冰醋酸溶液中,配制出不同浓度的壳聚糖溶液。将香精与乳化剂充分乳化后与壳聚糖溶液混合,用 1mol/L 的氢氧化钠溶液调节混合溶液的 pH = 5.25,在室温下进行磁力搅拌并缓慢滴加 TPP 溶液,继续进行磁力搅拌,确保反应完全进行。将得到的溶液进行冷冻干燥,即得到甜橙油香精壳聚糖纳米微胶囊。具体流程如

图 7-1 所示。

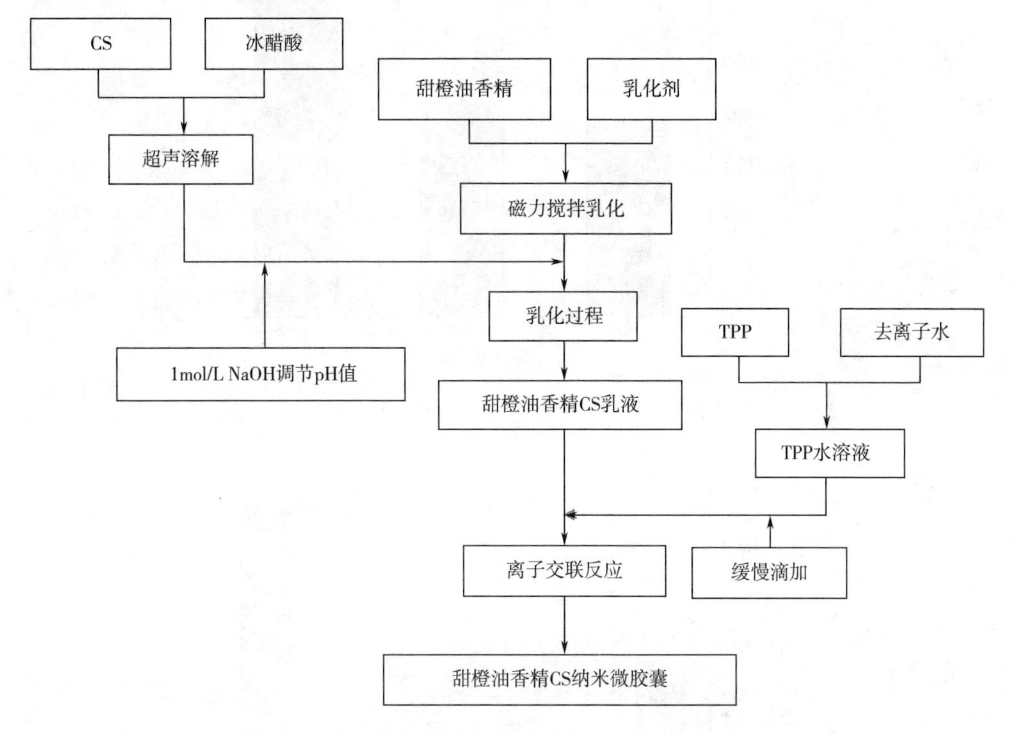

图 7-1 甜橙油纳米微胶囊制备工艺流程图

(1)单因素实验

①壁材分子量对纳米微胶囊粒径的影响。

由图 7-2 可知,随着壁材分子量的增大,纳米微胶囊的粒径呈增大趋势。分子量越大,壳聚糖分子链越多,并且支链的数目也增多,容易与 TPP 发生交联,形成粒径比较大的纳米微胶囊,当壁材的分子量为 50kD 和 150kD 时,微胶囊的粒径比较小,并且相差不大。但是由于分子量为 150kD 的壳聚糖成球效果优于分子量为 50kD 的,并且成本比较低,因此选择 150kD 作为最优的壁材分子量进行后续实验。

②壁材质量浓度对纳米微胶囊粒径的影响。

由图 7-3 可知,当壁材质量浓度为 1. 8mg/mL 时,体系中的阴阳离子间的交联作用最大,得到了粒径最小的纳米香精微胶囊。当壁材的质量浓度太小时,壳聚糖与 TPP 之间的交联作用不完全,从而形成粒径较大的纳米香精微胶囊。而壁材质量浓度过高时,体系里的阴阳离子失衡,使体系的稳定性变小。因此,选择 1. 8mg/mL 为最优的壁材质量浓度。

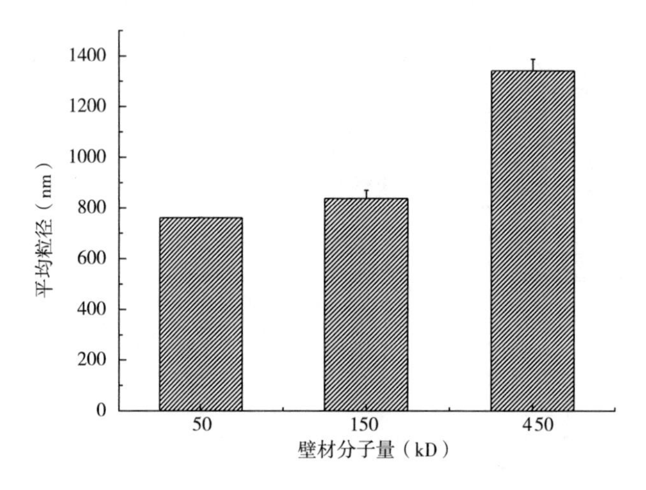

图 7-2　壁材分子量对纳米微胶囊粒径的影响

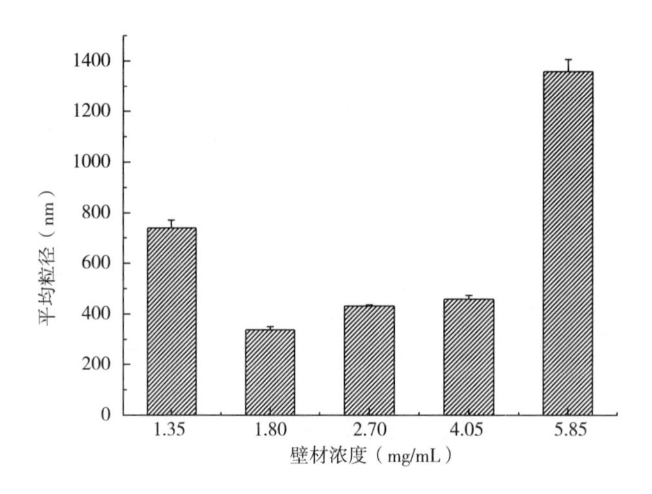

图 7-3　壁材浓度对粒径大小的影响

③香精浓度对纳米微胶囊粒径的影响。

纳米微胶囊粒径的影响如图 7-4 所示，香精用量为 2. 7mg/mL 时，形成的纳米微胶囊的粒径最小，在实际生产中为了提高香精的利用率会在一定程度内增加香精的用量。但香精的用量过大可能会导致乳化不完全，没有被乳化的香精会聚集在一起，使液滴的粒径增大，芯材包埋不完全，导致纳米微胶囊囊壁比较薄，纳米微胶囊破裂而使香精释放出来。因此，选用 2. 7mg/mL 作为最优的香精用量。

（2）正交实验

在单因素的实验基础上，以壁材用量、香精用量和乳化剂用量为自变量，甜橙油纳米微胶囊粒径大小为因变量，对纳米微胶囊制备工艺进行进一步优化。正交实验结果见表 7-1。

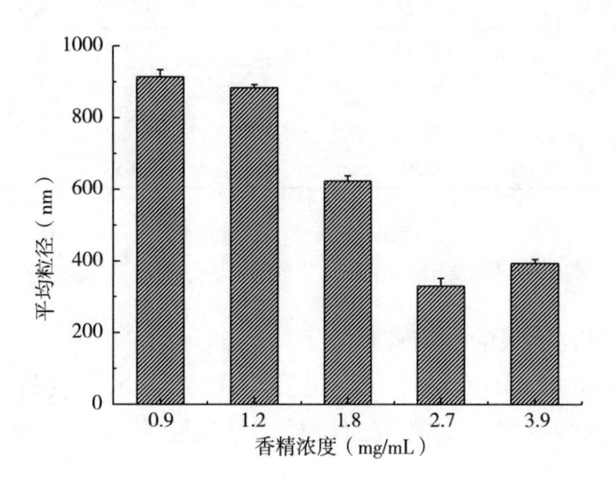

图 7-4　香精浓度对粒径的影响

表 7-1　正交实验结果

水平	壁材（mg/mL）	乳化剂（mg/mL）	香精（mg/mL）	粒径			
				Ⅰ	Ⅱ	Ⅲ	均值
1	1. 8	3. 6	1. 8	330	258. 6	343	310. 5
2	1. 5	2. 7	4. 05	462. 5	458. 9	454	458. 5
3	1. 8	4. 5	4. 05	325. 7	341. 7	337. 9	335. 1
4	1. 2	3. 6	4. 05	541. 2	576. 3	548. 8	555. 4
5	1. 8	2. 7	2. 7	475. 3	439. 9	435. 8	450. 3
6	1. 5	3. 6	2. 7	491. 4	510. 3	510. 2	504. 0
7	1. 2	2. 7	1. 8	769	762. 2	694. 9	742. 0
8	1. 5	4. 5	1. 8	849. 6	835. 1	866. 8	850. 5
9	1. 2	4. 5	2. 7	486. 3	518. 5	484. 2	496. 3

根据正交实验结果，以纳米微胶囊粒径为指标做极差分析，根据极差分析表 7-2 可知，各因素对甜橙油纳米微胶囊平均粒径影响的大小依次为壁材质量浓度>香精浓度>乳化剂浓度。A 因素中第三水平最好，B 因素第二水平最好，C 因素第三水平最好。由此，可以得出 A3B2C3 为最优水平，即壁材质量浓度 1. 8mg/mL，乳化剂浓度 3. 6mg/mL，香精浓度 4. 05mg/mL。

表 7-2 极差分析表

K值	壁材	乳化剂	香精
均值 K_1	597.9	550.2	634.4
均值 K_2	604.3	456.6	483.5
均值 K_3	365.3	560.6	449.7
R	239	105	184.7

7.1.1.2 纳米微胶囊的结构表征

(1)纳米微胶囊乳状液的平均粒径测定

通过使用 Microtrac S3500 激光粒度仪,对甜橙油纳米微胶囊粒径进行检测,从图 7-5 可知,甜橙油纳米微胶囊乳液的粒径均呈现正态分布,甜橙油纳米微胶囊平均粒径为 500nm。

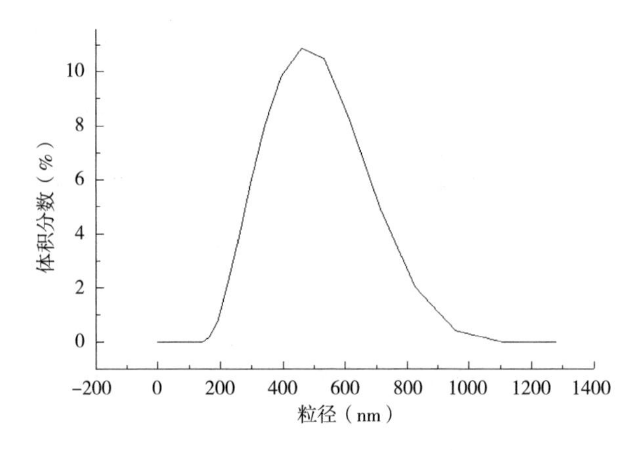

图 7-5 纳米微胶囊的粒径分布图

(2)纳米微胶囊乳状液的稳定性

从已制备好的甜橙油纳米微胶囊样品中取一组样,将它按相同体积分为三份,编号①、②、③。①号样放在冰箱保鲜柜里,②号样放在室温条件下,③号样放在 40℃的恒温水浴锅中。24h 后,各样品没有出现游离水层,并将三个样分别在显微镜下观察,发现样品中纳米微胶囊的数量、大小差异不大。经多次试验后发现,甜橙油纳米微胶囊乳状液稳定性良好,24h 后基本没有出现游离水层,计算乳状液的稳定性高达 99%,仍为白色不透明液体。

(3)甜橙油纳米微胶囊表面结构观察

使用扫描电子显微镜观察干燥后的甜橙油-壳聚糖纳米微胶囊表面结构,结果如图 7-6 所示。

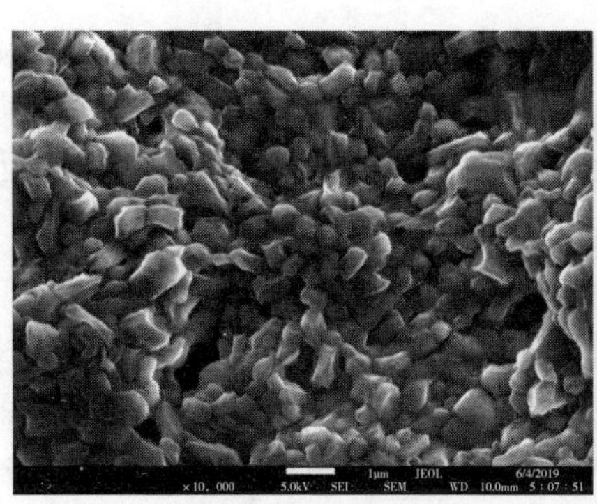

（a）场发射扫描电子显微镜（×10000）

（b）场发射扫描电子显微镜（×30000）

图 7-6 壳聚糖纳米微胶囊扫描电镜图

图 7-6 为壳聚糖纳米微胶囊在扫描电镜下的观察结果，其中图 7-6(a) 为放大 10000 倍后观察到纳米微胶囊形状近似椭圆形或不规则球形，图 7-6(b) 为在场发射扫描电子显微镜下放大 30000 倍纳米微胶囊的外观。由图可以看出，干燥后的甜橙油-壳聚糖纳米微胶囊粉末同样呈现出不规则球状，纳米微胶囊表面同样出现了塌陷和颗粒间存在粘结现象。

(4) 甜橙油纳米微胶囊的红外光谱分析

如图 7-7 所示，TPP 的红外光谱曲线中 1157cm^{-1} 和 893cm^{-1} 分别为 TPP 中 P—O 伸缩振动和弯曲振动所产生的特征吸收峰。

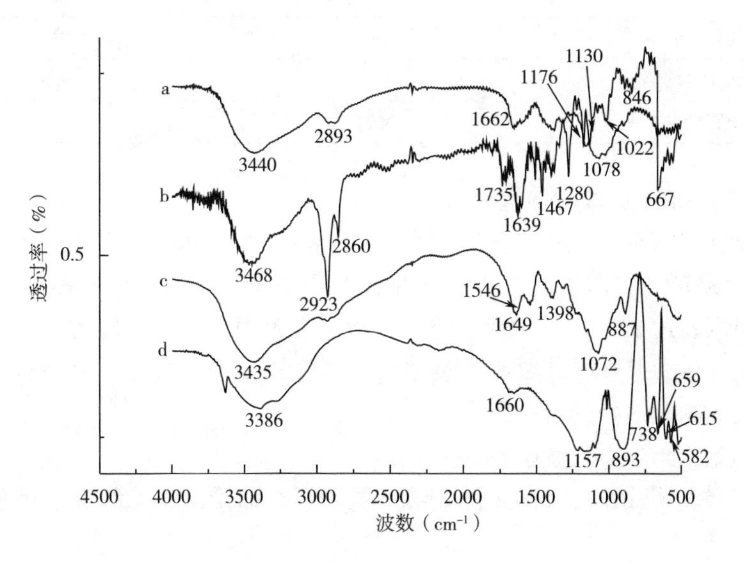

图 7-7 甜橙油纳米微胶囊及所用试剂的红外光谱图

a—壳聚糖 b—甜橙油 c—甜橙油纳米微胶囊 d—TPP

由壳聚糖的红外光谱曲线可知，在 3440cm^{-1} 处出现的特征吸收峰为 O—H 伸缩振动产生的，O—H 键的存在说明壳聚糖分子间及分子内存在一定的氢键作用力。在 2893cm^{-1} 处出现的特征吸收峰为饱和烃—CH_2 伸缩振动产生的，在 1662cm^{-1}、1384cm^{-1} 和 1078cm^{-1} 处出现的特征吸收峰分别为—C ═N—双键伸缩振动、—CH_3 面内弯曲振动和—C ═O 伸缩振动产生的。由甜橙油的红外光谱图可知，甜橙油在 3468cm^{-1}、2923cm^{-1}、1639cm^{-1}、1467cm^{-1} 出现的特征峰分别说明含有 O—H 基团、—CH_2—、—C ═C—以及—CH_3 官能团的存在。但是在纳米微胶囊中，1639cm^{-1}、1457cm^{-1}、887cm^{-1} 处的特征吸收峰减弱，而 2923cm^{-1}、808cm^{-1} 处的振动吸收峰消失，由此可以看出，甜橙油香精被成功包埋于壳聚糖壁材中。

(5)甜橙油纳米微胶囊的包埋表征

按照甜橙油纳米微胶囊最佳制备工艺参数：壁材质量浓度 1. 8mg/mL，乳化剂浓度 3. 6mg/mL，香精浓度 4. 05mg/mL。制备甜橙油纳米微胶囊，进行三次重复性试验。

根据纳米微胶囊得率=[干燥后纳米微胶囊的质量/(壁材质量+芯材质量)]×100%；纳米微胶囊包埋率=[(干燥后纳米微胶囊中的总芯材质量-干燥后纳米微胶囊表面芯材质量)/开始加入芯材质量]×100%。如表 7-3 所示，测得甜橙油纳米微胶囊得率为 83. 37%，包埋率为 65. 1%。试验结果可知，甜橙油香精包埋率良好，可以有效包埋甜橙油香精。

表 7-3　甜橙油纳米微胶囊包埋效果

包埋效果表征参数	平均值(%)	标准偏差(%)
纳米微胶囊得率	83. 37	0. 52
纳米微胶囊包埋率	65. 10	0. 95

(6)甜橙油纳米微胶囊热重分析

对甜橙油、壳聚糖以及最优条件下制备的纳米香精微胶囊进行热重分析。由图 7-8 可见，当温度>60℃时，甜橙油香精分解剧烈，失重速率明显快于纳米香精微胶囊和壳聚糖。当温度超过 220℃时，纳米香精微胶囊和壳聚糖出现大幅度的失重，主要是由于温度过高导致囊壁开始破裂使被包埋的香精释放出来。由此可见，被包埋的甜橙油纳米微胶囊具有很好的热稳定性。

(7)甜橙油纳米微胶囊缓释效果

在 60℃真空烘箱内，对比甜橙油纳米微胶囊与甜橙油香精的释放情况，结果如图 7-9 所示。

1g 甜橙油在 60℃烘箱内 12h 挥发将近 70%，而甜橙油纳米微胶囊 12h 仅挥发 7. 9%。由此说明，甜橙油纳米微胶囊化可以有效地延缓其释放速率。

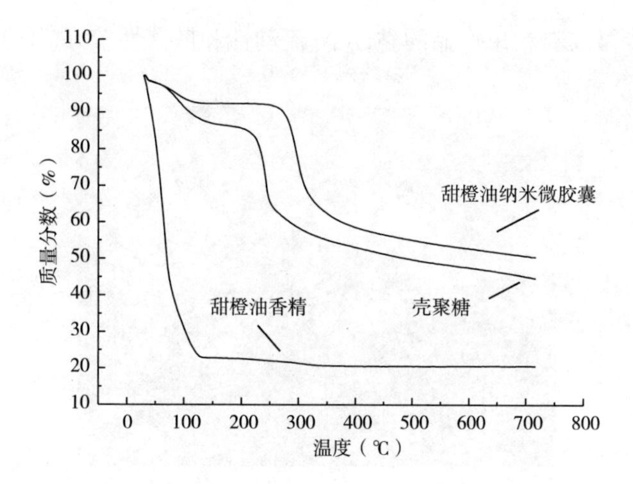

图 7-8　甜橙油、壳聚糖、纳米香精胶囊热重分析曲线

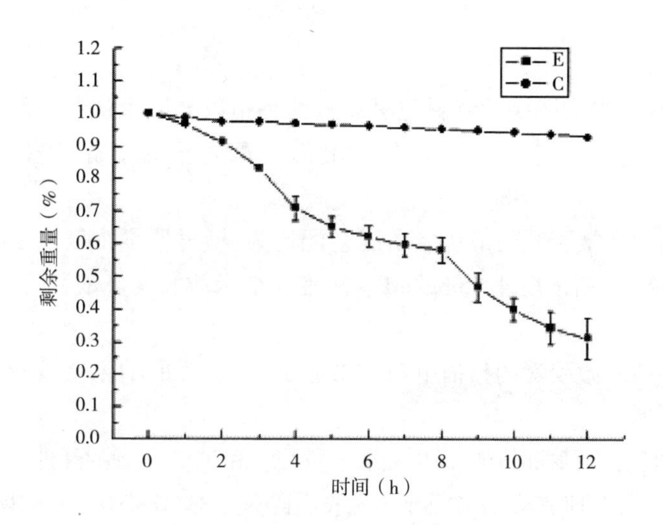

图 7-9　甜橙油与甜橙油纳米微胶囊释放曲线图

E—甜橙油香精　C—甜橙油纳米微胶囊

（8）甜橙油纳米微胶囊的容重

干燥后的 2g 甜橙油纳米微胶囊粉末，读取读数稳定后的甜橙油纳米微胶囊的体积 $V=12.5$mL，所以甜橙油纳米微胶囊的容重为

$$\gamma=m/V=0.16\text{g/mL}$$

（9）甜橙油纳米微胶囊的散落性

干燥后的 3g 甜橙油纳米微胶囊粉末自由散落后，形成一个高 $H=2.3$cm，半径 $R=8.1$cm 的微胶囊粉末堆 $\tan\alpha=H/R$，$\alpha=15.85°$。甜橙油纳米微胶囊休止角较小，

说明甜橙油纳米微胶囊粉末产品的黏性小、流动性和散落性较好(图 7-10)。

图 7-10　甜橙油纳米微胶囊自由散落图

(10)小结

以壳聚糖-三聚磷酸钠为壁材包裹甜橙油香精以复凝聚法制备甜橙油纳米微胶囊,在单因素的基础上进行正交试验,优化苯乙醛香精的制备工艺,并进行一系列表征。

①甜橙油纳米微胶囊的最优制备工艺配比为:壁材质量浓度 1.8mg/mL,乳化剂浓度 3.6mg/mL,香精浓度 4.05mg/mL。甜橙油纳米微胶囊乳液稳定性良好,平均粒径为 165nm。

②甜橙油纳米微胶囊的扫描电镜结果显示,干燥后的纳米微胶囊形状近似椭圆形或不规则球形。

③通过对比壳聚糖、甜橙油、甜橙油纳米微胶囊和 TPP 四者的红外光谱图分析可知,甜橙油纳米微胶囊包埋成功;甜橙油纳米微胶囊得率为 83.37%±0.9%,包埋率为 65.1%。

④通过热稳定性分析可知,壳聚糖-三聚磷酸钠在一定温度下能够有效抵抗外界高温保护甜橙油香精,减缓香精的释放速率,延长留香时间。

⑤甜橙油纳米微胶囊的容重为 0.16g/mL,甜橙油纳米微胶囊休止角较小,说明甜橙油纳米微胶囊粉末产品的黏性小、流动性和散落性较好。

7.1.1.3　甜橙油纳米微胶囊在卷烟中的应用

(1)甜橙油纳米微胶囊热裂解

取适量甜橙油纳米微胶囊样品于热裂解专用石英管中,并在两端加入适量石英棉压实。将制备好的热裂解样品管置于热裂解仪器样品架上备用。

热裂解条件:裂解氛围为氦气。

初始温度:50℃。

升温速率:20℃/min。

升温至300℃、600℃和900℃,保持10s。

气相质谱条件如下:

色谱柱:DB-5MS(60m×0.25mm×0.25μm);载气为氦气,流量为1.0mL/min;进样口温度:280℃;进样量:1μL;分流比:5∶1;升温程序:初温50℃,保持2min,以3℃/min的速率升温至180℃,保持10min,10℃/min的速率升温至220℃,保持5min;质谱条件:电子轰击离子源(EI)电子电流为70ev;离子源温度230℃,四级杆温度150℃,传输线温度280℃;质量扫描的范围:30~550amu。

利用NIST11标准谱库检索定性,采用峰面积归一法进行定量。对甜橙油纳米微胶囊在线裂解,裂解成分选取匹配度70%以上的挥发性成分,其热裂解成分表如表7-4所示。

表7-4 甜橙油纳米微胶囊热裂解成分及百分含量

序号	中文名称	百分含量(%)		
		300	600	900
1	右旋萜二烯	—	3.9063	—
2	萘	—	—	3.3035
3	菲	—	—	0.4803
4	己二酸二辛酯	—	—	3.3749
5	棕榈酸乙酯	—	—	0.4603
6	环辛四烯	—	—	0.3133
7	右旋香芹酮	—	0.7558	1.775
8	苯	—	—	18.3995
9	癸醛	—	3.5957	—
10	2-甲基萘	—	—	0.7183
11	苯甲醛	1.2092	—	—
12	十四甲基-环庚硅氧烷	—	0.0535	—
13	左旋香芹酮	—	0.2976	—
14	1-甲基-1,2-丙二烯基-苯	—	—	0.1618
15	乙基苯	—	—	0.3058
16	3,4-环氧四氢呋喃	—	0.326	—

续表

序号	中文名称	百分含量(%)		
		300	600	900
17	苏合香烯	—	—	0.5561
18	月桂醛	—	0.1125	—
19	甲苯	—	—	4.3851
20	苯乙醛	0.0824	—	—

由表7-4可知,甜橙油纳米微胶囊在300℃、600℃和900℃三个温区共裂解出20种挥发性成分,包括庚醛、右旋香芹酮、左旋香芹酮、癸醛、月桂醛、苏合香烯等与感官属性相关性较好的甜橙油特征香味成分。其中,300℃条件下甜橙油纳米微胶囊裂解出2种物质,即苯甲醛、苯乙醛,苯甲醛特征香为苦杏仁香,增强烟草自然香气,苯乙醛特征香类似于风信子的香气,低浓度下具有甜香气。600℃条件下裂解出7种物质,包括右旋香芹酮、左旋香芹酮、癸醛、月桂醛等,香芹酮为辛香型香料,具有留兰香特征香气,在烟气中增加辛甜香气。月桂醛具有强烈的脂肪香气,使烟气更加醇和。900℃条件下裂解出12种物质,包括己二酸二辛酯、棕榈酸乙酯、苏合香烯等重要香味成分。

(2)甜橙油纳米微胶囊感官评吸

将甜橙油纳米微胶囊添加到卷烟中,感官评吸结果见表7-5。

表7-5 甜橙油纳米微胶囊应用于卷烟后的评吸效果

甜橙油纳米微胶囊添加量(g/支)	感官评吸结果
空白样	香气量稍平淡,喉部稍有刺激性,余味稍有不足
0.01	香气量有所增加,刺激性略微降低,余味稍有改善
0.02	香气量增加,刺激性降低,余味更加舒适
0.03	香气质和香气量增加,烟气细腻丰满,刺激性减小,甜润度增加,余味较好
0.04	香气量稍高,烟气稍不协调,刺激性减小
0.05	香气量过高,影响卷烟本香,烟气不协调

由评吸结果可知,卷烟感官评吸效果在甜橙油纳米微胶囊添加量一定范围内随甜橙油纳米微胶囊添加量的增加而提高,但甜橙油纳米微胶囊添加量过高,影响卷烟风格,烟气不协调。另外,甜橙油纳米微胶囊在卷烟抽吸的整个过程中可以稳定释放,逐口抽吸品质稳定性有所提高。当甜橙油纳米微胶囊以0.03g/支添加时,卷烟的抽吸品质提高,香气质和香气量增加,烟气细腻丰满,卷烟刺激性降低,甜润度增加,余味更加舒适。

7.1.1.4 小结

本部分将制备出的甜橙油纳米微胶囊应用于卷烟中，考察其在300℃、600℃和900℃三个温区中的裂解产物，对卷烟感官品质的影响，试验结果如下：

①甜橙油纳米微胶囊在300℃、600℃和900℃三个温区中热裂解，共鉴定出20种挥发性成分，包括庚醛、右旋香芹酮、左旋香芹酮、癸醛、月桂醛、苏合香烯等与感官属性相关性较好的甜橙油特征香味成分，未产生有害成分，为提高卷烟吸食品质提供了理论依据。

②感官评吸表明，甜橙油纳米微胶囊在卷烟中添加量为0.03g/支时评吸效果最好，能增加卷烟的香气质和香气量，使烟气细腻丰满，减小刺激性，改善余味。

7.1.2 造纸法薄片料液的微胶囊化及其在加热不燃烧卷烟中的应用

随着烟草行业"减害降焦"工程的推进实施，卷烟制品的焦油含量减小，导致出现香味不足、烟味变淡、劲头变小等问题。原因是大多数香味物质存在焦油中。而通过添加烟用香精香料的方式来弥补品质缺陷，既不增加焦油量，又可改善卷烟制品品质，是直接、快速、有效的方法之一。但大多数的烟用香精香料均存在强挥发性、香味散失快、易氧化分解、不易长时间储存等问题，传统的加香方法难以弥补在储存的过程中香精香料散失的问题。

采用复凝聚法将造纸法薄片料液进行微胶囊化并进行表征，将其应用在加热不燃烧卷烟不同部位进行缓释试验，为微胶囊技术在新型烟草制品中的应用提供一定的理论基础。

7.1.2.1 薄片料液微胶囊的制备

薄片料液微胶囊的制备以造纸法薄片料液为芯材，壳聚糖为壁材，采用复凝聚法制备微胶囊。称取去离子水和冰醋酸制成1%的冰醋酸溶液，加入一定量的壳聚糖超声溶解40min，形成壳聚糖溶液。将乳化剂S80和料液进行搅拌乳化10min，乳化速率500r/min，将其倒入壳聚糖溶液中超声混合15min后，利用1mol/L氢氧化钠将溶液的pH值调节至5.25。最后称取一定量的TPP和去离子水，制成溶液缓慢滴加到其中，搅拌60min形成微胶囊乳状液，冷冻干燥后为微胶囊粉末。

7.1.2.2 薄片料液微胶囊的结构表征及分析

①薄片料液微胶囊扫描电镜结果显示，微胶囊呈现近似圆球状或椭球状，微胶囊结构致密且表面囊壁较为光滑，但存在少量的皱缩和塌陷，个体间的粘连情况较为严重，可能在冷冻干燥的过程中，水分的散失，以及在高速电子束的冲击下造成的，粘连

情况还可能是微胶囊壁材的吸湿造成的。

②微胶囊的平均粒径。用 MICROTRACS3500 激光粒度仪对微胶囊乳状液进行粒径检测。从图 7-11 可知，微胶囊的粒径分布曲线呈现正态分布且范围较集中，表明微胶囊的颗粒大小较均匀。薄片料液微胶囊的平均粒径是 240nm，达到了纳米级。

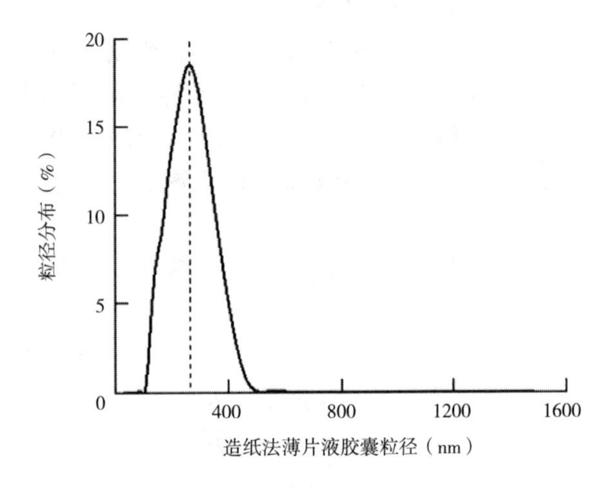

图 7-11　微胶囊的粒径分布图

③薄片料液微胶囊基本理化性质。料液在壁材内部的包埋情况为：造纸法薄片料液微胶囊包埋率为 34.11%；微胶囊在室温的环境条件下，放置 7 天的水分质量分数为 9.37%。水分质量分数在放置 7 天后仍保持在较小的数值，表明将造纸法薄片料液微胶囊化后长时间内不易霉变，便于储存。

④微胶囊的红外分析。造纸法薄片料液含有较多酯类、酮类、酸类、烯类、醛类、酚类、醇类以及酰胺类化合物等。在图 7-12 中造纸法薄片料液的红外光谱可明显看到 $1649.07cm^{-1}$ 的吸收峰是由于 C ═ C 双键的伸缩振动以及醇、酚、酮、醛、酸、酯的 C ═ O 伸缩振动引起的；$1076.23cm^{-1}$ 和 $1039.59cm^{-1}$ 是由于 C—O—C 的对称和不对称伸缩振动引起的酯谱带；$989.44cm^{-1}$ 和 $920.01cm^{-1}$ 是乙烯型化合物振动偶合产生很强的═CH_2 面外变形振动，是端烯存在的特征；$839.00cm^{-1}$ 是芳烃对双取代的吸收峰。

在壳聚糖红外光谱（图 7-12）中，可明显的看到 $1654.85cm^{-1}$ 是由于酰胺中 C ═ O 的伸缩振动和 N—H 的面内变形振动引起的；$1377.12cm^{-1}$ 是酰胺中 C—N 的伸缩振动产生；$1068.52cm^{-1}$ 是醇的 C—O 键的伸缩振动引起的。

在壳聚糖与造纸法薄片料液的物理混合物的 FTIR 谱（图 7-12）中，壳聚糖和造纸法薄片料液的特征峰都有，峰的伸缩振动强度与单独两者相比有所降低，但相差不大。

造纸法薄片料液微胶囊的红外谱图与壳聚糖较为相似，但与物理混合物相比又有明显差异。造纸法薄片料液微胶囊红外谱图 7-12 中壳聚糖、料液的特征峰都有，没有其他物质的特征吸收峰,仅 1743.58cm^{-1} 处的吸收峰是壳聚糖与三聚磷酸钠交联引起的,不是由化学反应引起的。而且微胶囊的红外图谱中相比造纸法薄片料液、壳聚糖的的吸收峰强度有所减弱,这表明有料液包裹在微胶囊中所导致的,证明包埋成功。

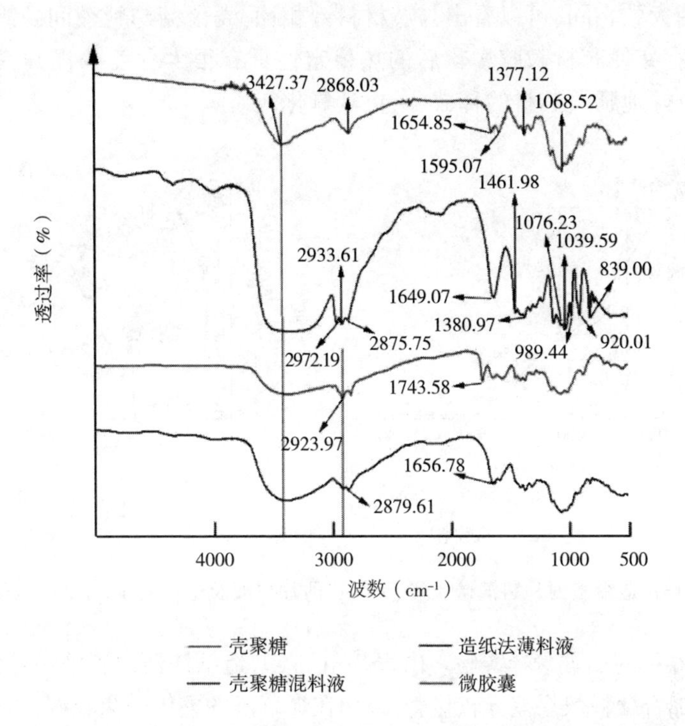

图 7-12 壳聚糖、造纸法薄片料液、微胶囊及壳聚糖与造纸法薄片料液混合物的 FTIR 光谱

7.1.2.3 薄片料液微胶囊在卷烟中的应用

①通过分析热重曲线,我们可以知道样品热稳定性的信息,对 TG 曲线进一步求一阶导数得到 DTG 曲线。如图 7-13 所示造纸法薄片料液、壳聚糖、造纸法薄片料液微胶囊的热重分析曲线,造纸法薄片料液在 27.17~251.10℃ 阶段迅速分解,质量损失率达到 87.70%。

由图 7-13 的壳聚糖 TG 图知,在 23.06~139.90℃ 阶段造成少量的质量损失,可能是由于壳聚糖水分的散失,为第 1 失重阶段;在 139.90~392.20℃ 阶段质量损失较大,达到 52.75%,是壳聚糖大部分的分解造成的,为第 2 失重阶段;第 3 失重阶段为 392.20~592.70℃,是剩余壳聚糖的分解。

造纸法薄片料液微胶囊的失重过程为 36.23~78.01℃ 阶段,由于微胶囊表面的水分和少量的造纸法薄片料液的散失,有少量的质量损失($\Delta m/m$);在 78.01~378.30℃ 阶段,TG 曲线斜率较大,失重速率快,高达 56.39%,可能是壁材的分解导致微胶囊内部的料液释放造成的;在 378.30~485.10℃阶段分解速率有所降低,失重为 10.78%,可能是芯材减少造成的;在 485.10~608.50℃阶段失重速率缓慢,曲线达到平缓,芯材仅剩少量壁材还未分解完全。造纸法薄片料液微胶囊的失重过程同为 3 段,与壳聚糖大致相同,可以看出与芯材料液相比,壳聚糖与料液间的静电作用、氢键等作用力的存在使芯材微胶囊化后的热稳定性具有很大程度的提升,失重速率较芯材慢,可以更好地延缓芯材的释放、阻止其氧化变质等。

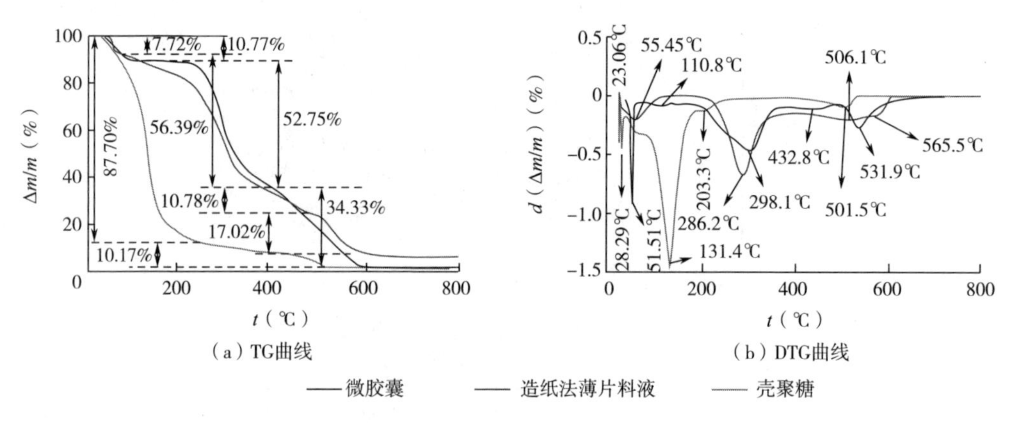

图 7-13 造纸法薄片料液微胶囊、造纸法薄片料液及壁材的 TG 曲线和 DTG 曲线

②加热卷烟的加香缓释实验。由表 7-6 可知,造纸法薄片料液微胶囊应用在 3 种不同部位的加香缓释效果差异较显著,添加在烟草段的整体效果较好,可能与烟具的加热方式(周向加热、中心加热)有关,导致微胶囊的受热温度有差异。本实验烟具采用周向加热的方式,在烟草段和卷烟纸上的受热温度比较高,微胶囊破裂多、香味物质释放多,逐口一致性提升较明显,刺激性减轻明显,加香缓释效果较好。在降温段的受热温度与前者相比较低,微胶囊破裂少、有效香味成分释放少,逐口一致性提升不明显。

表 7-6 微胶囊添加量结果

试验部位	微胶囊添加量(g/支)			
	0.000	0.010	0.015	0.200
烟草段	刺激性、呛刺感大,香气量不足,逐口一致性差,香气质差,烟气粗糙	刺激性稍大,呛感稍弱,香气量稍增加,逐口一致性稍差,香气质稍有提升,烟气较粗糙,劲头释放出来,略有甜感	刺激性较小,香气质及香气量有所提升,逐口一致性有提升,略有呛刺感,烟气较粗糙,劲头稍强,稍有不适感,稍有甜感,余味微甜	刺激性小,香气质及香气量提升,逐口一致性提升较多,有呛刺感,烟气较粗糙,劲头较强,有不适感

续表

试验部位	微胶囊添加量(g/支)			
	0.000	0.010	0.015	0.200
降温段	刺激性、呛刺感大,香气量不足,逐口一致性差,香气质差,烟气粗糙	刺激性较大,香气量略微增加,逐口一致性稍差,香气质较差,烟气较粗糙,烟气劲头稍小	刺激性稍大,香气量稍增加,逐口一致性比空白强,香气质较差,烟气较粗糙,烟气劲头稍大,略有甜感	刺激性稍小,香气量有所提升,逐口一致性稍差,但香气质较差,烟气较粗糙,烟气劲头较大,吸阻较大,稍有甜感
卷烟纸	刺激性、呛刺感大,香气量不足,逐口一致性差,香气质差,烟气粗糙	刺激性稍大,呛刺感稍弱,烟气较粗糙,香气量、香气质略微提升,逐口一致性比空白强,有劲头,略有甜感	刺激性稍小,呛刺感较弱,烟气较粗糙,香气量稍增加,逐口一致性稍差,香气质稍有提升,劲头稍小,稍有甜感,余味微甜	刺激性较小,香气质及香气量有所提升,逐口一致性有所提升,劲头较大,烟气较粗糙,呛刺感稍大,有不适感

③薄片料液微胶囊的热裂解结果表明,在烟草段添加0.015g/支微胶囊的效果最好,具有一定的缓释效果,体现在抽吸的2~5口间的香气量较为一致,且具有降低刺激性、提高香气量、提高劲头、柔和烟气的效果。

7.1.2.4 小结

造纸法薄片料液含有的21种挥发性香味成分中有13种具有易挥发性,占总质量分数的78.40%,表明料液易挥发散失,有包埋的必要性。

①由红外和热重分析可知,料液被成功包埋成微胶囊,且提高了料液的热稳定性,减少料液的挥发散失。

②微胶囊粒径达到纳米级,外观是淡淡的金黄色粉末,观察扫描电镜图则近似为椭球状,大小较为均一。

③在烟草段添加0.015g/支微胶囊的效果最好,具有一定的缓释效果,体现在抽吸的2~5口间的香气量较为一致,且具有降低刺激性、提高香气量、提高劲头、柔和烟气的效果。

7.1.3 山苍籽油纳米微胶囊的制备及在卷烟中的应用

将壳聚糖作为壁材采用复凝聚法制备山苍籽纳米微胶囊,采用饱和溶液法以β-环糊精为壁材制备薄荷醇包合物。山苍籽是樟科木姜子属植物,在我国的广东、福建、贵州等地有较多分布，又名山胡椒，是我国的特色种子产物。以山苍籽的树皮、果实以及叶子为原料提取得到的山苍籽油，其中丁香酚、柠檬醛、乙酸松叶酯、芳樟醇等是其中的主要有效成分，具有抗菌、平喘、抗过敏以及抗血栓等作用，在香料、食品以及医药等多个领域都有较为广泛的应用。但山苍籽油也存在着水溶性较差、容易氧化以及化学成分不稳定等问题，这导致了山苍籽油的应用受到了限制。将风味物质利用微胶囊技术从液体转变成干燥粉末，对风味物质起到保护作用，使风味物质的损失减少。将表香香精添加到经过加料处理后的烟丝中，能够起到增加卷烟香气，改善卷烟抽吸风味的作用。但是当直接添加表香香精时，存在一定的挥发、分解和氧化等问题，致使香精的利用率降低和价值损失。通过微胶囊技术对具有高挥发性特点的香料进行包埋，不仅可以使香料的稳定性提高，而且可以在卷烟燃吸时缓慢释放出其中的香味成分，能够使卷烟主流烟气的味道在一定程度上得到改善，从而达到增香的目的。

7.1.3.1 山苍籽油纳米微胶囊的制备

称取一定量的 CS 加入 1%的冰醋酸溶液进行超声，使其充分溶解，向溶解完全的 CS 溶液中加入山苍籽油与 T20 的乳化液，继续超声使其分散均匀，用 1mol/L 的 NaOH 溶液调节 pH 值，搅拌均匀，再缓慢滴加 0.8mg/mL 的 TPP 溶液进行磁力搅拌(500r/min)，得到山苍籽油纳米微胶囊的乳状液，将其进行冷冻干燥，得到山苍籽油纳米微胶囊粉末。制备流程如图 7-14 所示。

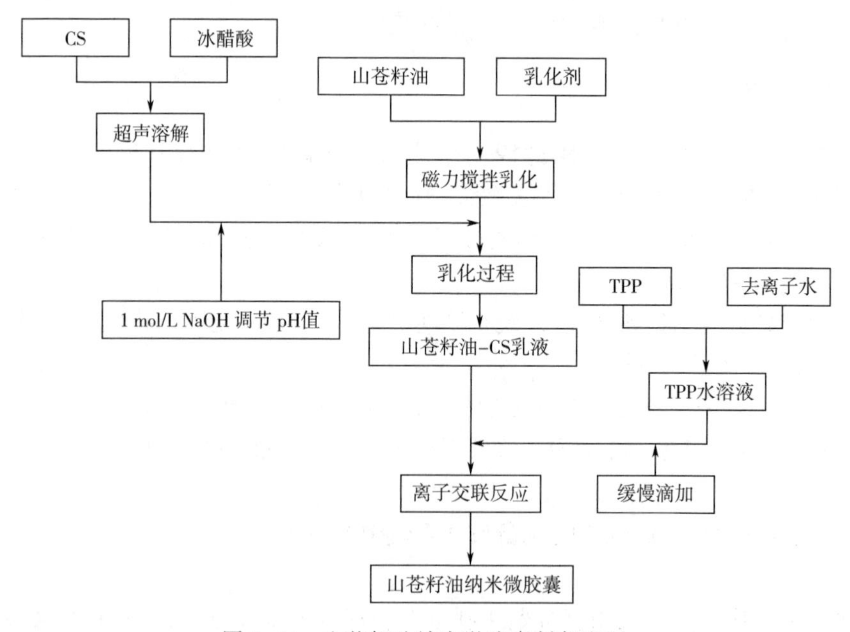

图 7-14 山苍籽油纳米微胶囊制备流程

7.1.3.2 山苍籽油纳米微胶囊的性能表征

(1)山苍籽油纳米微胶囊的基本性质

山苍籽纳米微胶囊的包埋率为25%,经干燥后为白色粉末状,具有山苍籽的特殊香气,其堆积密度为0.1667g/cm³,表明其压实效果较好,可以在较小的空间里具有较大的存放量。山苍籽纳米微胶囊的休止角为31.72°,表明山苍籽纳米微胶囊的粘度较小,流动性良好。

(2)山苍籽油纳米微胶囊的平均粒径

山苍籽油纳米微胶囊乳状液的粒径分布如图7-15所示。由图7-15可以看出,山苍籽油纳米微胶囊乳状液的平均粒径在450nm左右,呈正态分布。

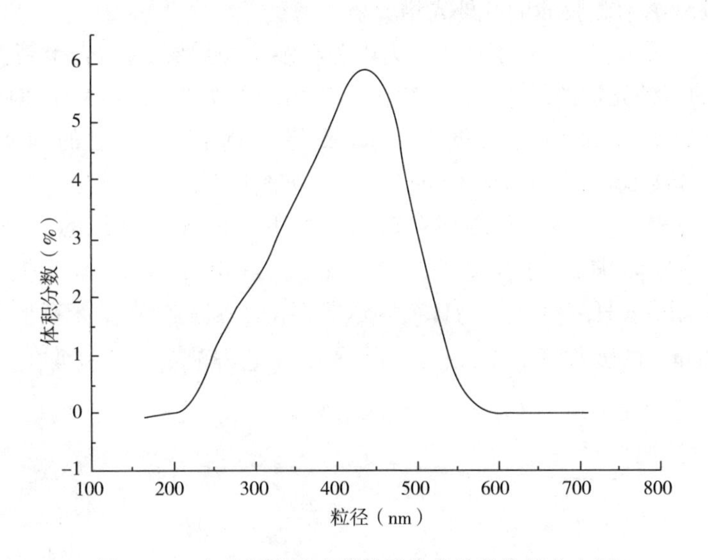

图7-15 山苍籽油纳米微胶囊乳状液的粒径分布图

(3)表面结构观察

使用场发射扫描电镜观察干燥后的山苍籽纳米微胶囊粉末的表面结构,结果如图7-16所示。图7-16为山苍籽纳米微胶囊粉末在场发射扫描电镜下的观察结果,其中图7-16(a)为放大5000倍后观察到山苍籽纳米微胶囊呈现不规则球形;图7-16(b)为纳米微胶囊放大20000倍后山苍籽纳米微胶囊同样呈现不规则球状,表面出现了塌陷,颗粒间存在粘连,可能是由于在自然脱水的过程中,微胶囊受到表面张力的作用而收缩,使其出现了塌陷。另外,扫描电镜高速电子束的冲击也会使微胶囊塌陷和粘连的情况加剧。

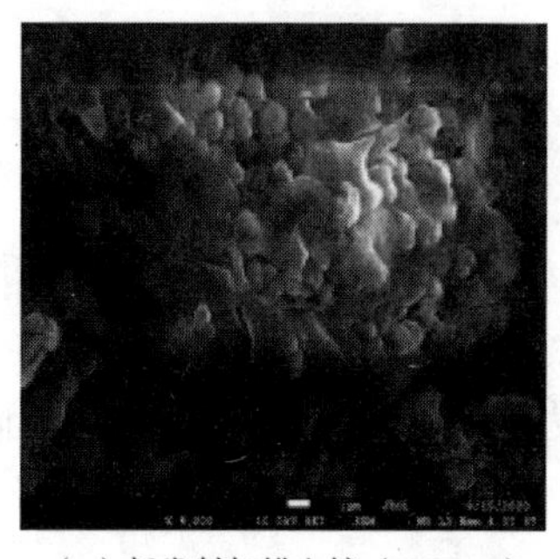

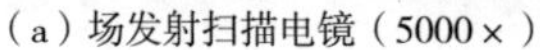

（a）场发射扫描电镜（5000×）

（b）场发射扫描电镜（20000×）

图 7-16　山苍籽纳米微胶囊扫描电镜图

(4)山苍籽纳米微胶囊的红外光谱分析

如图 7-17 所示,其中 a 为 TPP,b 为山苍籽纳米微胶囊,c 为壳聚糖,d 为山苍籽油。壳聚糖的红外光谱曲线中,在 3438.9cm^{-1} 出现的吸收峰为 O—H 伸缩振动产生的,O—H 键的存在说明壳聚糖分子间及分子内存在一定的氢键作用。在 1066.6cm^{-1}、1384.83cm^{-1} 和 1660.6cm^{-1} 处出现的吸收峰分别为—C ═O 伸缩振动、—CH_3 振动和—C ═N—双键伸缩振动产生的。由山苍籽油的红外曲线可知,2952.9cm^{-1}C—H 伸缩振动引起的,1679.9cm^{-1} 是由 C ═C 伸缩振动引起的,1456.2cm^{-1} 是由—CH_2—上的 C—H 面内弯曲振动引起的。在纳米微胶囊的红外曲线中,2952.9cm^{-1} 的吸收峰消失,由此可以看出,山苍籽油被成功包埋在壁材中。

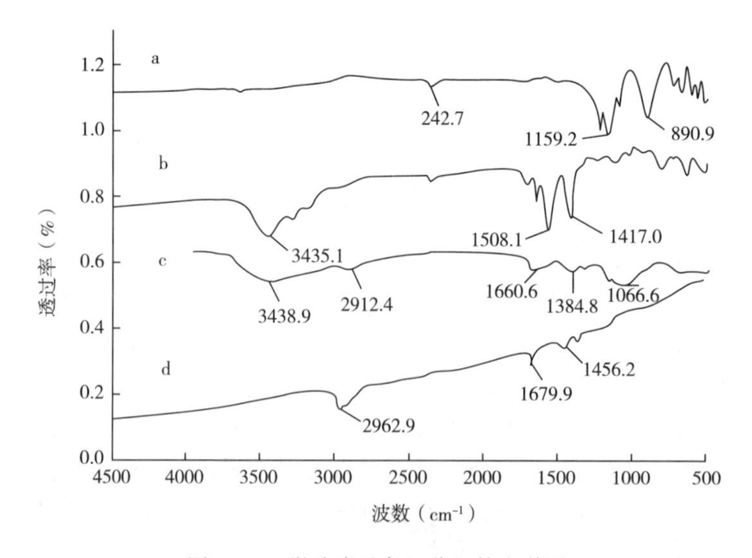

图 7-17　微胶囊及各组分红外光谱图

(5)山苍籽纳米微胶囊的热重分析

对山苍籽油、壳聚糖以及山苍籽纳米微胶囊进行热重分析,结果如图 7-18 所示。当温度>50℃时,山苍籽油分解剧烈,其失重速率远远大于壳聚糖和微胶囊。温度升高至 180℃失重率达 95%。当温度<280℃时,壳聚糖和山苍籽微胶囊分解缓慢。随着温度逐渐升高,壳聚糖和山苍籽微胶囊出现大幅度的失重。此时,微胶囊的囊壁开始破裂,香精逐渐被释放出来。由此可见,山苍籽纳米微胶囊具有较好的热稳定性。

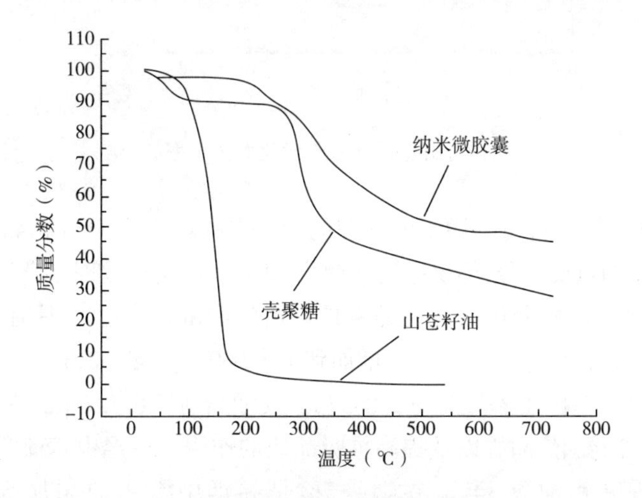

图 7-18 山苍籽油、壳聚糖、纳米微胶囊热重分析曲线

(6)山苍籽油纳米微胶囊的缓释性能

由图 7-19 可知,经过微胶囊化能够减缓山苍籽油的挥发速率,随着时间的不断增加,山苍籽油、混合物以及纳米微胶囊的挥发率皆呈现不断上升的趋势,但未经处理的山苍籽油挥发速率最快。经过 12h 加热处理后,挥发率达到了 34. 26%。而山苍籽和壳聚糖的混合物挥发速率也较快,12h 后挥发率达到 22. 66%,皆高于经微胶囊化处理的山苍籽油的挥发率。12h 加热处理后的山苍籽纳米微胶囊挥发率达到 10. 69%。可见,经过包埋后,在受到外界高温环境影响时,壁材壳聚糖对芯材物质山苍籽油起到了一定的保护作用,使精油的挥发速率减小,提高精油的利用效率。

7. 1. 3. 3 山苍籽纳米微胶囊在卷烟中的应用

(1)卷烟烟气成分分析

卷烟主流烟气中的总粒相物物质如表 7-7 所示,初步鉴定出 85 种化合物,包括烯烃类、醇酚类、醛酮类、酸类、氮杂环类化合物等。由表 7-7 可知,添加山苍籽纳米微胶囊颗粒后,主流烟气中的烯类物质有 6 种,物质含量有所增加,其中 D-柠檬烯由添加前的 0. 6730μg/支增加到了 1. 0547μg/支,D-柠檬烯有类似柠檬的香味,具有和

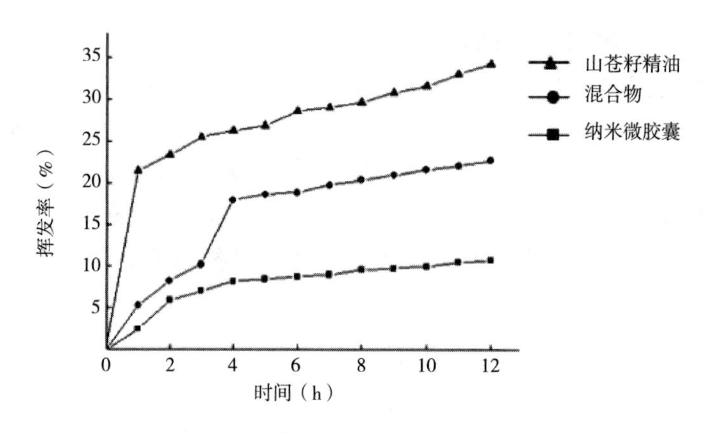

图 7-19　山苍籽油微胶囊化对挥发率的影响

顺、醇和的感官特征。新植二烯由添加前的 20.3978μg/支增加到了 45.2190μg/支，新植二烯是烟草中的重要成分，不仅能增加烟草吸味，其降解产物对烟草香气有重要的贡献。醛酮类物质有 9 种，其中巨豆三烯酮具有烟草香和辛香底韵，具有改善吸味、增强烟香的作用，由添加前的 1.5604μg/支增加到了 3.9890μg/支。2,3-二氢-3,5-二羟基-6-甲基-4H-吡喃-4-酮由添加前的 2.8457μg/支增加到了 6.7278μg/支，具有改善卷烟吃味和香气，增加卷烟焦甜香以及提高抽吸品质的作用。5-羟甲基糠醛能为卷烟提供坚果香、烘烤香和焦甜香，丰富卷烟香气，是卷烟中常用的添加剂，由加香前的 5.4562μg/支增加到了 6.5315μg/支。醇类物质有 8 种，其中合金欢醇为倍半萜类物质，具有特有的铃兰花香气，并有青香和木香香韵，可以调和烟香，减少刺激性。酸类物质有 3 种，其中棕榈酸由添加前的 14.5263μg/支增加到了 38.7676μg/支，烟碱的含量由加香前的 297.1090μg/支降低到了 166.6169μg/支。高级脂肪酸如亚麻酸对烟气的刺激性、杂气、回甜感等有较大影响。

表 7-7　加入山苍籽纳米微胶囊前后卷烟主流烟气粒相物质成分对比

序号	中文名称	N_1（μg/支）	N_2（μg/支）
1	D-柠檬烯	1.0547	0.6730
2	无花果烯	0.7585	1.7980
3	β-愈创木烯	0.4195	5.5242
4	角鲨烯	0.8019	1.9749
5	新植二烯	45.2190	20.3978
6	2-异己基-6-甲基-1-庚烯	1.8627	—

续表

序号	中文名称	N_1 (μg/支)	N_2 (μg/支)
7	胆甾醇	2.3932	2.3777
8	合金欢醇	2.8235	2.0805
9	豆甾醇	—	10.6578
10	香叶基香叶醇	1.5599	—
11	植物甾醇	4.7059	—
12	1,3-丙二醇	8.6935	20.2153
13	(*Z*,*E*)-9,12-十四二烯-1-醇	0.4303	—
14	(1*R*,2*E*,4*S*,7*E*,11*E*)-4-异丙基-1,7,11-三甲基-2,7,11-环十四烷并三烯-1-醇	3.4814	2.1136
15	棕榈酸	38.7676	14.5263
16	硬脂酸	—	7.6943
17	亚麻酸	10.8344	37.0335
18	巨豆三烯酮	3.9890	1.5604
19	法尼基丙酮	—	2.6196
20	1-(2,4,5-三乙基苯基)-乙酮	1.3204	—
21	异隐丹参酮	1.2564	—
22	3-羟基-β-大马士革酮	—	2.2094
23	2,3-二氢-3,5-二羟基-6-甲基-4*H*-吡喃-4-酮	6.7278	2.8457
24	东莨菪内酯	2.9443	—
25	三氟乙酸酯	—	0.6939
26	亚麻酸甲酯	4.2441	9.4592
27	十五烷基酯	3.1770	—
28	邻苯二甲酸二乙酯	1.1656	—
29	14-甲基-甲酯	—	2.2008
30	14-甲基十五烷酸甲酯	2.7100	—
31	12-顺-十八碳二烯酸甲酯	—	3.2509
32	3-七氟-*n*-丙氧基-3-丁烯酸乙酯	2.2043	9.3830
33	己二酸二(2-乙基己基)酯	0.8204	—
34	9C,11TR-共轭亚油酸甲酯	1.4525	—

续表

序号	中文名称	N_1 (μg/支)	N_2 (μg/支)
35	2,3-二氢法呢基癸酸酯	2.5495	—
36	豆甾醇甲苯磺酸酯	—	7.7557
37	14-甲基十七烷酸甲酯	0.7719	6.5030
38	正十六烷	1.4727	—
39	正十九烷	—	10.9722
40	正二十烷	5.2709	—
41	正二十一烷	—	39.5438
42	二十二烷	2.9226	6.4551
43	二十三烷	0.3813	—
44	二十六烷	1.8230	—
45	正二十七烷	0.5759	1.5511
46	二十九烷	4.6713	—
47	正三十二烷	10.7033	—
48	三十四烷	7.0717	—
49	2-甲基-二十烷	—	2.7424
50	2-甲基二十八烷	—	5.7895
51	2-甲基三十烷	13.8214	22.1827
52	3-甲基-十三烷	7.4964	—
53	3-甲基三十烷	1.1883	13.7159
54	27-甲基二十八烷	1.7570	—
55	3-甲基-二十二烷	2.3540	—
56	1-(1,5-二甲基己基)-4-(4-甲基戊基)-环己烷	0.6729	—
57	八甲基环四硅氧烷	—	1.0673
58	四十二甲基环十二硅氧烷	—	5.0747
59	1-溴-11-碘十二烷	0.5129	—
60	长叶醛	—	2.7940
61	5-羟甲基糠醛	6.5315	5.4562

续表

序号	中文名称	N_1（μg/支）	N_2（μg/支）
62	正十五碳醛	—	2.3715
63	烟碱	166.6169	297.1090
64	麦斯明	2.4721	—
65	莨菪亭	—	7.6599
66	芥酸酰胺	1.8364	3.5395
67	维生素 E	22.0542	49.1933
68	2,3′-联吡啶	—	3.2939
69	4-乙烯基-2,6-二甲氧基-苯酚	—	1.5413
70	2,2′-亚甲基双-(4-甲基-6-叔丁基苯酚)	—	4.7357
71	2-(1-甲基-2-吡咯烷基)-吡啶	0.8338	4.9285
72	4-叔丁基-2,6-二甲基乙酰苯	—	2.5877
73	2,3,6-三甲基萘醌	0.6140	3.4818
74	二叔十二烷基二硫化物	—	4.0087
75	对碘苯基苯基醚	—	2.3777
76	*N*-(2-三氟甲基苯基)-肟	1.7116	1.0894
77	1,6,7,8-四氢-1,6-二甲基-4-氧代-乙酯	—	2.9819
78	十氢-8a-乙基-1,1,4a,6-四甲基萘	—	1.2367
79	甲醚	1.0908	—
80	三醋精	30.6140	—
81	花青素	0.7864	—
82	2-烯丙基-1,4-二甲氧基-3-甲基-苯	0.6161	—
83	1,8,15,22-二十碳四炔	1.8478	—
84	*β*-生育酚	1.6078	—
85	2,2′-亚甲基双[6-(1,1-二甲基乙基)]-4-甲基-苯酚	2.4030	—

注 N_1 表示加入山苍籽纳米微胶囊的卷烟中的物质含量，N_2 表示空白卷烟中的物质含量；“—”表示未检测到该物质。

(2)山苍籽纳米微胶囊在卷烟中的感官评吸

将山苍籽纳米微胶囊颗粒添加到卷烟滤棒中，感官评吸结果见表 7-8。

表 7-8 山苍籽纳米微胶囊颗粒应用于卷烟后的评吸效果

山苍籽油纳米微胶囊颗粒(g/支)	感官评吸结果
空白烟	香气稍平淡,喉部稍有刺激,余味稍欠
0.01	香气质较好,香气量稍有提升,烟气细腻丰满,余味较为舒适
0.02	香气质较好,香气量增加,烟气细腻柔和,刺激性降低,余味舒适
0.03	香气丰满,劲头略有降低,杂气减少
0.04	香气量有,劲头较小,烟气协调性较差
0.05	香气质较差,香气量有,浓度较大,烟气不协调,影响卷烟风格

由评吸结果可知,卷烟感官评吸效果在山苍籽纳米微胶囊添加量一定范围内随山苍籽纳米微胶囊添加量的增加而提高。但添加量过高,香气质较差,香气量有,浓度较大,烟气不协调,影响卷烟风格。添加量为 0.02g/支时,在卷烟抽吸过程中可以稳定释放,香气质较好,香气量增加,烟气细腻柔和,刺激性降低,余味舒适。

7.1.3.4 小结

以壳聚糖为壁材制备山苍籽纳米微胶囊,并对其性质进行表征,结果如下:

①山苍籽油纳米微胶囊的平均粒径为 450nm,经干燥后为白色粉末状,具有山苍籽的特殊香气。

②山苍籽油纳米微胶囊的堆积密度为 0.1667g/cm^3,表明其压实效果较好,可以在较小的空间里具有较大的存放量;山苍籽纳米微胶囊的休止角为 31.72°,表明山苍籽纳米微胶囊的黏度较小,流动性良好。

③扫描电镜结果显示,干燥后的山苍籽纳米微胶囊呈现不规则球形。

④对红外光谱进行分析可知,山苍籽油包埋成功,包埋率为 25%。

⑤对热稳定性进行分析可知,壳聚糖在一定温度下能够有效抵抗外界高温,保护山苍籽精油,减缓山苍籽精油的挥发速率,延长留香时间。

⑥将山苍籽纳米微胶囊添加到卷烟当中,其中 D-柠檬烯、新植二烯、巨豆三烯酮、5-羟甲基糠醛、合金欢醇、棕榈酸等物质的量相比空白卷烟有所增加,对增强烟香,改善吸味,改善卷烟品质提供了理论依据。

⑦感官评吸结果表明,卷烟感官评吸效果在山苍籽纳米微胶囊添加量一定范围内随山苍籽纳米微胶囊添加量的增加而提高,但添加量过高,香气质较差,香气量有,浓度较大,烟气不协调,影响卷烟风格;添加量为 0.02g/支时,在卷烟抽吸过程中可以稳定释放,香气质较好,香气量增加,烟气细腻柔和,刺激性降低,余味舒适。

7.1.4 起源表香纳米微胶囊的制备及其在卷烟中的应用

表香香精可用于加料处理后的烟丝中，以增进卷烟香气和抽吸风味，但当表香香精直接用于卷烟加香时，存在挥发性强、易氧化、易分解等问题，致使香精的利用率降低和价值损失。将挥发性较强的烟用香料通过微胶囊技术进行包覆，一方面可以提高香料的稳定性，另一方面能够使其在燃吸状态下缓慢释放出香气成分，起到改进主流烟气味道与品质的作用，达到增香的目的

7.1.4.1 起源表香纳米微胶囊的制备

制备起源表香纳米微胶囊。将 CS 超声溶解于 1%的冰醋酸溶液中，形成 CS 溶液。将香精与乳化剂司班 80 在 500r/min 下磁力搅拌，使其充分乳化之后与 CS 溶液混合，超声 15min 形成 CS 香精乳液，用 1mol/L 的 NaOH 调节溶液的 pH 值后进行磁力搅拌并缓慢滴加 TPP 溶液，继续磁力搅拌，使其充分反应后得到纳米香精微胶囊的乳液，将其进行冷冻干燥后，得到纳米微胶囊粉末。

7.1.4.2 起源表香纳米微胶囊的性能表征

（1）起源表香纳米微胶囊的水分及溶解度

纳米微胶囊产品的水分含量为 5.28%，水分含量较低，说明微胶囊在储藏过程中不容易发生霉变且不易吸潮结块，有利于微胶囊的贮藏保存。该微胶囊的溶解度较好，为 46.24%，可以提升微胶囊的应用范围。

（2）起源表香的标准曲线

配制不同浓度的起源表香-乙醇标准溶液，然后在 294nm 的条件下测定紫外吸收。结果如图 7-20 所示，起源表香在 0~2.5mg/mL 的浓度范围内保持良好的线性关系，相关系数为 0.9929，可以用来测定纳米微胶囊的香精含量。经测定，表香纳米微胶囊的包埋率为 43.09%，包埋效果较为理想，有效的提高了起源表香香精的利用率并有利于贮存。

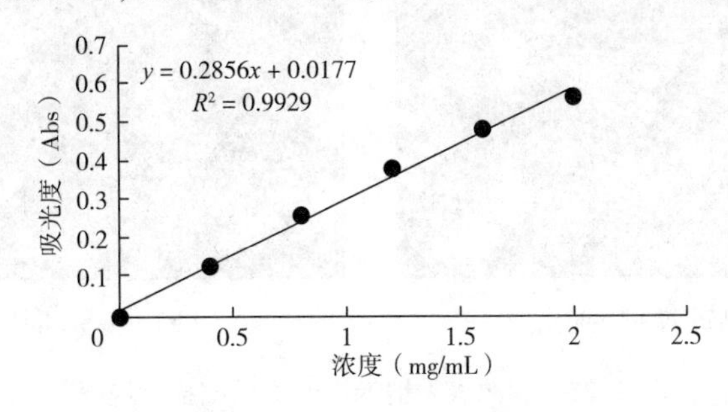

图 7-20 起源表香标准曲线

(3)起源表香纳米微胶囊的平均粒径

如图 7-21 所示,通过激光粒度仪检测纳米香精微胶囊的粒径为 712nm,达到了纳米级,呈现正态分布。

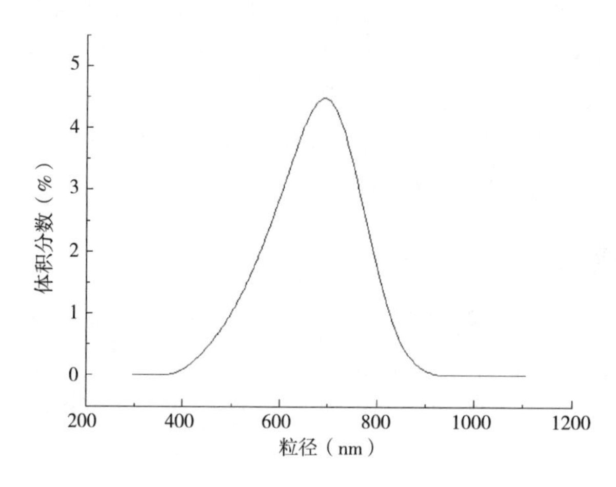

图 7-21　起源表香纳米微胶囊乳状液粒径分布图

(4)表香香精纳米微胶囊的表面结构观察

图 7-22 为经冷冻干燥后的表香香精纳米微胶囊粉末在场发射扫描电镜下的观察结果,可以观察到纳米香精微胶囊的整体结构。其表面存在粘连皱缩现象,可能是由于小液滴干燥初始阶段形成不均匀的表面膜所致。另外,在扫描电镜的高速电子束的冲击下,微胶囊表面的塌陷和粘连情况也会加剧。

(a)场发射扫描电镜(10000×)

(b)场发射扫描电镜(20000×)

图 7-22　起源表香纳米微胶囊的扫描电镜图

(5)起源表香纳米微胶囊的红外光谱

红外光谱分析图如图 7-23 所示,a 为表香香精,b 为 TPP,c 为纳米香精微胶囊,d 为壳聚糖。由图 7-23 可以看出,1147.6cm^{-1} 和 900.7cm^{-1} 分别为 TPP 中 P—O 伸缩振动和弯曲振动所产生的特征吸收峰。3415.8cm^{-1} 处的特征峰是—O—H 伸缩振动产生的,说明壳聚糖分子内及分子间存在一定的氢键作用力。1743.6cm^{-1}、1232.5cm^{-1} 以及 1047.3cm^{-1} 处分别为—C ═O 伸缩振动、—CH_3 面内弯曲振动以及—C—O 单键伸缩振动产生的吸收峰,3435.1cm^{-1}、1558.4cm^{-1}、1417.6cm^{-1} 处特征峰的出现说明表香香精中含有—OH 基团、—C ═C—以及—CH_3 官能团。但在纳米香精微胶囊中,2362.7cm^{-1} 处的特征吸收峰消失,1558.4cm^{-1} 和 1417.6cm^{-1} 处的吸收峰减弱。由此可见,表香香精被成功包埋在壳聚糖壁材中。

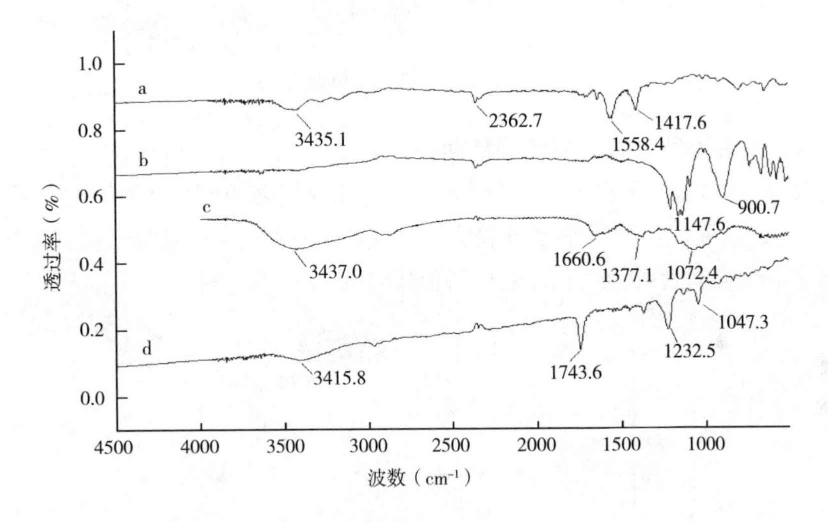

图 7-23 纳米香精微胶囊及各组分红外光谱图

(6)起源表香纳米微胶囊粉末的热重分析

对表香香精、壳聚糖以及纳米香精微胶囊进行热稳定性测试,结果如图 7-24 所示。在 22~143℃时,表香香精剧烈分解,失重速率远远大于壁材壳聚糖和纳米微胶囊,143℃时失重率高达 99%。当温度<220℃时,壳聚糖缓慢分解,失重率约为 10%,随着温度逐渐升高,壳聚糖的失重速率逐渐增大。当温度接近 600℃时,失重率约为 199%。当温度为 25~190℃时,纳米香精微胶囊缓慢分解,失重率约为 12%,随着温度升高,微胶囊的分解速率加快,此时,微胶囊的囊壁破裂,香精被释放出来,但整体小于表香香精的失重速率,当温度接近 500℃时,失重率约为 90%。由此可见,表香香精经过包埋,具有良好的热稳定性。

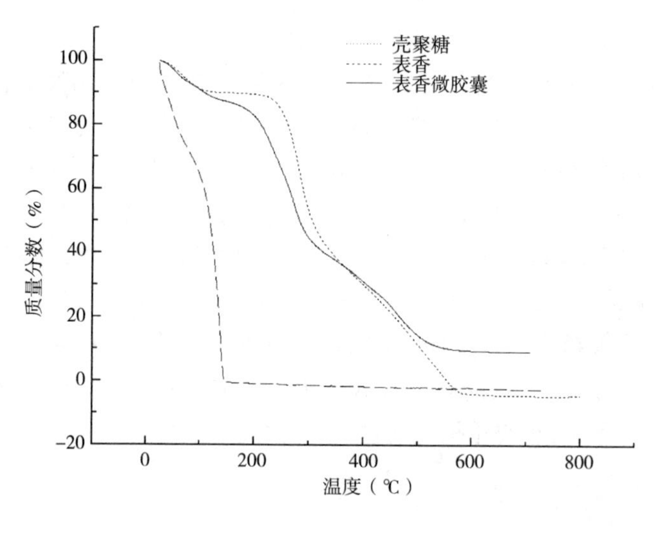

图 7-24 热重分析曲线

(7)起源表香纳米微胶囊的缓释性

由图 7-25 可知,在 60℃下,起源表香香精和壳聚糖的混合物随着时间的增加,其损失速率较大,而起源表香纳米微胶囊的质量损失速率较小,说明经壳聚糖包埋的起源表香香精释放速率变缓,从而更有利于其贮藏。

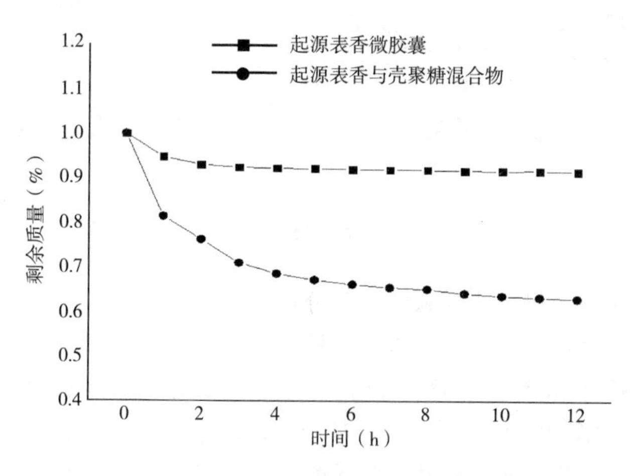

图 7-25 起源表香纳米微胶囊的缓释性

7.1.4.3 起源表香微胶囊在卷烟中的应用

(1)起源表香微胶囊的卷烟烟气成分分析

采用 GC-MS 分离鉴定卷烟主流烟气中粒相物质的烯、酸、酯、醇、酮、酚、醛类物质,各组分的定性主要通过 NIST 谱库检索,采用内标法进行定量分析,结合文献已经报道的烟草和烟气中存在的化学物质进行判断筛选,表 7-9 列出了相似度大于或等于 80%的组分。

烯烃类物质有 12 种,其中加香卷烟主流烟气中的 D-柠檬烯含量为 2. 8152g/支,高于空白卷烟中 D-柠檬烯含量,D-柠檬烯表现出柠檬香气,可以起到提升香气、调和烟香的功效。其中酸类物质有 4 种,包括芥酸、棕榈酸、反,反-西基乙酸、亚麻酸,其中棕榈酸具有油脂香气略带微弱的酸香,加香卷烟中酸类物质的总量为 5. 8372g/支,高于空白卷烟中酸类物质的含量,酸类物质可以调和碱性物质,使烟气柔顺。酯类物质有 6 种,包括己二酸二(2-乙基己)酯、棕榈酸甲酯、乙酸苯乙酯、亚麻酸甲酯、7,10,13-十六碳三烯酸甲酯、*Z*-8-甲基-9-十四烯-1-醇乙酸酯。加香卷烟的酯类物质总量为 22. 0207g/支,高于空白卷烟中酯类物质的总量。酮类物质有 10 种,加香卷烟中的酮类物质总量为 6. 8837g/支,其中巨豆三烯酮含量为均高于空白卷烟,巨豆三烯酮具有甜润而持久的烟草香和干果香,能改善烟香。醇类物质有 10 种,其中合金欢醇为倍半萜类物质,具有特有的铃兰花香气,并有青香和木香香韵,可以减少刺激性,调和烟香。酚类物质共有 9 种,包括苯酚、甲基苯酚、乙基苯酚等,这些酚类物质对主流烟气的香味有贡献,作为酸性物质可平衡烟气的酸碱度,有利于提高烟气浓度和劲头。醛类物质有 3 种,其中 5-羟甲基糠醛是烟草的增香化合物,存在于许多烟用香精当中,是 Mailard 反应的中间产物。

表 7-9 加香前后卷烟主流烟气粒相物质成分对比

序号	中文名称	N_3 (μg/支)	N_4 (μg/支)
1	苯并环丁烯	0. 0571	—
2	环己烯	0. 3097	—
3	4-亚甲基-1-(1-甲基乙基)-环己烯	0. 3613	—
4	α-芹子烯	0. 3345	—
5	D-柠檬烯	2. 8152	0. 0825
6	顺-2-甲基-7-十八烯	—	0. 0681
7	1-二十二烯	—	0. 1298
8	2,6,10,14,18-五甲基-2,6,10,14,18-二十碳五烯	—	—
9	甲基-4-(1-甲基乙基)-2-环己烯	—	—
10	对薄荷-1(7),3-二烯	—	—
11	1-十四烯	—	—

续表

序号	中文名称	N_3 (μg/支)	N_4 (μg/支)
12	苯乙烯	—	—
	总量	3.8778	0.2805
13	芥酸	0.3792	—
14	棕榈酸	5.4580	0.0642
15	反,反-西基乙酸	—	—
16	亚麻酸	—	—
	总量	5.8372	0.0642
17	己二酸二(2-乙基己)酯	17.6578	0.8026
18	棕榈酸甲酯	0.9949	0.1001
19	乙酸苯乙酯	2.0528	2.0528
20	亚麻酸甲酯	1.3152	—
21	7,10,13-十六碳三烯酸甲酯	—	—
22	*Z*-8-甲基-9-十四烯-1-醇乙酸酯	—	—
	总量	22.0207	2.9555
23	菜油甾醇	0.9523	—
24	合金欢醇	0.7014	—
25	丙二醇	3.6818	—
26	3,7,11-三甲基-1-十二烷醇	0.6736	—
27	豆固醇	2.5076	1.5138
28	法尼醇	0.4057	—
29	β-谷甾醇	—	0.6601
30	17-(1,5-二甲基己基)-10,13-二甲基-2,3,4,7,8,9,10,11,12,13,14,15,16,17-十四氢-1H-环戊[α]菲蒽-3-醇	—	0.2768
31	1,2-丙二醇	—	3.7911
32	香叶基香叶醇	—	—
	总量	8.9224	6.2418
33	2,3-二氢-3,5-二羟基-6-甲基-4*H*-吡喃-4-酮	4.7685	—

续表

序号	中文名称	N_3 (μg/支)	N_4 (μg/支)
34	4-(3-羟基-1-丁烯基)-3,5,5-三甲基-,[*R*-[*R*＊,*R*＊-(*E*)]]-2-环己烯-1-酮	0.7498	—
35	甲基环戊烯醇酮	0.2838	—
36	1-(2,4,5-三乙苯基)-乙酮	0.3478	—
37	4-叔丁基苯丙酮	0.3642	—
38	巨豆三烯酮	0.3697	—
39	2,4,4-三甲基-1,5-二烯基-2-丁烯-4-环己酮	—	—
40	2-环戊烯酮	—	—
41	八氢-4a-甲基-7-(1-甲基乙基)-(4aα,7*β*,8a*β*)-2(1*H*)-萘酮	—	—
42	1-茚酮	—	—
	总量	6.8837	—
43	间甲酚	1.2025	—
44	4-乙基苯酚	0.2536	—
45	4-甲基苯酚	0.5784	—
46	苯酚	0.7770	—
47	α-生育酚	4.8952	—
48	邻甲酚	0.3345	—
49	2,2′-亚甲基双-(4-甲基-6-叔丁基苯酚)	—	0.4901
50	维生素 E	13.3728	6.2624
51	3-乙基苯酚	—	—
	总量	21.4140	6.7525
52	5-羟甲基糠醛	6.0144	—
53	5-甲基-2-呋喃甲醛	0.1304	—
54	5-甲基呋喃醛	—	—
	总量	6.1448	—

注 N_3 为加入起源表香纳米微胶囊的卷烟中物质含量,N_4 为空白卷烟中物质含量。

(2)起源表香纳米微胶囊在卷烟中的感官评价

如表 7-10 所示,当起源表香香精纳米微胶囊的添加量为 0.01g/支时,相比空白卷烟,香气质有提升,香气量增加增浓,余味较好,有甜润感。当添加量为 0.02g/支时,香气质较好,香气量足,口感舒适,烟气细腻柔和,余味干净,甜感较好。当添加量为 0.03g/支时,香气质较好,烟气稍粗糙,刺激性增加,余味尚可,甜润感下降。综上,起源表香香精纳米微胶囊的添加量为 0.01g/支。

表 7-10　卷烟起源表香纳米微胶囊加香评吸结果

起源表香微胶囊颗粒(g/支)	感官评吸结果
起源参比烟	香气质中上,香气量有,余味较好
0.01	香气质有提升,香气量增加增浓,余味较好,有甜润感
0.02	香气质较好,香气量足,口感舒适,烟气细腻柔和,余味干净,甜感较好
0.03	香气质较好,烟气稍粗糙,刺激性增加,余味尚可,甜润感下降

7.1.4.4　小结

本实验以壳聚糖为壁材,起源表香为芯材,采用复凝聚法制备纳米香精微胶囊,并对制得的纳米微胶囊进行结构表征和性能分析,得出以下结论:

①所制备的起源表香纳米微胶囊的平均粒径为 712nm。

②制备得到的纳米微胶囊水分含量为 5.28%,溶解度为 46.24%,包埋率为 43.09%。

③通过扫描电子显微镜对制备的纳米香精微胶囊进行表面结构观察,干燥后的微胶囊呈现出不规则的球状且不同程度的凹陷现象,并且颗粒间存在粘结。

④通过对起源表香油纳米微胶囊缓释性的研究发现,经壳聚糖包埋的表香香精的释放速率变缓,有利于其贮藏。

⑤通过热重分析仪对制备出的纳米微胶囊进行热稳定性分析,由热重分析曲线得出,在一定温度范围内,微胶囊的热稳定性良好。

⑥对表香香精、壳聚糖和起源表香纳米微胶囊进行红外光谱分析,表香香精中的特征峰在香草精油纳米微胶囊的峰中没有出现,对比三者的吸收峰可以证明表香香精被包埋在壳聚糖中。

⑦将起源表香纳米微胶囊添加到卷烟当中,卷烟主流烟气粒相物中的烯、酸、酯、醇、酮、酚、醛类相比于空白卷烟均有所增加,为提高卷烟的抽吸品质提供了理论依据。

⑧感官评吸结果表明,当起源表香香精纳米微胶囊的添加量为 0.01g/支时,相比空白卷烟,香气质有提升,香气量增加增浓,余味较好,有甜润感。

7.1.5 薄荷醇包合物的制备及其在卷烟中的应用

薄荷醇为无色针状结晶,微溶于水,因其具有清凉活性而广泛地应用于食品、化妆品以及药物领域,但薄荷醇极易升华,遇光和热不稳定。β-环糊精(β-CD)是一种理想的包合材料,采用β-CD包合后可以增加薄荷醇的稳定性,减少刺激。β-环糊精(β-CD)是由多个葡萄糖分子彼此以α-1,4-糖苷键连接在一起的筒状化合物,为无毒无味的粉末状物质,因空腔外侧含有亲水基团、内测含有疏水基团,可以与有机分子、无机离子、配合物甚至惰性气体形成包合物,使被包合的物质免受光热以及氧化的影响,因而环糊精多用作分子微胶囊材料,在食品、医药等领域的应用日益广泛。

7.1.5.1 薄荷醇包合物的制备

采用饱和溶液法制备,称取10g的β-环糊精,加入100mL去离子水,70℃搅拌形成饱和溶液,称取1g薄荷醇溶于少量无水乙醇后缓慢滴入β-环糊精饱和溶液中,50℃恒温搅拌2h后,冷却至室温后于4℃静置24h,抽滤,低温干燥,得到白色粉末状产物。

7.1.5.2 薄荷醇包合物的性能表征

(1)薄荷醇包合物的物理性质

经测定,薄荷醇的包埋率49.91%,包埋效果较为理想。薄荷醇包合物的水分为4.7%,水分含量在5%左右,表示在贮存过程中不易霉变、吸潮、结块,具有一定的储存稳定性。薄荷醇包合物的溶解度为44.67%,可见,经包埋后的薄荷醇溶解度有所提升。

(2)粒径检测

本实验中通过MICROTRACS3500激光粒度仪来检测β-环糊精包合物的粒径大小,结果如图7-26所示。薄荷醇-β-环糊精包合物的平均粒径为615nm,并且呈现正态分布。

(3)表面结构

通过场发射扫描电镜观察β-环糊精包合物的表面结构,结果如图7-27所示。

通过扫描电镜观察壁材β-CD与包合物的形态结构差异,如图7-27所示。壁材和薄荷醇包合物的形状和尺寸均有明显的差异,其中壁材β-CD的表面比较粗糙,边缘呈现不规则的形状,而薄荷醇包合物的表面比较光滑,边缘相对平整。β-环糊精与包合物形状和大小的差异,说明芯材与壁材β-CD形成了新的稳定包合状态,包埋效果理想。

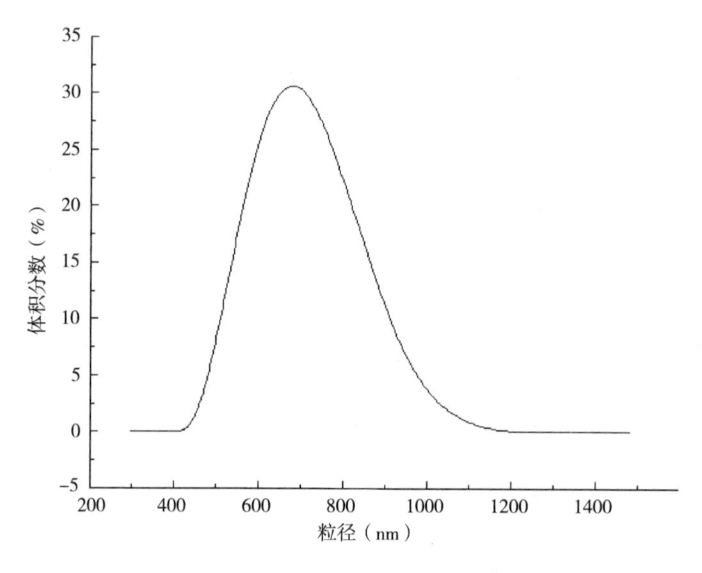

图 7-26　薄荷醇包合物平均粒径分布图

（a）壁材β-环糊精粉末　　（b）薄荷醇-β-环糊精包合物

图 7-27　扫描电镜图

（4）红外光谱

采用 FTIR 对各个物质进行红外光谱分析，结果如图 7-28 所示，图 a、b、c 分别为薄荷醇、β-CD、薄荷醇-β-CD 包合物。

由图 7-28 可知，薄荷醇-β-CD 包合物与 β-CD 的红外谱图非常相似，出峰的位置大致相同。β-CD 在 3400.4cm^{-1} 处出现吸收峰，对应的是葡萄糖环上—OH 的伸缩振动峰。薄荷醇-β-CD 中的—OH 的伸缩振动峰发生红移，出峰位置在 3390.7cm^{-1}。薄荷醇在 2918.2cm^{-1} 处出现的吸收峰，对应的是—CH_3 的伸缩振动峰，而在 β-CD 和薄荷醇-β-CD 包合物中，此处的振动峰强度明显减弱。β-CD 的 O—H 键的弯曲振动也由 1651.0cm^{-1} 红移至包合后的 1639.4cm^{-1}。由此可以推测，薄荷醇和 β-CD 发生了包合反应。总体看来，薄荷醇-β-CD 和 β-CD 的红外特征吸收峰变化很小，主要是由包合的机理所决定的，一般来说，客体分子在包合物中的占比通常不超过 25%，并且被包合在疏水性空腔内，因此客体分子的特征峰被主体分子 β-CD 自身的特征峰所掩盖，不易辨认。

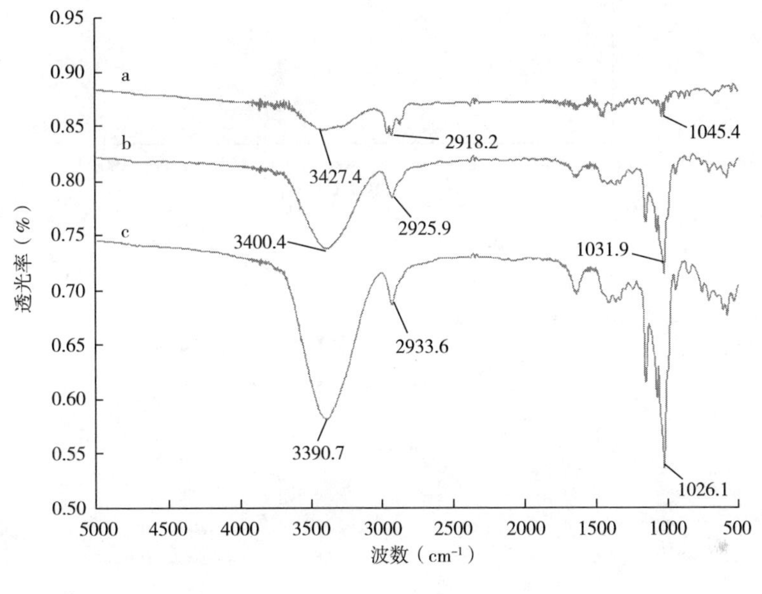

图 7-28　红外光谱图

（5）热重分析

β-环糊精包合物的热重分析曲线如图 7-29 所示。由图可知，薄荷醇的热失重过程主要在 30~160℃，质量损失接近 100%，主要是由剧烈挥发导致的。β-CD 的失重过程分为几个阶段：30~110℃是残留的水分的挥发，质量损失 15%。110~290℃为稳定区，质量损失仅 1.3%。300℃开始分解失重，质量损失 80%。薄荷醇包合物的热失重过程有以下几个阶段：30~90℃是游离水分与少量薄荷醇挥发失重，质量损失 8%。90~290℃质量缓慢下降，主要是薄荷醇从 β-CD 腔内缓慢挥发所致，质量损失 5.2%。而 300~700℃主要是壁材的分解失重，最大分解温度为 350℃，质量损失 83%。由此可见，与芯材薄荷醇相比，包合物的热稳定性得到了明显的改善。

（6）在空气中的释放规律

由图 7-30 可以看出，在不同的温度条件下，β-CD 包合物在空气中的释放速率不同，随着温度的升高，薄荷醇-β-CD 包合物的释放速率有所增大，随着时间的延长，释放速率逐渐平缓。

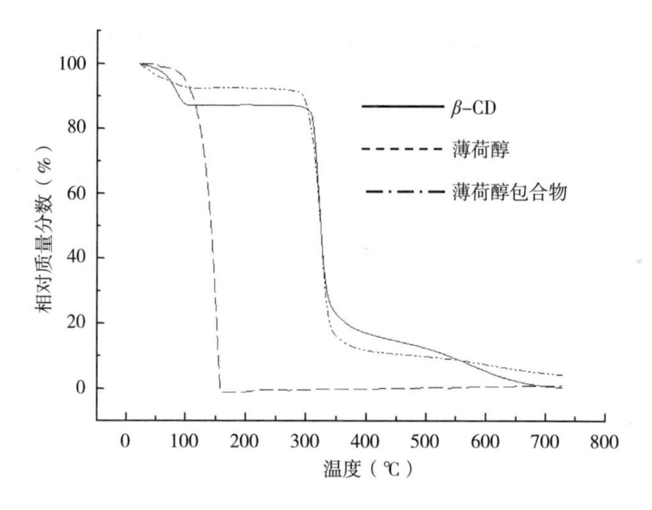

图 7-29　热重分析曲线

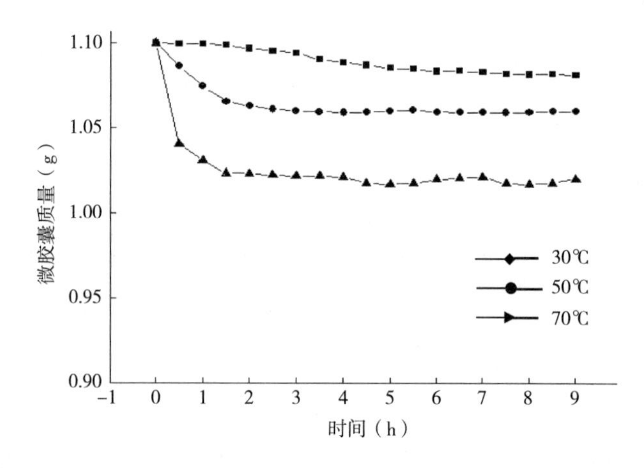

图 7-30　薄荷醇-β-CD 包合物在空气中释放规律图

7.1.5.3　薄荷醇包合物在卷烟中的应用

（1）薄荷醇包合物的卷烟烟气分析

采用 GC-MS 分离鉴定卷烟主流烟气中粒相物质的烯、酸、酯、醇、酮、酚、醛类物质，如表 7-11 所示。在卷烟中添加薄荷醇微胶囊后检测到的烯类物质有 6 种，其中 D-柠檬烯由 0.6730μg/支增加到了 1.3385μg/支，D-柠檬烯有类似柠檬的香味，具有和顺、醇和的感官特征。新植二烯由 24.4560μg/支增加到了 45.2190μg/支；新植二烯是烟草中的重要成分，不仅能增加烟草吸味，其降解产物对烟草香气有重要的贡献。

醛酮类物质有 9 种,其中巨豆三烯酮由 3.0152μg/支增加到了 3.9890μg/支,巨豆三烯酮具有烟草香和辛香底韵,能显著增强烟香、改善吸味。2,3-二氢-3,5-二羟基-6-甲基-4H-吡喃-4-酮可以增加烟气的焦甜香,改善卷烟的香气和吃味,提高抽吸品质,含量有所减少,由 6.7278μg/支降低到了 4.8459μg/支。5-羟甲基糠醛的量为 6.5315μg/支。5-羟甲基糠醛是卷烟调香中常用的添加剂,也存在于卷烟主流烟气中,为卷烟增加烘烤香、坚果香和焦甜香等丰富性。

醇类物质有 4 种,其中合金欢醇为倍半萜类物质,具有特有的铃兰花香气,并有青香和木香香韵,可以减少刺激性,调和烟香。酸类物质有 4 种,其中棕榈酸的量有所减少,由加香前的 38.7676μg/支降低到了 22.5448μg/支。高级脂肪酸如亚麻酸对烟气的杂气、刺激性、回甜感等影响较大。烟碱的含量由加香前的 297.1090μg/支降低到了 228.3078μg/支。

表 7-11 加入薄荷醇微胶囊前后卷烟主流烟气粒相物质成分对比

序号	中文名称	N_5 (μg/g)	N_6 (μg/g)
1	D-柠檬烯	1.3385	0.6730
2	无花果烯	0.9635	1.7980
3	1-石竹烯	2.5645	—
4	愈创木烯	—	5.5242
5	角鲨烯	0.8339	1.9749
6	新植二烯	45.2190	24.4560
7	胆甾醇	1.4462	2.3777
8	合金欢醇	—	2.0805
9	豆甾醇	5.7944	10.6578
10	1,3-丙二醇	8.5811	20.2153
11	棕榈酸	22.5448	38.7676
12	硬脂酸	4.0707	7.6943
13	亚麻酸	11.9024	37.0335
14	10-甲基-甲酯-十七烷酸	1.1489	—
15	巨豆三烯酮	3.9890	3.0152
16	法尼基丙酮	—	2.6196
17	亚油基甲基酮	4.8193	—
18	5,6-二甲氧基茚酮	4.7498	—

续表

序号	中文名称	N_5 (μg/g)	N_6 (μg/g)
19	3-羟基-β-大马士革酮	—	2.2094
20	2,3-二氢-3,5-二羟基-6-甲基-4*H*-吡喃-4-酮	4.8459	6.7278
21	三乙酸甘油酯	61.0157	—
22	9,12,15-十八碳三烯酸甲酯	4.9107	—
23	己二酸二异辛酯	3.1795	—
24	三氟乙酸酯	0.5373	0.6939
25	邻苯二甲酸二(2-乙基己)酯	0.5959	—
26	2,3-二氢法呢基癸酸酯	2.0278	—
27	14-甲基-甲酯	2.8720	—
28	亚麻酸甲酯	—	9.4595
29	豆甾醇甲苯磺酸酯	—	7.7557
30	14-甲基-甲酯	—	2.2008
31	12-顺-十八碳二烯酸甲酯	—	3.2509
32	14-甲基-十五烷酸甲酯	—	6.5030
33	长叶醛	—	2.7940
34	正十五碳醛	—	2.3715
35	5-羟甲基糠醛	6.5315	—
36	3-甲酚	0.2577	—
37	烟碱	228.3078	297.1090
38	麦斯明	1.3535	—
39	莨菪亭	—	7.6599
40	苯酚	0.3955	—
41	芥酸酰胺	2.9606	3.5395
42	油酸酰胺	1.4796	—
43	2,3′-联吡啶	0.6709	3.2939
44	4-乙烯基-2,6-二甲氧基-苯酚	1.2710	—

注 N_5 为加入薄荷醇包合物的卷烟中物质的量,N_6 为空白卷烟中的物质的量;表中“—”表示未检测到该物质。

(2)薄荷醇包合物的卷烟感官评吸

如表 7-12 所示,当薄荷醇包合物的添加量为 0.01g/支时,与烟草的谐调性一般,无明显的薄荷香气与凉感。当添加量为 0.02g/支时,香气质感较好,口腔刺激小,与烟草谐调性较好,稍有薄荷香气,稍有凉感。当添加量为 0.03g/支时,香气质感较好,口腔刺激小,与烟草谐调性较好,有明显的特征薄荷香气,凉感较足。综上,薄荷醇包合物的添加量为 0.03g/支。

表 7-12 薄荷醇包合物加香评吸结果

薄荷醇包合物(g/支)	感官评吸结果
参比烟	香气质中上,香气量有,余味较好
0.01	与烟草谐调性一般,无明显的薄荷的香气和凉感
0.02	香气质感较好,口腔刺激小,与烟草谐调性较好,稍有薄荷香气,稍有凉感
0.03	香气质感较好,口腔刺激小,与烟草谐调性较好,有明显的特征薄荷香气,凉感较足

7.1.5.4 小结

以薄荷醇为芯材,β-环糊精为壁材,采用饱和溶液法制备薄荷醇包合物,计算芯材物质的包埋率、水分含量、溶解度,采用粒度分析仪测定包合物的粒径分布,通过扫描电子显微镜(SEM)、红外光谱仪(FTIR)以及热重分析仪(TG)等对包合物进行鉴定。

①经测定,薄荷醇包合物的水分为 4.7%,水分含量在 5%左右,表示在贮存过程中不易霉变、吸潮、结块,具有一定的储存稳定性。薄荷醇包合物的溶解度为 44.67%。可见,经包埋后的薄荷醇溶解度有所提升,薄荷醇-β-环糊精包合物的平均粒径为 615nm。

②薄荷醇包合物的扫描电镜结果显示,表面比较光滑,边缘相对平整。

③对比薄荷醇、β-CD、包合物的红外光谱分析可知,薄荷醇和 β-CD 形成了新的包合物,包埋率为 49.91%。

④通过热稳定性分析可知,相比于薄荷醇,包合物的热稳定性有所提高。

⑤将薄荷醇包合物添加到卷烟当中,其中 D-柠檬烯、新植二烯、巨豆三烯酮、5-羟甲基糠醛、合金欢醇等物质的量相比空白卷烟有所增加,对增强烟香,改善吸味,改善卷烟品质提供了理论依据。

⑥当薄荷醇包合物的添加量为 0.03g/支时,香气质感较好,口腔刺激小,与烟草谐调性较好,有明显的特征薄荷香气,凉感较足。综上,薄荷醇包合物的添加量为 0.03g/支。

7.2 陈皮爆珠的制备及应用

爆珠是指利用惰性多聚的天然高分子材料或合成高分子材料，将香精香料包裹其中而形成的一种有色或透明的球形囊状物。爆珠滤棒是在滤棒成型过程中，将一粒或多粒爆珠置于丝束中，以实现在卷烟抽吸过程中人为可控的特色香味释放的一种滤棒。国外开始爆珠的研究较早，1967 年，美国烟草公司便推出了加入维生素 A 水溶剂的爆珠产品。但早期的爆珠产品并没有引起市场的关注，直到近些年，爆珠产品才逐渐受到消费者认可。伴随爆珠滤棒卷烟的快速发展，爆珠内香精香料的种类也日渐丰富，国内研究者更是充分利用我国中草药的独特优势，制备了很多中草药香味爆珠。河南中烟工业有限责任公司先后制作了板蓝根、芦荟、枸杞、山药等中草药爆珠，为卷烟提供了独特的香味。爆珠的添加对卷烟理化指标也具有一定影响。朴洪伟等的研究表明，甜橙香爆珠滤棒可减少焦油和 7 种烟气有害成分的释放量，降低卷烟危害性指数，而甜橙香爆珠具有清甜香、甜橙香，可使烤烟型卷烟转变为外香型卷烟，且烟香谐调。朱瑞芝等研究了爆珠中关键成分在卷烟中的转移行为，结果显示所选取的 10 种爆珠关键成分向主流烟气粒相的转移率为 2.84%~14.57%，且醇类单体香料向主流烟气粒相的转移率整体高于酯类单体香料。同时，10 种爆珠关键成分在滤嘴中的截留率为 64.03%~95.52%，表明在爆珠破碎后，大部分香料留在卷烟滤嘴中，仅有较小部分迁移至烟气中。单独具有保润功能的爆珠相对较少。C. Lesser 等将焦谷氨酸钠等保湿剂装入爆珠制成爆珠滤棒，这种滤棒在捏碎爆珠后，烟气的润感和卷烟感官品质都得到了提升。另外，随着消费者消费需求的日趋多样化，基于爆珠的各种特种滤棒被研发出来，如空管爆珠二元复合滤棒、颗粒爆珠二元复合滤棒等，为滤棒赋予新颖外观结构的同时兼具增香保润功能。总之，爆珠滤棒在卷烟产品中得到了广泛的应用。

与其他增香手段相比，爆珠滤棒的增香具有以下特点：爆珠中装载的香精香料可以为卷烟提供较好的增香保润效果；在爆珠储存、运输和生产过程中，香精香料不易挥发，持香能力较强；爆珠滤棒卷烟在抽吸过程中，消费者可选择捏破或不捏破爆珠，具有一定的趣味性。

目前，爆珠滤棒的生产制造技术日益成熟，但烟草行业主要采用“水包油”工艺进行爆珠的制备，即水溶性壁材包裹油溶性溶剂，容易造成爆珠容易受环境温湿度影响而出现变形、破损等问题，且部分水溶性香味物质难以包裹成爆珠，因此对香精香料的性质具有特殊要求。另外，有关爆珠滤棒对卷烟吸味和主流烟气的影响研究还不够深入，需要研究者进一步地开展系统研究。

7.2.1　爆珠香原料设计及配方

贵州中烟工业有限责任公司在2016年推出了贵烟(跨越)细支卷烟,将陈皮陈皮与烟草香结合,产品得到了大量消费者认可。

陈皮具有理气降逆、调中开胃、燥湿化痰的功效,是芸香科植物橘及其栽培变种的干燥成熟果皮,兼具“药”“食”两用特性,被广泛应用于食疗配方和营养保健品中。D-柠檬烯是陈皮特征香气的主要成分,其余香气成分有γ-松油烯、β-月桂烯、α-蒎烯、β-蒎烯、邻伞花烃、异松油烯、莰烯等。陈皮爆珠(图7-31)的香气以果香、辛香、甜香为主。

果香:由陈皮的主要成分可以看出,陈皮的主要成分与甜橙油类似,因此陈皮爆珠的果香香韵主要由冷轧甜橙油提供。辛香:陈皮爆珠的辛香原料可以用合成香料肉桂醛、大茴香脑、丁香酚等。为了增加陈皮爆珠香气的天然感,也可以使用肉桂油、大茴香油、小茴香油、丁香花蕾油、丁香叶油等天然香料。甜香:陈皮爆珠所用的果香、辛香原料同时也具有一定的甜香香韵。

利用“中式卷烟风格特征评价方法”,对陈皮爆珠香精进行了香韵嗅香评价,结果如图7-32所示,该款爆珠具有明显的陈皮特征香韵,具有明显的果香、辛香和甜香。

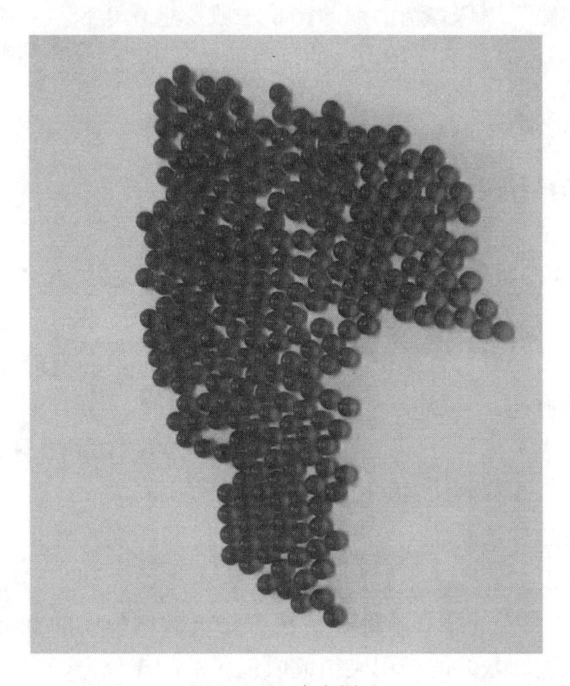

图7-31　陈皮爆珠

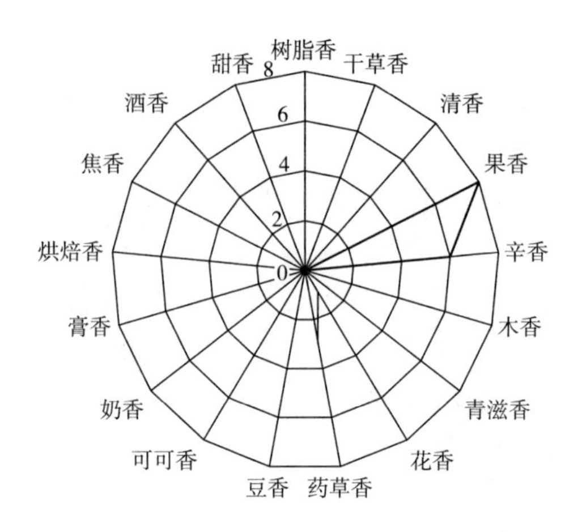

图 7-32　陈皮爆珠香韵评价结果

爆珠香精芯液的配制：由于烟用爆珠的壁材均为亲水性材料，因此在配制芯液的过程中有必要选择非水溶性的溶剂。常用的芯液溶剂是大豆油、玉米油、橄榄油以及中链甘油三酯（MCT）等。辛癸酸甘油酯（ODO）这种饱和中链甘油三酯没有异味，对香精的容纳度高并且不易变质，是爆珠香精选用最多的溶剂。

香精溶剂的比重同样会对爆珠的品质产生影响，溶剂比重过轻或过重都会造成爆珠壁厚不均的问题。爆珠香精溶剂的比重一般要求在 0.88～0.98g/mL。

最后，配制的香精芯液必须是均一的澄清液体。芯液分层、浑浊、沉淀，均会对爆珠口味的同一性造成不良影响。

7.2.2　陈皮爆珠的制备工艺

目前，烟用爆珠的壁材主要为亲水性材料，水溶性且食用安全的凝胶均可以用来制备烟用爆珠。

为了避免香精芯液对壁材产生不良影响，在配制香精芯液的过程中需要选择非水溶性的溶剂。植物油、中链油脂均有成功应用的实例。

爆珠的滴制技术大体可分为三类：脉冲法、液中点滴法和乳化法。其中，脉冲法和液中点滴法属于一步滴制法，乳化法属于两步滴制法。

液中点滴法与脉冲法同属于一步滴制法，壁材和芯液同样是通过同心圆分流管的外管和内管滴下。与脉冲法不同的是，液中点滴法的原理是利用冷却油在分流管中的降流作用，形成可控的漩涡。旋转的液流将下滴过程中的壁材和芯液切断。最终在冷却油中依靠表面张力的作用凝结成内包芯液的爆珠。

液中点滴法的优点：香精的适用性高，对香精黏度、相对密度、极性等指标的要求相对较低。液中点滴法的缺点:流线切割相对脉冲来说效率较低,因此单滴头的产能相对较低。

陈皮爆珠香精用三种滴制方式均顺利得到了合格的爆珠产品,可以综合考虑生产效率、成本等因素后,选择液中点滴的滴制工艺(图 7-33)。

图 7-33　滴制照片

7.2.3　爆珠的检查与检验

(1)爆珠制备过程控制要点

烟用爆珠的制备工艺类型多样,无论是哪一个制备方法均需要严格地控制环境条件及产品规格。为了保证生产良好的烟用爆珠,常规的制备工艺包含以下控制环节:

①根据爆珠规格安装好相应尺寸的滴头;设置冷却循环温度 10~20℃;胶液温度 60~80℃;空调制冷模式 20~25℃;除湿机相对湿度 35%~50%。

②依据规格要求调整装量及胶皮质量。

胶皮、装量测定:取 n 粒湿润的爆珠,用吸油纸小心地擦去表面油渍。放于千分之一天平上读数,在记录本上记录为爆珠总重。将测定总重后的爆珠取出,盖上吸油纸,用手指轻轻压破,重复 2 次。将压破后的胶皮放于千分之一天平上再次称量读数,在记录本上记录为爆珠皮重。最后计算出单粒爆珠平均皮重及装量。当爆珠的皮重和装量都符合设计要求时,即可开始爆珠漏液、偏心检查。

爆珠漏液、偏心检查:取至少 50 粒爆珠。放在平底烧杯中,取少量冷却油浸没爆珠。举起烧杯迎光进行观察。爆珠中的液滴会造成爆珠漏液,要求爆珠胶皮中不能含有小液滴。

所观察的爆珠壁最厚的部分 A,最薄的部分 B,通常 A>2B 的时候认定爆珠偏心,反之则为合格。所观察的爆珠胶皮中含有小液滴时,即认为爆珠漏液,反之则为合格。

在制备过程中,需要随时关注冷却油液面是否有残留的气泡,一经发现需要及时清理干净,防止气泡积累。同时,香精中的气泡也需要及时排出;当滴头有气泡流过时需要及时地划去胶柱中的气泡。

在滴丸的过程中要按规定时间做好“三检”:“一检”检查香精是否充足;“二检”检查胶液是否充足,加胶时一定要缓慢,在加胶的同时需要用筛网进行过滤,加胶完成后需要重新进行胶皮、装量、偏心、漏液的检查和调试,调整到设计值范围内后,才可收集成品湿爆珠;“三检”在线定时检查爆珠的皮重、装量、偏心、漏液。

(2)爆珠的检查与检验

在烟用爆珠的生产过程中,不可避免地会混杂有少量的次品爆珠,因此需要对爆珠进行细致的检查与检验。

外观检查:将爆珠均匀地铺在灯检台上,要求只铺一层,爆珠无重叠。在灯检时,需要挑除如下不合格爆珠。

破裂强度检测:爆珠的破裂强度直接决定了其是否适用于滤棒、卷烟的工业化生产。一般使用质构仪对爆珠破裂压力值进行检测:随机抽取 n 粒爆珠,用质构仪逐一测定爆珠的破裂压力值,合格的压力值界限一般为:设计值±6N。超出此范围的爆珠即为不合格品。一般烟用爆珠的压力值合格率要在 90%以上。

直径检测:一般使用的爆珠直径检测方法为游标卡尺测量。爆珠直径指的是单粒爆珠的最大直径。因此在使用游标卡尺测量爆珠直径时,需要测量爆珠的长轴距离。

另外,爆珠并非是一个纯刚性的几何体。因此测量的手法需要轻巧防止过程中挤压爆珠,造成人为的测量误差。

检测方法为:随机抽取 n 粒爆珠,用游标卡尺逐一测定。合格的粒径界限一般为设计值±0. 15mm,超出此范围的爆珠即为不合格品。一般烟用爆珠的粒径合格率要在 90%以上。

7.2.4 爆珠的感官评价

利用“中式卷烟风格特征评价方法”，对陈皮爆珠香精进行了香韵嗅香评价，结果如图 7-34 所示。

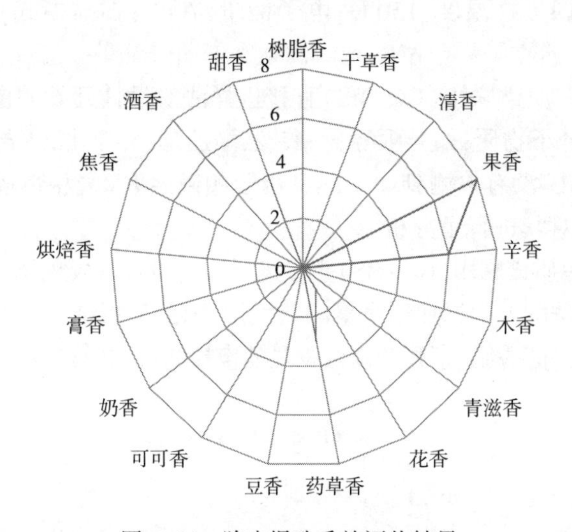

图 7-34 陈皮爆珠香韵评价结果

该款陈皮爆珠具有明显的陈皮特征香韵，具有明显的果香、辛香和甜香。

7.2.5 陈皮爆珠的分析检测

(1) GC-MS 检测

爆珠中香气成分分析可以用气相色谱-质谱联用(GC-MS)直接进样分析，也可以用固相微萃取-气相色谱-质谱联用(HS-SPME-GC-MS)进行分析。前者所需样品量较少，但因为进样时会用到溶剂进行稀释，通常会设置一定的溶剂延迟，有可能得不到一些小分子的香气成分信息。溶剂出峰时间晚于溶剂延迟时间的，溶剂峰也可能会掩盖掉部分香气成分峰。后者主要对爆珠中的挥发性和半挥发性成分进行分析，因此可能无法得到爆珠中挥发性较弱的成分信息。

仪器：气相色谱-质谱联用仪(美国 Agilent 公司 7890A/5975C)；SPME 手柄、SPME 萃取纤维头(美国 Supelco 公司)；带橡胶垫螺纹顶空进样玻璃瓶(美国 CNW 公司)；CP2245 电子天平(感量 0.0001g，德国 Sartorius 公司)。

前处理方法：取 5 颗爆珠样品，置于 10mL 离心管中，加入 10mL 二氯甲烷。用玻璃棒将爆珠压破后，将离心管置于涡旋仪中振荡5min，取1mL上清液，经0.45μm有机相超滤膜过滤，进行GC/MS分析。

色谱柱：DB-5MS（60m×0.25mm×0.25μm）；载气：He；柱流量：1mL/min；进样量：1μL；进样口温度：280℃；升温程序：50℃（0min）以5℃/min的速度升温至300℃后运行40min（300℃）；分流比：10∶1；传输线温度：250℃；电离方式：EI；离子源温度：280℃；四极杆温度：150℃；电子能量：70eV；扫描模式：全扫描。溶剂延迟：7min。

采用气相色谱-质谱联用（GC-MS）直接进样法对设计开发的白酒香爆珠进行了分析，发现一些小分子物质，如异丙醇、乙酸、乙酸乙酯、异丁醇、丙酸乙酯、异戊醇等，因为溶剂延迟的原因没有检测到。因此又用固相微萃取-气相色谱-质谱联用（HS-SPME-GC-MS）法对其进行了分析。

采用气相色谱-质谱联用（GC-MS）直接进样法对设计开发的陈皮爆珠进行了香气成分分析。陈皮爆珠配方中添加了大量的甜橙油，因此分析结果中柠檬烯相对含量最高。辛香物质主要是茴香脑、丁香酚以及少量的肉桂醛（图7-35、表7-13）。

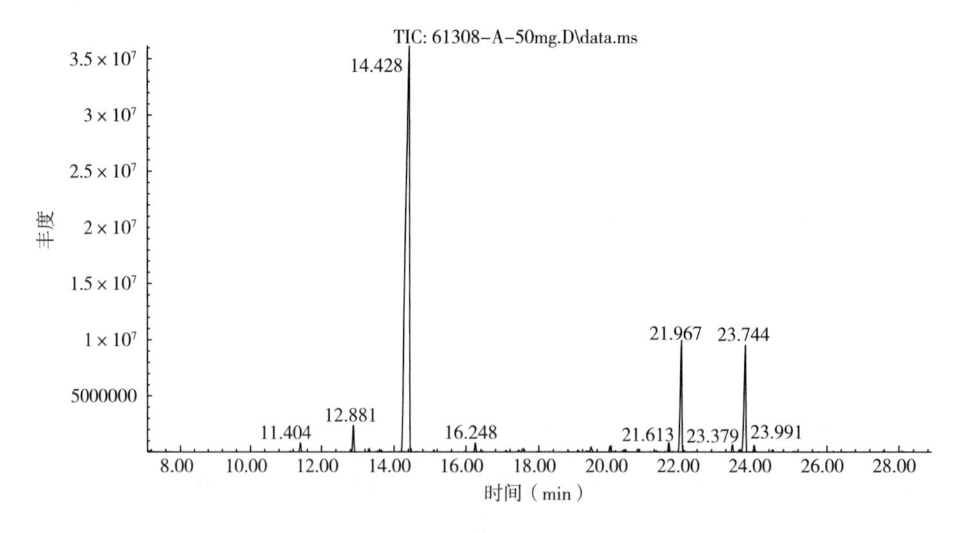

图7-35　陈皮爆珠总离子流图

表7-13　陈皮爆珠成分分析结果

保留时间（min）	匹配项名称	相对含量（%）
11.404	α-蒎烯	0.57
12.881	月桂烯	1.61
13.305	辛醛	0.21

续表

保留时间(min)	匹配项名称	相对含量(%)
14.428	柠檬烯	76.97
15.287	辛醇	0.03
16.248	芳樟醇	0.50
17.95	异蒲勒醇	0.04
21.253	柠檬醛	0.09
21.613	肉桂醛	0.62
21.967	茴香脑	8.90
23.379	乙酸癸酯	0.45
23.744	丁香酚	9.40
23.991	石竹烯	0.41
24.502	石竹烯	0.16
25.076	乙酸丁香酚酯	0.05

(2)爆珠中糖类的检测

仪器:UltiMate3000 型液相色谱仪(美国 Thermo Fisher Scientific 公司);2000ES 型 ELSD 检测器(美国 Alltech 公司);Prevail Carbohydrate ES 色谱柱(250mm×4.6mm×5μm)(美国 Grace 公司);CP2245 电子天平(感量 0.0001g,德国 Sartorius 公司)。

试剂:果糖(≥99%),葡萄糖(≥99.5%),蔗糖(≥99.5%),一水合麦芽糖(≥99%),麦芽三糖(≥99%),肌糖(≥99%),阿拉伯糖(≥99%),山梨糖(≥99%)均购自美国 Sigma-Aldrich 公司;去离子水。

样品前处理方法:取足够量的爆珠样品,置于离心管中,用玻璃棒将爆珠压破后,取 10g 香精样品于分液漏斗中,加入 3g×3 蒸馏水萃取,取下层清液,定容至 10mL。取 1mL 溶液经 0.22μm 滤膜过滤作为进样溶液,进行甜味成分的 HPLC-ELSD 定量分析。

HPLC-ELSD 条件:色谱柱:Prevail Carbohydrate ES 色谱柱(250mm×4.6mm×5μm);流动相:乙腈和水;梯度洗脱:80%乙腈+20%水(0min),80%乙腈+20%水(20min),75%乙腈+25%水(24min),55%乙腈+45%水(26min),55%乙腈+45%水(33min),80%乙腈+20%水(37min),80%乙腈+20%水(40min);流速:0.8mL/min;柱温:30℃;进样量:10μL;ELSD:漂移管温度:80℃;氮气流量:2.2L/min。

标准储备液:分别准确称取 30mg 阿拉伯糖、100mg 的果糖、50mg 山梨糖醇、200mg 的葡萄糖、80mg 蔗糖、60mg 的麦芽糖、30mg 的麦芽三糖、肌糖 50mg(精确至

0. 1mg)于 10mL 容量瓶中,加入 4~6mL 的屈臣氏饮用水超声溶解并定容至刻度,混匀得到混合标准储备液。

标准工作溶液:准确移取 25μL、50μL、100μL、250μL、500μL、750μL、1000μL 的标准储备液于 10mL 容量瓶中,用屈臣氏水定容至刻度,混匀得到七种浓度的工作标准溶液。

陈皮爆珠成分分析结果:利用建立的爆珠中 8 种糖类物质分析方法对橘甜爆珠进行了检测,均未检测出相关的糖类物质。

(3)爆珠中酸类的检测

仪器:ICS-5000 离子色谱仪(配备 EGC-KOH 淋洗液发生器,CD50A 电导检测器,ASRS300 4mm 阴离子自再生膜抑制器)、IonPac AG11-HC 阴离子保护柱(4mm×50mm)、Ionpac AS11-HC 阴离子交换色谱柱(4mm×250mm)(美国 Thermo Fisher Scientific 公司)。

试剂、材料:苹果酸;富马酸(99%)、乳酸(AR);乙酸(99%);柠檬酸(99. 5%);氯化钠(99%);硫酸钠(99. 5%);硝酸钾(99%);磷酸三钠(98%)去离子水;超滤膜(0. 22μm)。

样品前处理方法:取足够量的爆珠样品,置于离心管中,用玻璃棒将爆珠压破后,取 10g 香精样品于分液漏斗中,加入 3g×3 蒸馏水萃取,取下层清液,定容至 10mL。取 1mL 溶液经 0. 22μm 滤膜过滤作为进样溶液,进行有机酸的离子色谱定量分析,每个样品平行测定 2 次,并计算相对偏差。

离子色谱条件:色谱柱:Dionex IonPac AS11-HC 色谱柱(4mm×250mm);保护柱:IonPac AG11-HC 阴离子保护柱(4mm×50mm);柱温:30℃;电导检测器温度:35℃;进样量:25μL;淋洗液:KOH 梯度淋洗;流动相:蒸馏水;流速:1. 0mL/min;抑制器电流:124mA。

标准储备液:称取 56. 7mg 乳酸、57. 4mg 乙酸钠、148. 7mg 氯化钠、15mg 亚硝酸钠、155. 7mgDL-苹果酸二钠水合物、48. 5mg 无水硫酸钠、12. 8mg 富马酸、52. 1mg 无水磷酸三钠、232. 3mg 柠檬酸钠标样于 100mL 容量瓶中用超纯水定容。各标品称重需要转换为离子含量,于 4℃冰箱保存。用时根据需要将标准储备液稀释成系列混合标准溶液。

标准工作溶液:准确移取 10μL、25μL、50μL、100μL、200μL、500μL、1000μL 的标准储备液于 10mL 容量瓶中,用超纯水溶解并定容至刻度,混匀得到七种浓度的工作标准溶液。

陈皮爆珠成分分析结果:利用建立的爆珠中 9 种酸类物质分析方法对爆珠进行了检测,均未检测出相关的酸类物质。

7.2.6 陈皮爆珠对卷烟常规理化指标及感官品质的影响

陈皮为芸香科植物橘及其栽培变种的干燥成熟果皮，经采摘成熟果实，剥取果皮，晒干或低温干燥获得。陈皮主含挥发油、黄酮类、有机胺类及微量元素等成分，具理气降逆、调中开胃、燥湿化痰的功效。本节拟制备天然陈皮香爆珠滤棒试验卷烟，并对焦油等主流烟气成分的释放量和卷烟香气特征进行研究，以期为陈皮香爆珠卷烟产品的开发提供参考。

(1)陈皮提取物的制备

将干燥后的陈皮粉碎后，过 40 目筛，制备得陈皮粉。向一定量的陈皮粉中加入一定比例体积分数 90%的乙醇溶液，搅拌均匀后在 60℃下水浴热回流 3h。将上述热回流液在 60℃、70kPa 条件下减压浓缩至体积不再变化，所得提取物即为陈皮提取物。陈皮粉与乙醇溶液的料液质量比为陈皮粉：乙醇=1g：20mL。

(2)爆珠用陈皮香精的配制

鉴于目前卷烟爆珠制备工艺的局限性，爆珠内容物溶液需为油溶性物质。同时，为使香气更加平衡协调，需要对陈皮提取物进行二次调配。本实验爆珠用陈皮香精配方：5.0%～10.0%的陈皮提取物、1.0%～3.0%的乙酸、0.5%～1.0%的甜橙油、1.0%～2.0%的麦芽酚、0.3%～0.5%的柠檬醛、83.5%～92.2%的辛癸酸甘油酯。

(3)陈皮爆珠的制备

制备三个浓度梯度的爆珠样品(配方见表 7-14)。陈皮爆珠采用分流法-液中点滴法制备工艺生产，即利用冷却油对冲的剪切力切断胶柱，完成爆珠滴制。具体而言：首先利用两条入射角度不同的冷却油在螺线管中形成剪切力，将下滴过程中的壁材和芯液切断，最终在冷却油中依靠表面张力的作用凝结成球，再经去油、干燥、筛分等程序后制成最终的成品陈皮爆珠。爆珠的物理指标要求如下：圆球形，蓝色，压力值(1.25±0.6)kg，质量为每粒(24.3±2.0)mg，直径 D=(3.65±0.15)mm。

表 7-14 不同浓度陈皮香精爆珠配方

爆珠样品	陈皮提取物(%)	乙酸(%)	甜橙油(%)	麦芽酚(%)	柠檬醛(%)	辛癸酸甘油酯(%)
1#	5.0	1.0	0.5	1.0	0.3	92.2
2#	7.0	2.0	0.7	1.5	0.4	88.4
3#	10.0	3.0	1.0	2.0	0.5	83.5

以现有爆珠滤棒成型机设备，将(3)中所制备的爆珠添加到二醋酸纤维素丝束中成型为爆珠滤棒，爆珠位置为每支卷烟滤嘴的中心位置，同时在相同条件下成型无爆

珠添加滤棒作为对照样品。爆珠滤棒的技术要求见表 7-15。

表 7-15　爆珠滤棒样品要求

结果	圆周(mm)	长度(mm)	压降(Pa)	圆度(mm)	硬度(%)
中心值	24. 10	100. 0	3200	≤0. 35	≥86
允差	±0. 20	±0. 5	±300	—	—

利用上述制备的滤棒样品和“黄金叶”品牌某规格配方烟丝卷制成烟支,得到三种爆珠卷烟试验样品和未添加爆珠的卷烟对照样品。卷烟样品的技术要求见表 7-16。

表 7-16　爆珠卷烟样品要求

结果	圆周(mm)	长度(mm)	单支含烟丝量(mg)	20 支含烟丝量(g)	硬度(%)
中心值	24. 3	84. 0	650	13. 0	68
允差	±0. 20	±0. 5	±40	±0. 2	±10

7. 2. 6. 1　焦油等主流烟气成分释放量的测定

将卷烟样品于温度(22±1)℃,相对湿度(60±2)%的恒温恒湿箱中平衡 48h,参照 GB/T 19609—2004、GB/T 23355—2009、GB/T 23203. 1—2008、GB/T 23356—2009 的方法,检测卷烟样品在未捏破爆珠和捏破爆珠后两种情况下的总粒相物、焦油,烟碱,水分和一氧化碳(CO)的单支释放量。

7. 2. 6. 2　卷烟香气特征评价

将试验卷烟置于温度(22±1)℃,相对湿度(60±2)%的恒温恒湿箱中平衡 48h,由河南中烟评吸委员会成员依据标准 GB 5606. 4—2005 的方法对试验卷烟香气特征进行评价。

7. 2. 6. 3　陈皮爆珠对滤棒及卷烟物理指标的影响

添加陈皮爆珠后,滤棒及卷烟的物理指标如表 7-17、表 7-18 所示。与未添加爆珠的普通醋纤丝束滤棒相比,爆珠滤棒主要是压降有所增大。原因是爆珠不具有通透性,会占据滤棒内的流通空间,进而增加了滤棒压降。对于卷烟烟支而言,添加爆珠对烟支的长度、圆周、硬度等指标基本无影响。而在烟丝填充量不变的前提下,烟支的重量、吸阻和总通风率均有增大趋势。

表 7-17 不同爆珠滤棒的物理指标

样品	长度(mm)	圆周(mm)	圆度(mm)	压降(Pa)	硬度(%)
技术标准	100±0.50	24.1±0.20	≤0.35	3200±300	平均值±3 且 平均值≥86
1#	100.17	24.17	0.17	3180	91.9
2#	100.20	24.20	0.18	3170	91.8
3#	100.15	24.09	0.16	3190	92.0
对照样品	100.18	24.13	0.17	3000	92.1

表 7-18 不同爆珠卷烟样品的物理指标

样品	重量(g/支)	吸阻(Pa)	总通风率(%)	硬度(%)
1#	0.979	1210	19	65.7
2#	0.972	1250	18	65.9
3#	0.981	1190	18	66.3
对照样品	0.955	1131	16	65.8

以表 7-17 和表 7-18 中对照样品的物理指标为均值,对陈皮爆珠滤棒和卷烟物理指标数据采用 Minitab 单样本 T 检验进行分析,考察数据增大趋势是否显著,结果见表 7-19。添加陈皮爆珠后,对滤棒压降、卷烟烟支重量、吸阻和总通风率有显著性影响($P<0.05$),说明与未添加爆珠的常规滤棒和卷烟相比,爆珠滤棒的压降、卷烟烟支重量、吸阻和总通风率有显著增加。

表 7-19 爆珠滤棒及卷烟物理指标单样本 T 检验结果

指标	T 值	P 值
滤棒压降	31.18	0.001
烟支重量	8.19	0.007
烟支吸阻	4.86	0.020
烟支总通风率	7.00	0.010

7.2.6.4 陈皮爆珠对卷烟焦油等主流烟气成分释放量的影响

对卷烟样品进行了主流烟气检测,结果见表 7-20。从表 7-20 可知,与对照样品相比,添加陈皮爆珠的卷烟样品总粒相物、焦油和 CO 释放量均有减小,这与文献的研究结果一致，而烟碱的释放量变化不大。以表7-20中对照样品的主流烟气有害成分释放量为均值，对陈皮爆珠卷烟主流烟气有害成分释放量数据采用Minitab单样本T检验进行分析，考察数据减小趋势是否显著，结果见表7-21。添加陈皮爆珠后，对卷烟焦油和CO的释放量有显著性影响($P<0.05$)，烟碱的释放量确实没有显著性差异。这说明与常规卷烟相比，爆珠卷烟的焦油和CO释放量有减小趋势，烟碱的释放量差异性并不显著。

原因可能为添加爆珠后，导致滤棒压降增加，使卷烟烟气在滤嘴内流速放缓，而且爆珠的存在使烟气流的流通路径也有所改变，导致滤嘴对烟气的直接拦截、扩散沉积、惯性碰撞等过滤作用增强，提高了过滤效率。

表7-20　陈皮爆珠卷烟爆珠破碎和未破碎主流烟气成分释放量

样品	爆珠是否破碎	总粒相物(mg/支)	实测焦油量(mg/支)	烟碱量(mg/支)	CO量(mg/支)	实测水分(mg/支)
对照样品		13.54	10.7	1.07	10.81	1.77
1#	否	13.2	10.34	1.09	10.04	1.77
	是	13.81	10.82	1.07	10.72	1.92
2#	否	13.29	10.43	1.07	10.07	1.79
	是	13.7	10.74	1.08	10.83	1.88
3#	否	13.28	10.39	1.04	10.13	1.85
	是	13.94	10.91	1.06	10.9	1.97

表7-21　爆珠卷烟主流烟气成分释放量单样本T检验结果

指标	主流烟气	
	T值	P值
焦油	-12.04	0.003
烟碱	-0.229	0.840
CO	-27.591	0.001

对表7-20中陈皮爆珠未破碎和破碎后的卷烟主流烟气成分释放量数据采用Minitab配对T检验进行分析，结果见表7-22。并以爆珠破碎和未破碎主流烟气成分释放量的比值作图(图7-36)。由图7-36可知，焦油、烟碱和CO的比值均大于1.0，说明爆珠破碎后三种成分的释放量都呈上升趋势。但配对T检验的数据表明，爆珠是否破碎对焦油和CO释放量的影响有显著性差异($P<0.05$)，对烟碱释放量的影响没有显著性差异。这说明爆珠破碎后仅焦油和CO释放量有增加趋势，烟碱的释放量

虽有增加,但差异性并不显著。

这一结果与文献报道一致,表明捏破爆珠后滤嘴对烟气的过滤能力明显减弱。爆珠破碎之后释放了滤嘴内部通道空间,烟气受到的阻力显著减小,滤嘴通透性明显增加,导致烟气流速加快和路径变宽,进而导致滤嘴对烟气的直接拦截、惯性碰撞、扩散沉积等过滤作用减弱。

表 7-22 陈皮爆珠卷烟爆珠未破碎和破碎主流烟气成分释放量配对 *T* 检验结果

指标	主流烟气	
	T 值	*P* 值
焦油	-6.78	0.011
烟碱	-0.23	0.420
CO	-27.59	0.001

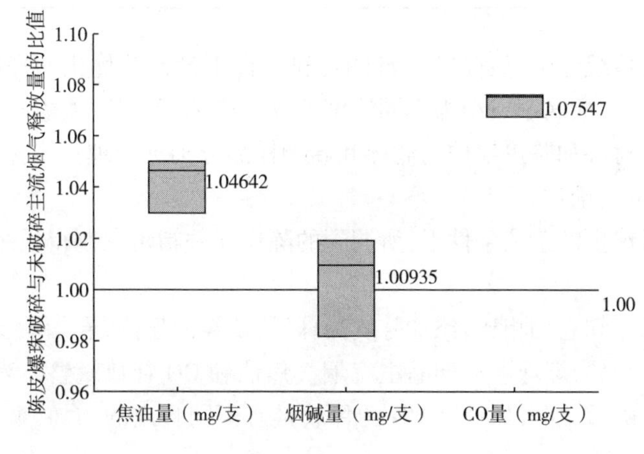

图 7-36 陈皮爆珠破碎与未破碎主流烟气成分释放量的比值

7.2.6.5 陈皮爆珠对卷烟感官质量的影响

爆珠滤棒可向卷烟主流烟气中释放致香成分和保润成分,进而增加香气,改善舒适性和余味。对爆珠卷烟样品进行感官质量评价,卷烟评吸人员一致认为,添加了陈皮香爆珠后,三种卷烟样品的香气特征均发生了明显变化,“陈皮香”凸显,杂气减少,但烟香谐调性并不一致。其中,1#卷烟样品的“陈皮香”香气比较明显,烟气的香气丰富性有一定提升,清甜香和焦甜香感受增强,有回甜感,刺激性降低,杂气减少,烟气细腻度提高,余味有所改善。2#卷烟样品的“陈皮香”明显,烟气香气丰富性显著增加,清甜香和焦甜香感受明显增强,有明显的回甜感,刺激性显著降低,杂气减少,烟气细腻度显著提高,余味明显改善。3#卷烟样品的"陈皮香"十分明显,烟气香气协调性降低,刺激性增大,杂气减少,烟气协调性差及有令人不舒服的甜腻感,余味不如对照样品卷烟。表 7-23 的结果也表明,适宜浓度的陈皮香爆珠对改善卷烟感官质量、提升卷烟品质具有显著作用。特别是以爆珠形式添加于卷烟中,抽吸时选择自由灵活,口味多且独具个性,增加了卷烟抽吸的趣味性。

表 7-23　不同爆珠卷烟样品感官质量评价结果

样品	光泽(5)	香气(32)	谐调(6)	杂气(12)	刺激性(20)	余味(25)	合计(100)
1#	5.00	29.22	5	10.45	17.82	22.78	90.27
2#	5.00	29.51	5	10.77	17.96	22.73	90.97
3#	5.00	29.15	4.5	10.63	17.63	22.41	89.32
对照样品	5.00	29.02	5	10.57	17.94	22.02	89.55

本节以提升传统卷烟感官品质为目的,利用自主设计并优化的提取方法获得了天然陈皮香精,并调配滴制成型为不同浓度的爆珠应用于滤棒中,卷接为天然陈皮香爆珠卷烟样品。对添加陈皮爆珠的滤棒和卷烟样品分别进行理化指标检测和感官质量评价,得出如下结论:

①在现有爆珠生产工艺条件下,所调配的陈皮味香精可以制得质量稳定、均匀的卷烟爆珠。

②与对照滤棒和卷烟相比,添加陈皮爆珠后,滤棒的压降、卷烟烟支重量、吸阻和总通风率有增大趋势,爆珠卷烟样品主流烟气焦油和 CO 释放量整体减小,烟碱变化不明显。爆珠捏破后,烟气焦油和 CO 的释放量有不同程度的增加,烟碱释放量增加不显著。

③添加陈皮口味爆珠可以较好地减弱卷烟的刺激性,改善和丰富卷烟香气,显著提升卷烟的感官质量及抽吸的趣味性。

综上,本文研究制得了一种凸显卷烟陈皮香韵、改善吸食品质、降低卷烟危害的新型陈皮爆珠,填补了相关空白,为卷烟增香拓展了思路,对卷烟新产品的开发具有积极意义。

7.3　载香凝胶珠的制备及其在滤棒中的应用

加香是卷烟生产的核心技术之一,对卷烟品质提升至关重要。随着加香技术发展,卷烟的加香方式从烟丝的加香加料,逐渐向卷烟辅材加香拓展,滤棒加香是现阶段的研究热点。滤棒添加的香料是通过烟气携带释放,不发生燃烧,具有安全、可靠、高效等优点,常见加香类型有丝束直接施加、爆珠、香线以及颗粒等。除爆珠以外的其他加香方式由于难以将香味物质锁定,存在香味物质挥发损失问题。因此,在滤棒加香中,香味物质的缓释是现阶段研究的一大难点。凝胶材料常温下为固态,加热融化后可混合香料,降温后可将香料成分固化减少挥发,当抽吸卷烟时,烟气热量使凝胶液化释放香气,达到缓释香味物质的目的。聚乙二醇随着分子量增大,性状由黏稠液体变为固体,在食品和制药领域应用广泛,常作为药物缓释材料。利用聚乙二醇的相变原理,可在液态时设计形状,使其固化后保持形状,如以聚乙二醇为基质的滴丸技术。固态的聚乙二醇受热达到熔点后会变为液态,添加香料物质后会由于分子作用和强氢键作用将香料锁定,而受热时作用力消失释放香料,是一种理想的凝胶缓释基质,可在烟用滤棒中进行应用,但聚乙二醇材料在滤棒中的添加方式还需进一步研究。

本文以聚乙二醇为基质并添加香料,制备载香凝胶珠,探索优化其成型工艺,并制备添加载香凝胶珠的烟用滤棒,初步探究其在卷烟中的可应用性。

7.3.1 载香凝珠的制备

①凝胶珠成型。凝胶珠是利用 PEG 基质的固-液相变性质进行成型,具体是将固态的 PEG 基质加热融化为液态后与香料混合均匀,在设定的滴制条件下将凝胶液逐滴滴入冷却液中,液珠在冷却液中缓慢下落凝固为圆球形的凝胶珠,将凝胶珠取出,去除表面残留冷却液,筛取成型完全的凝胶珠即可。

②成型效果评价。以凝胶珠收率、凝胶珠质量差异系数和外观质量 3 个方面综合评价凝胶珠的成型效果,以综合评分表示。

凝胶珠收率计算公式如下:

$$收率=\frac{成型凝胶珠总质量}{投入物料总质量}\times 100\%$$

凝胶珠质量差异系数:随机抽取 100 粒凝胶珠,进行计算:

$$质量差异系数=\frac{质量标准差}{质量平均差}\times 100\%$$

③凝胶珠外观质量:随机抽取 100 粒凝胶珠,观察每粒凝胶珠外观,以表面光滑凝胶珠占比、圆度均值、粘连凝胶珠数量 3 方面进行考察,以 10 分制对外观质量进行评分,评分规则如表 7-24 所示。

表 7-24　凝胶珠外观质量评分规则

表面光滑占比（%）	指标（分）	圆度均值（min）	指标（分）	粘连数量（粒）	指标（分）
>90	3	<0.05	4	<2	3
90~70	2	0.05~0.1	3	2~4	2
70~50	1	0.1~0.15	2	4~6	2
<50	0	0.15~0.2	1	>6	0
		>0.2	0		

7.3.2　单因素预试验

凝胶珠的成型工艺有基质类型、基质和香料质量配比、滴制温度、冷却液类型、冷却液温度、滴距、滴速等因素。在试验中，以其中单一因素为变量，固定其他因素，对制备的凝胶珠进行评价，逐步探究适宜的凝胶珠成型工艺参数范围。

基质类型：准确称取 1kg 基质，基质分别为分子量 1500、4000、6000 和 8000 的四种 PEG，设置冷却液为二甲基硅油，冷却液温度为 15℃，滴制温度为 75℃，滴速为(65±5)滴/min，滴距为 7cm。在上述条件下，四种基质均可成型，综合评分分别为 25.73 分、26.02 分、26.73 分及 25.81 分，其中 PEG6000 的成型效果最好，因此选择 PEG6000 作为凝胶珠基质。

基质与香料质量配比：准确称取 1kg PEG6000 基质，设置基质与香料的质量配比为 1∶1、2∶1、3∶1、4∶1，其他条件不变。在上述条件下，综合评分分别为 17.18 分、24.63 分、24.58 分及 24.55 分。当基质与香料的质量配比为 1∶1 时，由于香料占比过大，凝胶珠成型过程中基质无法充分凝固影响成型效果，其他组别的成型效果较接近。因此，基质 PEG6000 与香料的质量配比不得低于 2∶1。

冷却液类型：准确称取 1kg PEG6000 基质，基质与香料的质量配比为 2∶1。分别设置冷却液分别为二甲基硅油、液体石蜡、MCT 和纯净水，其他条件不变。综合评分分别为 24.73 分、24.58 分、24.62 分及 0 分，在三种油性冷却液中凝胶珠均可成型，但在纯净水中凝胶液无法成型。

冷却液温度：准确称取 1kg PEG6000 基质，基质与香料的质量配比为 2∶1，冷却液为二甲基硅油。分别设置冷却液温度 5℃、15℃、25℃和 35℃，其他条件不变。在上述条件下，综合评分分别为 21.50 分、24.71 分、24.69 分及 21.35 分。冷却液温度过高时，凝胶珠到达出料口时还未完全固化。冷却液温度过低时，凝胶珠滴入冷却液后迅速凝固，无法缓慢成型为球体，温度过高或过低均导致成型效果差。当冷却液温度在15~25℃范围内,凝胶珠的成型效果较好。

滴制温度:准确称取1kg PEG6000基质,基质与香料的质量配比为2∶1,冷却液为15℃的二甲基硅油。分别设置滴制温度为60℃、65℃、70℃和75℃,其他条件不变。在上述条件下,综合评分分别为23.10分、23.33分、24.79分及23.45分。滴制温度过低时,凝胶液黏度增大,凝胶珠不易收缩成型,滴制温度过高时,凝胶液出料顺畅,但是凝胶液中产生较多气泡,影响成型效果。其中,70℃时成型效果最好,因此选择70℃作为优选滴制温度。

滴速:准确称取1kg PEG6000基质,基质与香料的质量配比为2∶1,冷却液为15℃的二甲基硅油,滴制温度为70℃。分别设置滴制速度(55±5)粒/min、(65±5)粒/min、(75±5)粒/min和(85±5)粒/min,其他条件不变。在上述条件下,综合评分分别为23.25分、23.78分、24.75分及23.34分。滴制速度过快导致凝胶液还未成型为凝胶珠时,后续凝胶液与其发生碰撞,导致粘连或者2个液滴汇成1个液滴。滴制速度过慢导致凝胶液在滴头上停留时间较长,影响成型。其中,滴速为(75±5)粒/min时成型效果较好,因此选择(75±5)粒/min作为优选滴速。

滴距:准确称取1kg PEG6000基质,基质与香料的质量配比为2∶1,冷却液为15℃的二甲基硅油,滴制温度为70℃,滴速为(75±5)粒/min。分别设置滴距为6cm、7cm、8cm和9cm,其他条件不变。在上述条件下,综合评分分别为22.88分、23.16分、24.40分及22.84分。滴距过小,凝胶滴液在下落过程中未完全收缩,产生少量拖尾现象,滴距过大,凝胶滴液落入冷却液中时的速度较快,与冷却液发生碰撞产生的形变无法完全恢复,导致成型效果变差。其中,滴距为8cm时成型效果最好,因此选择8cm作为优选滴距。

7.3.3 正交试验

根据单因素预试验结果,选择对凝胶珠成型影响较大的3个参数设计正交试验,分别是基质与香料质量配比、冷却液类型和冷却液温度,其他参数采用优选参数,即基质为PEG6000,滴制温度为70℃,滴速为(75±5)粒/min,滴距为8cm。因素水平设置见表7-25。

表7-25 因素水平表

水平	因素A *n*(基质)∶*n*(香料)	因素B 冷却液类型	因素C 冷却液温度(℃)
1	2∶1	石蜡油	15
2	3∶1	MCT	20
3	4∶1	二甲基硅油(黏度50cs)	25

依据表 7-25 所示因素水平，按 $L_9(3^4)$ 进行 9 次试验。直观结果分析见表 7-26，方差分析见表 7-27。

表 7-26　$L^9(3^4)$ 正交试验设计及结果

序号	指标	指标要求
1	长度(mm)	120.0±0.5
2	圆周(mm)	24.25±0.20
3	圆度(mm)	≤0.35
4	压降(Pa)	3200±294
5	硬度(%)	≥84
6	含水率(%)	≤8.0
7	凝胶珠添加量(粒/支)	4

表 7-27　正交试验结果方差分析

方差来源	偏差平方和	自由度	*F* 比	*F* 临界值	显著性
A	25.932	2	29.502	19.000	*
B	16.035	2	18.242	19.000	—
C	1.826	2	2.077	19.000	—
误差	0.88	2	—	—	—

通过收率、外观质量、质量差异系数 3 个评价标准的综合评分对数据进行处理分析，求得各因素试验结果的极差 *R*。直观分析结果表明，影响凝胶珠成型因素中，基质与香料质量配比(A)>冷却液类型(B)>冷却液温度(C)。9 个试验组中，试验 6(A2B3C1)所制备凝胶珠的收率较高、质量差异系数最小且外观质量评价最好。因此，优选试验 6 为凝胶珠的制备工艺，即基质与香料的质量配比为 3∶1、冷却液为二甲基硅油(50cs)、冷却液温度为 15℃。从方差分析结果来看，基质与香料质量配比(A)与凝胶珠的成型显著相关，这可能是由于香料与基质混合后会极大地影响基质的冷凝结晶，进而影响了凝胶珠的成型。

优化工艺验证试验每次投料量为 2000g(基质香料质量配比 3∶1)，凝胶珠收率为 90.17%~92.55%，凝胶珠质量差异系数为 3.14%~3.34%，单粒质量为 0.15~0.16g，凝胶珠外表面光滑，圆度较高。试验结果表明本凝胶珠制备工艺的重现性较好,工艺条件稳定可行。所制备凝胶珠呈黄褐色,具有明显的咖啡味嗅香,如图 7-37 所示。以正交试验优选的凝胶珠制备工艺条件实验 6 进行验证,以凝胶珠收率、质量差异系数和外观质量为评价指标,重复验证 3 次,结果见表 7-28。

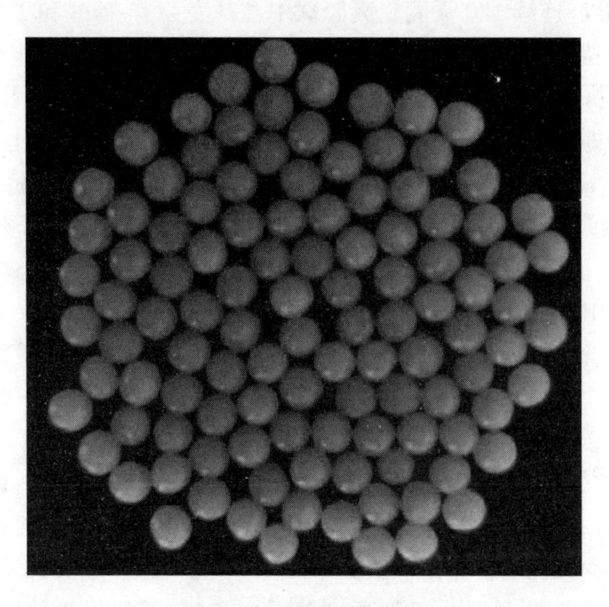

图 7-37 凝胶珠外观图

表 7-28 工艺验证试验结果

基质用量(g)	香料用量(g)	收料量(g)	收率(%)	凝胶珠质量均值(g/粒)	质量差异系数(%)	外观质量
1500	500	1803.4	90.17	0.015	3.14	较好
1500	500	1850.9	91.55	0.016	3.34	较好
1500	500	1834.2	91.71	0.015	3.22	较好

7.3.4 缓释性能及稳定性

凝胶珠添加在卷烟滤嘴内使用,卷烟燃吸时的滤嘴内部温度较低,因此考察了 100℃内的材料热重分析和热稳定性。

①热重分析。分别对咖啡香料、PEG 基质和凝胶珠进行热失重分析,且对凝胶珠设置捏碎和不捏碎对照组,探究三种材料在不同温度条件下的热稳定性。称取咖啡

香料、PEG 基质和凝胶珠各 30mg,分别加入热重分析仪陶瓷坩埚中,测试气氛为氮气,氮气流速为 50mL/min,以 10℃/min 的升温速率从 20℃升温至 100℃。

②稳定性分析。将凝胶珠在温度(22±1)℃、相对湿度 60%±3%条件下密封保存,以 30 天为间隔,连续 180 天测定凝胶珠中乙基麦芽酚、糠醛和 2,3,5-三甲基吡嗪三种主要挥发性特征成分的含量,探究凝胶珠在保存过程中的稳定性。随机选取凝胶珠样品 50mg,将其捏碎,置于色谱进样瓶中,加入 1mL 无水乙醇,振荡、浸泡 24h,摇匀静置 30min 后进样检测。进样口温度:280℃;进样量:2μL;分流比:10∶1;载气:He(99.99%),1mL/min;程序升温:初始温度 50℃,恒温 1min,以 6℃/min 升温至 280℃,保持 10min;传输线温度:280℃;电离方式:EI,电离能量:70eV;离子源温度:230℃;四级杆温度:160℃;质量范围 29~550aum。

咖啡香料、PEG6000 基质和凝胶珠三种材料的热重分析结果见图 7-38,各升温阶段的材料失重率列入表 7-29,失重率是升温前后材料损失质量与材料初始质量的百分比。

在试验的温度范围内,咖啡香精中的挥发性成分通过挥发释放,导致质量减小,30~40℃时的失重率最大,达到 1.93%,随后失重率逐渐减小,说明在该温度区间内,香料释放速度最快。PEG6000 基质熔点约为 57℃,在 100℃内材料不发生分解,只有材料中含有的少部分水分挥发,因此基本无失重。凝胶珠不捏碎时,在 50~60℃范围内失重率最大,这是由于该温度范围内,PEG 基质发生热熔,由固态转变为液态,内部包埋的香料得到释放。而凝胶珠捏碎后在 40~50℃时失重率最大,这是由于捏碎后,一定程度上破坏了基质对香料成分的包埋,且使得材料受热面积增大,更易受热融化。这说明捏碎能使凝胶珠中的香料成分释放温度降低,因此凝胶珠在卷烟滤棒中应用时,可通过捏碎动作主动释放凝胶珠中的香味。总的来说,凝胶珠增大了香料成分的释放温度,在基质融化或破碎前后的释放效果差异较明显,对香料起到了缓释作用。

在温度(22±1)℃、相对湿度 60%±3%的密封保存条件下,凝胶珠中乙基麦芽酚、糠醛和 2,3,5-三甲基吡嗪三种挥发性特征成分含量测定结果如表 7-30 所示。其中 0 天时的成分含量是凝胶珠制备完成 12h 内的测定值。随着存放时间的推移,凝胶珠中的三种挥发性特征成分含量逐渐降低,由于香料中的特征成分挥发性较强,PEG 基材无法完全阻止香料成分挥发。乙基麦芽酚、糠醛和 2,3,5-三甲基吡嗪半年留存率分别为 83.062%、64.850%、69.121%,三种主要成分的半衰期均大于半年,表明凝胶珠的稳定性较好。

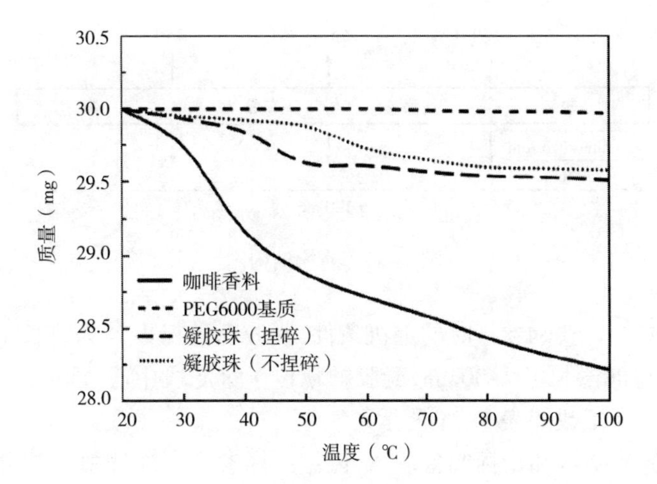

图 7-38　样品 TG 曲线图

表 7-29　样品失重率

材料	失重率(%)								总失重率(%)
	20~30℃	30~40℃	40~50℃	50~60℃	60~70℃	70~80℃	80~90℃	90~100℃	
咖啡香料	0.87	1.93	0.97	0.53	0.43	0.50	0.40	0.33	5.97
PEG6000 基质	0	0	0	0	0.03	0	0.03	0.03	0.10
凝胶珠(捏碎)	0.23	0.30	0.70	0.07	0.13	0.10	0.03	0.07	1.63
凝胶珠(不捏碎)	0.17	0.10	0.13	0.50	0.27	0.17	0.03	0.03	1.40

表 7-30　凝胶珠特征成分留存率

挥发性成分	峰面积归一化百分含量(%)							半年留存率(%)
	0 天	30 天	60 天	90 天	120 天	150 天	180 天	
乙基麦芽酚	0.585	0.567	0.557	0.545	0.531	0.513	0.486	83.062
糠醛	0.266	0.261	0.254	0.233	0.201	0.184	0.173	64.850
2,3,5-三甲吡嗪	0.211	0.202	0.191	0.181	0.174	0.163	0.146	69.121

7.3.5　凝胶珠滤棒

凝胶珠外观与爆珠相似,因此参照爆珠滤棒制备方法进行凝胶珠滤棒的制备。滤棒结构设计图如图 7-39 所示。

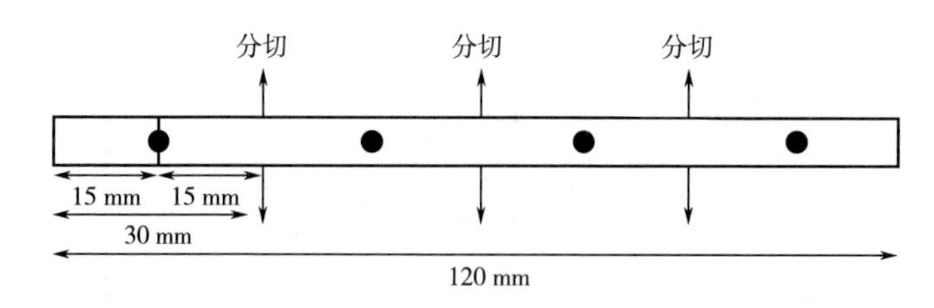

图 7-39 滤棒结构图

为使滤棒能符合卷烟卷接时的上机条件,凝胶珠滤棒设计为总长 120mm 的 1 切 4 结构,即单个过滤段长度为 30mm,凝胶颗粒位于过滤段中心,即(15+15)mm 结构。具体滤棒指标设计参数如表 7-31 所示。

按照上述滤棒结构和指标制备滤棒,依据目标参数不断调整工艺参数,待滤棒成型机运转平稳后,连续生产 4000 支滤棒,对滤棒物理指标进行抽检,检测方法依照卷烟和滤棒物理指标检测标准。

表 7-31 滤棒指标参数

序号	指标	指标要求
1	长度(mm)	120. 0±0. 5
2	圆周(mm)	24. 25±0. 20
3	圆度(mm)	≤0. 35
4	压降(Pa)	3200±294
5	硬度(%)	≥84
6	含水率(%)	≤8. 0
7	凝胶珠添加量(粒/支)	4

按照滤棒指标设计参数,将凝胶珠添加到滤棒中。在滤棒制备过程中需不断调整丝束规格、甘油酯施加量等工艺参数,以达到滤棒设计指标的要求。最终滤棒制备所使用的原辅材料如表 7-32 所示,滤棒成型工艺参数如表 7-33 所示。

表 7-32 滤棒材料

序号	物料名称	规格
1	丝束	3. 3Y35000
2	普通成型纸	26. 5mm×28g/m^2 普通纸
3	甘油酯	0. 65~0. 65g/万支
4	冷胶	1 搭口胶,2 中线胶
5	布袋	18. 5mm×3020mm

表 7-33 滤棒成型参数

序号	工艺名称	参数
1	成型速度(m/min)	70±10
2	成型温度(℃)	260±20
3	螺纹辊压力(MPa)	0.25±0.05
4	稳定辊压力(MPa)	0.07±0.03
5	丝束开松展幅(mm)	240±10
6	甘油酯温度(℃)	45±5
7	甘油酯雾化压力(bar)	10±2

醋酸纤维丝束规格对滤棒指标影响较大,最终选用的是 3.3Y35000 型醋酸纤维丝束。按照上述材料和工艺参数进行连续化的滤棒制备,制备过程中未出现滤棒内凝胶珠缺珠、碎裂等现象。滤棒成品外观及凝胶珠排列如图 7-40 所示。抽取检测样品,按照滤棒物理指标检测标准进行检测,检测结果如表 7-34 所示。

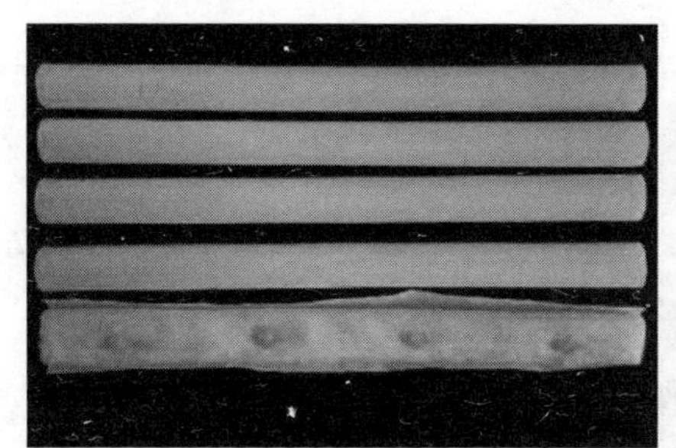
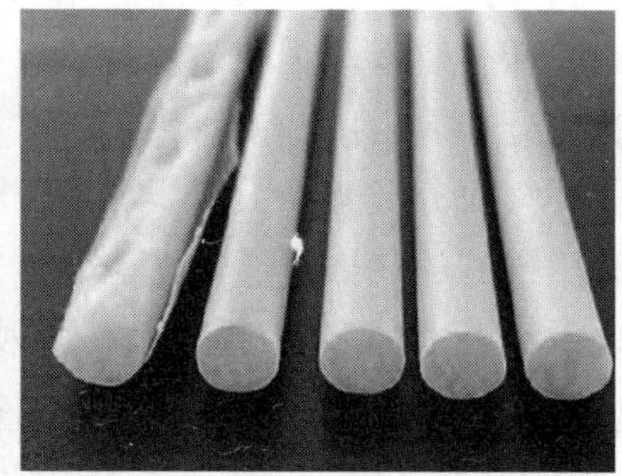

图 7-40 滤棒外观图

表 7-34 滤棒物理指标

项目	重量(g/10 支)	度长(mm)	圆周(mm)	圆度(mm)	压降(Pa)	硬度(%)	排列结构(mm)
标准/允差	—	120.0±0.5	24.25±0.2	≤0.35	3200±294	≥84	15±15
平均值	8.38	120.09	24.28	0.27	3184	87.94	15.1+15.2
最大值	—	120.19	24.33	0.34	3291	90.00	—
最小值	—	119.99	24.22	0.19	3047	85.80	—
判断	—	合格	合格	合格	合格	合格	合格

从表 7-34 滤棒物理指标检测结果来看，由于设计滤棒指标时未确定所使用物料的具体规格，因此未对滤棒重量作规定。除此以外，滤棒其他的各项物理指标均符合要求，且长度、圆周、压降的均值与标准中心值接近，制备的滤棒符合设计要求。

7.3.6 小结

通过单因素预试验和正交试验，设计和优化制备 PEG 基质载香凝胶珠的工艺参数条件，并将载香凝胶珠添加到滤棒中，开发添加载香凝胶珠的烟用滤棒材料，得到以下结果。

①以 PEG 作为载香凝胶珠的基质，添加丙二醇为溶剂的香料可以制备出具有载香效果的凝胶珠，优选的工艺条件为：PEG6000 作为基质、基质与香料质量配比 3∶1、冷却液为二甲基硅油（50cs）、冷却液温度为 15℃、滴制温度 70℃、滴制速度（75±5）粒/min，滴距为 8cm，该工艺比较简单，稳定可行，可满足生产要求。

②对于 PEG6000 作为基质的载香凝胶珠成型工艺，基质与香料质量配比、冷却液类型和冷却液温度 3 个参数对成型具有较大的影响，其中基质与香料质量配比的影响最为明显。

③凝胶珠有效减缓了香料成分的释放，具有较好的缓释功能，将凝胶珠捏碎可以促进香料成分释放，且在温度（22±1）℃、相对湿度 60%±3%的密封保存条件下，凝胶珠中主要香气成分半衰期大于半年，稳定性较好。

④利用现有的滤棒成型设备和材料，可以将载香凝胶珠添加到卷烟滤棒中，并制备出符合设计要求的滤棒规格，凝胶珠材料具备在卷烟中应用的可实施性。

综上所述，PEG 由于具有固-液相变的性质，以其为基材添加香料（丙二醇溶剂），通过滴制的工艺方法可制备出稳定的载香凝胶珠，且最终获得了符合预期设计要求的滤棒。制备滤棒所使用的其他材料都是滤棒生产中常见的，滤棒成型的工艺参数也是现有滤棒成型机容易实现的，表明将凝胶珠添加到滤棒中的工艺是可行的，凝胶珠可在卷烟滤棒中进行应用开发。本试验未对凝胶珠滤棒对卷烟的品质影响做相应研究，可在今后的研究中进一步探讨。

7.4 薄荷型香线滤棒特征成分及其在卷烟中的转移行为

随着近年来国内外降焦工程的逐渐推进，降焦与留香之间的矛盾越发突出，在降焦减害的同时如何保证卷烟产品的香气品质是烟草行业急需解决的难题之一。卷烟加香可以增加烟气浓度，改善吃味，赋予卷烟独特的香气风格特征。常用的加香方式主要有烟丝加香、滤嘴加香、卷烟纸加香和包装材料加香等。滤嘴加香与传统烟丝加香相比,可以减少烟丝和滤嘴等对香料的截留,同时带给消费者新奇的抽吸感受。在这种趋势下,香线滤棒加香、爆珠加香等特殊滤棒的开发应用正成为行业内的研究热点。

香线滤棒是通过特殊装置将浸渍香精的香线包裹于滤嘴丝束中,从而达到滤嘴加香的目的。目前,国内外对香线滤棒的研究主要集中在加香装置开发及香线物理特性的检测方面,对化学成分的分析及成分的转移率研究较少,限制了其在卷烟加香中的进一步应用。因此,本研究中以河南中烟工业有限责任公司(以下简称河南中烟公司)提供的薄荷型香线滤棒为研究对象,建立了测定香线滤棒特征成分的 GC-MS 法,对前处理条件进行了优化,并研究了特征成分向卷烟中的转移行为,以期为准确评价香线加香效果、促进滤棒加香技术的发展提供理论支撑。

7.4.1 特征成分的选择

随机选取 2 支香线滤棒卷烟,抽出滤棒,将其剪碎后转移至 50mL 锥形瓶中,加入 4mL 乙酸苯乙酯的二氯甲烷内标溶液(0.1000mg/mL),超声萃取 10min,过 0.45μm 有机滤膜,将滤液进行 GC-MS 分析。

GC-MS 标准工作溶液的配制:称取 0.025g 乙酸苯乙酯,精确至 0.0001g,以二氯甲烷为溶剂定容于 250mL 容量瓶中,配制成浓度为 0.1000mg/mL 的内标溶液。称取 0.5g 薄荷醇、0.1g 薄荷酮和 0.1g 乙酸薄荷酯于 100mL 容量瓶中,用内标溶液定容,得到混合标准储备液。准确移取 50μL、100μL、200μL、1000μL、2000μL、5000μL 混合标准储备液,分别置于 10mL 容量瓶中,用内标溶液稀释定容。得到 1~7 级标准工作溶液。

分析条件:色谱柱:HP-5MS 毛细管柱(60m×0.25mm×0.25μm);载气:氦气;载气流量:1.0mL/min;进样口温度:280℃;进样量:1μL;分流比:5 : 1;升温程序:50℃(2min)4℃/min 280℃(20min)。离子源:电子轰击(EI)源;电子能量:70eV;离子源温度:230℃;四极杆温度:150℃;传输线温度:280℃;扫描模式:选择离子监测模式(SIM)。全扫描模式下,采用 NIST 库检索,对样品进行定性分析确定未知物,采用面积归一化法进行半定量分析(表 7-35)。

表 7-35 薄荷型香线滤棒特征成分定性、定量离子及保留时间

序号	保留时间(min)	成分	定量离子(m/z)	定性离子(m/z)
1	22.36	薄荷酮	112	69、139
2	23.07	薄荷醇	71	81、95

续表

序号	保留时间(min)	成分	定量离子(m/z)	定性离子(m/z)
3	26.22	乙酸苯乙酯(内标)	104	43、91
4	27.27	乙酸薄荷酯	95	81、123

按照上述方法,对薄荷型香线滤棒样品挥发性成分的 GC-MS 分析结果如表 7-36 所示。

表 7-36 薄荷型香线滤棒挥发性成分的 GC-MS 分析结果

序号	保留时间(min)	成分	相对质量分数(%)	质量分数($mg \cdot g^{-1}$)
1	17.65	桉叶油素	0.07	0.046
2	22.09	异胡薄荷醇	0.12	0.074
3	22.36	薄荷酮	4.40	2.785
4	23.07	薄荷醇	13.92	8.807
5	25.67	长叶薄荷酮	0.11	0.072
6	27.27	乙酸薄荷酯	2.94	1.858
7	29.24	三醋酸甘油酯	77.31	48.912
8	31.79	β-石竹烯	0.07	0.042
9	36.90	2,2,4-三甲基-1,3-戊二醇双异丁酸酯	0.26	0.162
10	53.25	柠檬酸三丁酯	0.42	0.266
11	56.75	2,2′-亚甲基双(4-甲基-6-叔丁基苯酚)	0.38	0.240

由表 7-35 可知,薄荷醇、薄荷酮、乙酸薄荷酯的相对质量分数较高,薄荷酮具有清凉的薄荷样香气、木香底蕴。薄荷醇具有薄荷样气味,有清鲜、甜、凉的口味,添加到卷烟中可以减轻刺激性、掩盖杂气。乙酸薄荷酯具有薄荷和玫瑰似的清凉气味,气味比薄荷脑柔和。因此,选择这 3 种成分作为薄荷型香线滤棒的特征成分进行分析测定。

7.4.2 样品前处理条件的优化

7.4.2.1 萃取溶剂的选择

随机选取两支滤棒,分别加入 4mL 正己烷、二氯甲烷、无水乙醇、异丙醇,超声萃取 10min，考察不同萃取溶剂对特征成分检测结果的影响，结果如图 7-41 所示。

由图 7-42 可知，以二氯甲烷为萃取溶剂时，3 种特征成分的量均达到最大。因此，选择二氯甲烷作为萃取溶剂。

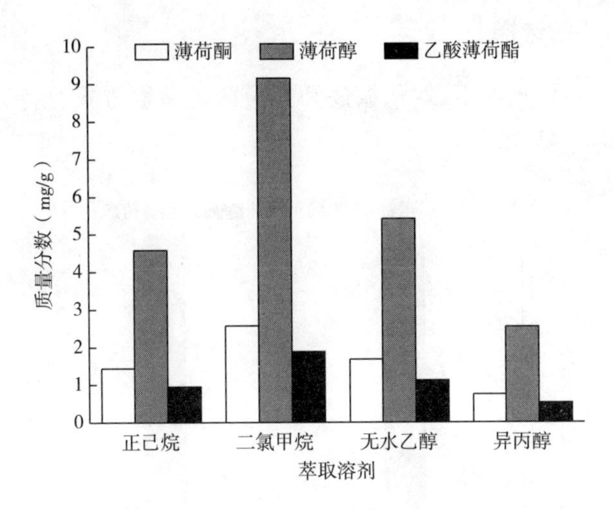

图 7-41　萃取溶剂对特征成分检测结果的影响

7.4.2.2　萃取时间的选择

随机选取两支滤棒，加入 4mL 二氯甲烷为萃取溶剂，分别超声萃取 5min、10min、20min、30min、40min 和 50min。考察不同萃取时间对特征成分检测结果的影响，结果如图 7-42 所示。

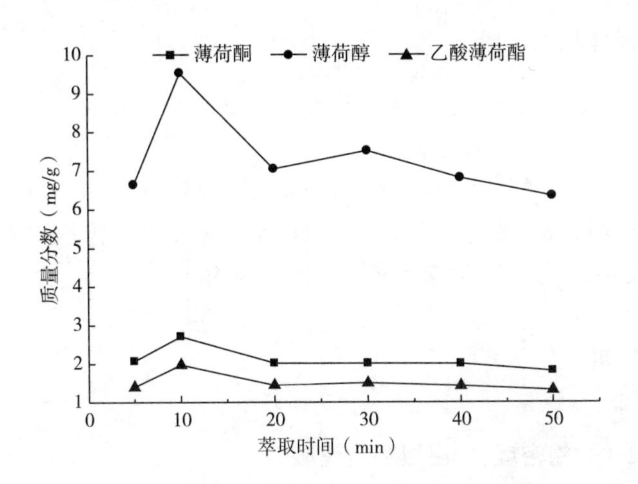

图 7-42　萃取时间对特征成分检测结果的影响

由图 7-41 可知,随着超声时间的增加,3 种特征成分的质量分数均先增加再减少后趋于稳定,萃取 10min 的效果最佳。这可能是由于薄荷醇、薄荷酮的挥发性较强,易随超声萃取时间的延长而损失。

7.4.2.3 萃取方式的选择

在其他条件一致的情况下,对比振荡和超声两种萃取方式对特征成分检测结果的影响,结果如图 7-43 所示。

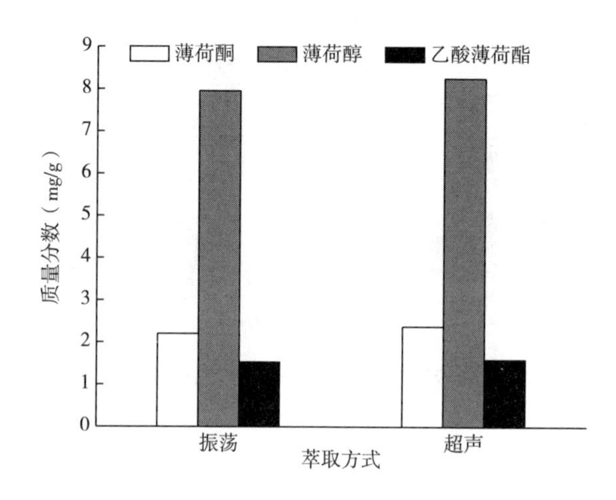

图 7-43 萃取方式对特征成分检测结果的影响

由图 7-42 可知,3 种特征成分的萃取量均为超声萃取多于振荡萃取。因此,选择超声萃取的方式。

7.4.2.4 萃取液体积的选择

在其他条件一致的情况下,分别加入 4mL、6mL、8mL、10mL 内标溶液,考察萃取液体积对特征成分检测结果的影响,结果如图 7-44 所示。

由图 7-43 可知,加入萃取液体积为 4mL 时滤棒特征成分的萃取量最大,随萃取液体积的增加萃取量减少并趋于稳定。这可能是由于萃取液体积的增大产生明显的稀释效应所导致的。因此,实验选择萃取液体积为 4mL。

7.4.3 方法学评价

7.4.3.1 工作曲线、精密度、检出限和定量限

将配制的系列混合标准溶液按照优化后的条件进行分析,以各标样成分和内标

色谱峰面积比(y)对相应的分析物浓度与内标浓度比(x)进行线性回归分析,得到标准曲线方程及相关系数。对同一样品进行6次平行测定计算其精密度(RSD)。采用最低浓度标样重复进样10次,以测定结果的3倍标准偏差为检出限,10倍标准偏差为定量限,结果见表7-37。

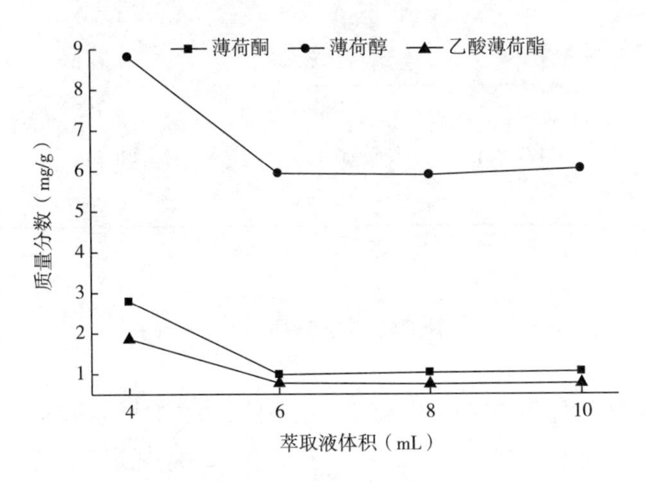

图7-44 萃取液体积对特征成分检测结果的影响

表7-37 特征成分回归方程、相关系数、线性范围、精密度、检出限和定量限

成分	回归方程	相关系数	线性范围(mg/mL)	RSD(%)	检出限(mg/mL)
薄荷酮	y=0.8961x+0.0112	0.999	0.0050~1.0000	3.81	0.0044
薄荷醇	y=0.7097x+0.0725	1.000	0.0250~5.0000	2.42	0.0064
乙酸薄荷酯	y=0.7776x+0.0109	0.999	0.0050~1.0000	1.79	0.0045

7.4.3.2 加标回收率

选用标样加入法测定方法的回收率。称取3份样品,分别加入低、中、高3个不同浓度水平的混标溶液,测定3个不同加标水平下3种成分的回收率,结果见表7-38。

表7-38 方法的回收率

成分	原质量分数(mg/支)	加标量(mg/支)	测定值(mg/支)	回收率(%)
薄荷酮	0.200	0.094	0.301	107.4
		0.187	0.381	96.8
		0.280	0.487	102.4

续表

成分	原质量分数（mg/支）	加标量（mg/支）	测定值（mg/支）	回收率(%)
薄荷醇	0.790	0.354	1.137	98.2
		0.708	1.509	101.6
		1.062	1.891	103.7
乙酸薄荷酯	0.127	0.030	0.155	95.2
		0.118	0.248	102.9
		0.176	0.300	98.6

7.4.4 特征成分向主流烟气粒相物转移率分析

将卷烟样品置于温度(22±1)℃、相对湿度(60±2)%的恒温恒湿箱中平衡48h，将剑桥滤片在同样环境下平衡12h。按GB/T 19609—2004规定的方法抽吸卷烟，每个剑桥滤片捕集20支卷烟烟气总粒相物。抽吸完毕后，将剑桥滤片、滤嘴分别置于同时蒸馏萃取装置一端的1000mL圆底烧瓶中，依次加入300mL蒸馏水和30g氯化钠，用电热套加热；装置的另一端连接浓缩瓶，加入60mL二氯甲烷，60℃水浴加热，反应时间为2h。结束后，在浓缩瓶中加入1mL乙酸苯乙酯内标溶液，将其浓缩至1.0mL，过0.45μm有机滤膜，将滤液进行GC-MS分析。

转移率和截留率的计算，根据公式(7-1)计算特征成分在卷烟主流烟气中的转移率Y_1(%)：

$$Y_1 = [(m_1 - m_0)/m] \times 100 \tag{7-1}$$

式中：Y_1——主流烟气转移率，%；

m_1——香线滤棒卷烟抽吸主流烟气中特征成分释放量，mg/支；

m_0——空白卷烟抽吸主流烟气中特征成分释放量，mg/支；

m——香线滤棒内特征成分质量，mg/支。

根据公式(7-2)计算特征成分在卷烟滤嘴中的截留率Y_2(%)：

$$Y_2 = (m_2/m) \times 100 \tag{7-2}$$

式中：Y_2——滤嘴截留率，%；

m_2——香线滤棒卷烟抽吸后滤嘴中特征成分的截留量，mg/支；

m——香线滤棒内特征成分的质量，mg/支。

3种特征成分向主流烟气中转移率的测定结果如表7-39所示。

表 7-39 薄荷酮、薄荷醇、乙酸薄荷酯向主流烟气中的转移率

成分	沸点(℃)	滤棒香线中的量(mg/支)	滤嘴截留率(%)	烟气转移率(%)	滤嘴截留率与烟气转移率之和(%)
薄荷酮	207	0.200	85.26	1.64	86.90
薄荷醇	216	0.790	82.62	7.46	90.08
乙酸薄荷酯	228	0.127	86.94	2.45	89.39

由表 7-39 可知,3 种特征成分的转移率在 1.64%~7.46%,薄荷醇的转移率最高,其次为乙酸薄荷酯,薄荷酮的转移率最低。截留率在 82.62%~86.94%,表明香线加香的大部分香味成分留在了滤嘴中。截留率与转移率之和为薄荷醇>乙酸薄荷酯>薄荷酮。薄荷酮的损失量最大,可能是由于其沸点较低,在抽吸过程中易发生逸散所致。

7.4.5 小结

建立了测定香线滤棒特征成分的 GC-MS 方法,并研究了特征成分向主流烟气的转移行为。结果表明:

①优化后的前处理条件为以二氯甲烷为萃取剂,萃取液体积为 4mL,超声萃取 10min。

②薄荷醇的转移率最高,为 7.46%;其次为乙酸薄荷酯,转移率为 2.45%;薄荷酮转移率仅为 1.64%。

③3 种特征成分的截留率在 82.62%~86.94%,表明香线滤棒加香方式大部分香味成分留在了滤嘴中。

④该方法操作简便,灵敏度高,可满足快速准确分析的要求,可为准确评价香线加香作用提供技术支持。

参考文献

[1]HUO Q,MARGOLESE D I,CIESLA U,et al. Generalized synthesis of periodic surfactant/inorganic composite materials[J]. Nature,1994,368:317.

[2]SRIVASTAVA D N,CHAPPEL S,PALCHIK O,et al. Sonochemical Synthesis of Mesoporous Tin Oxide[J]. Langmuir,2002,8:4160.

[3]徐如人,庞文琴. 分子筛与多孔材料化学[M]. 北京:科学出版社,2004.

[4]WAYNE G F,CONNOLLY G N. How cigarette design can affect youth initiation into smoking:Camel cigarettes 1983-93[J]. Tobacco Control,2002,11(S1):i32.

[5]SOLDZ S,DORSEY E. Youth attitudes and beliefs toward alternative tobacco products:Cigars,bidis,and kreteks[J]. Health Education & Behavior,2005,32(4):549.

[6]FEIRMAN S P,LOCK D,COHEN J E,et al. Flavored tobacco products in the United States:A systematic review assessing use and attitudes[J]. Nicotine & Tobacco Research,2016,18(5):739.

[7]CARPENTER C M,WAYNE G F,PAULY J L,et al. New cigarette brands with flavors that appeal to youth:Tobacco marketing strategies[J]. Health Affairs,2005,24(6):1601.

[8]孙伟峰. 利用酶法和外加香料法对下部烟叶的增香提质研究[D]. 无锡:江南大学,2013.

[9]万颖,王正,马建新,等. 以 CTMABr 和 CTMAOH 为共模板剂合成 MCM-41[J]. 高等学校化学学报,2002,7:43252.

[10]赵高坤,张晓海,崔国民,等. 烤烟提质增香烘烤工艺与三段式烘烤工艺对比研究[J]. 中国农学通报,2014,30(12):312.

[11]韩锦峰. 烟叶香气与栽培技术的关系[J]. 农村科学实验,1994(3):12.

[12]KRUK M,JARONIE M,KIM T. Synthesis and characterization of hexagonally ordered carbon nanopipes[J]. Chem Mater,2003,15:2815.

[13]HUO Q,MARGOLESE D,CIESLA U,et al. Organization of organic molecules with inorganic molecular species into nanocomposite biphase arrays[J]. Chem Mater,1994,6:1176.

[14]HUO Q,LEON R,PETROFF P M,et al. Mesostructuredesign with gemini surfactants:supercage formation in a three-dimensional hexagonal array[J]. Science,1995,268:1324.

[15]TANEV P T,PINNAVAIA T J. A neutral templating route to mesoporous molecular sieves[J]. Science,1995,267:865.

[16]郑素珍,赵生. 介质浸渍法滤嘴加香工艺生产薄荷烟的尝试[J]. 烟草科技,1989(6):21.

[17]朱亚峰,胡军,唐荣成,等. 卷烟滤嘴加香研究进展[J]. 中国烟草学报,2011,17(6):104.

[18]马光辉. 高分子微球材料[M]. 北京:化学工业出版社,2005.

[19]殷春燕,徐志强,汪华,等. 贮藏过程中不同保润剂对烟丝保润效果及水分散失动力学的影响[J]. 西北农林科技大学学报(自然科学版),2014(1):96.

[20]张安丰,刘春波,陕绍云,等. 烟草保润性的研究进展[J]. 轻工科技,2016,32(1):56.

[21]郭俊成,吴达,程晓蕾,等. 保润剂对烟草吸湿特性的影响研究[J]. 中国烟草学报,2013,19(4):22.

[22]阮晓明,王青海,徐海涛,等. 新型天然保润剂 PDS 在卷烟中的应用[J]. 烟草科技,2006(9):8.

[23]马骥,崔凯,陈芝飞,等. 滤嘴对卷烟物理保润性能的影响[J]. 烟草科技,2016,49(3):68.

[24]沈靖轩,肖维毅,何雪峰,等. 卷烟抽吸过程中香线滤棒内含致香成分逐口转移的研究[J]. 湖北农业科学,2017,56(15):2931.

[25]赵海娟,王卫江,李文伟,等. 香烟滤棒香料线定位技术的改进[J]. 郑州轻工业学院学报(自然科学版),2014,29(1):70.

[26]何书杰,邓永,费翔,等. 滤棒添加香线的加香量和中心度控制技术[C]//中国烟草学会. 中国烟草学会 2006 年学术年会论文集. 广州:[出版者不详],2007.

[27]BYNRE S W,TOMPKINS B J,HAYES E B. Production of tobacco smoke filters:US,4281671[P]. 1981-08-04.

[28]红云红河烟草(集团)有限责任公司. 一种利用枣花蜜制备蜜香卷烟香线的方法:中国,201610025134. 8[P]. 2016-06-22.

[29]云南中烟工业有限责任公司. 一种香料线复合滤棒及其制作方法:中国,201610505505. 2[P]. 2016-09-28.

[30]KUNII K,NARAHARA K,YAMANAKA S. Template-free synthesis of $AlPO_4$-H1,-H2,and-H3 by microwave heating[J]. Micropor Mesopor Mater,2002,52:159.
[31]Z K YAROSLAV,K JACEK. Solid-state NMR studies of the organic template in mesostructured aluminophosphates[J]. Phys Chem Chem Phys,2001,3:616.
[32]S CABRERA,J HASKOURI,A BELTRÁN-PORTER,et al. Enhanced surface area in thermally stable pure mesoporous TiO_2[J]. Solid State Science,2000,2:513.
[33]A L PRUDEN,D F OLLIS. Degradation of chloroform by photoassisted heterogeneous catalysis in dilute aqueous suspension of titanium dioxide[J]. Environ Mental Sci Techol,1983,17:628.
[34]D G SARALA,H TAKEO,S YASUHIRO,et al. Synthesis of mesoporous TiO_2-based powders and their gas-sensing properties[J]. Sensor Actuat B:Chem,2002,87:122.
[35]A L LINSEBIGLER,G LU,J T YATES. Photocatalysis on TiO_2 surfaces:principles,mechanisms,and selected results[J]. Chem Rev,1995,95:735.
[36]MORGAN C,CONSTANCE D,KARLES G,et al. Flavour capsule for enhanced flavour delivery in cigarettes:AU,20170203804[P]. 2019-06-20.
[37]DUBE M F,SMITH K W,BARNES V B. Filtered cigarette incorporating a breakable capsule:US,20030600712[P]. 2003-06-23.
[38]KARLES G,GARTHAFFNER M,JUPE R,et al. Flavor capsule for enhanced flavor delivery in cigarettes:JP,20160104232[P]. 2016-08-18.
[39]河南中烟工业有限责任公司. 一种卷烟爆珠用板蓝根香精及其在卷烟中的应用:201710287954. 9[P]. 2017-09-05.
[40]W CHENG,E BAUDRIN,B DUNN,et al. Synthesis and electrochromic properties of mesoporous tungsten Oxide[J]. J Mater Chem,2001,11:92.
[41]P LIU,S H LEE,C E TRACY,et al. Preparation and lithium insertion properties of mesoporous vanadium oxide[J]. Adv Mater,2002,14:27.
[42]S BANERJEE,A SANTHANAM,A DHATHATHREYAN,et al. Rao,Synthesis of ordered hexagonal mesostructured nickel oxide[J]. Langmuir,2003,19:5522.
[43]朴洪伟,金勇华,金钟国,等. 甜橙香胶囊滤棒对烟气有害成分及卷烟香气特性的影响[J]. 郑州轻工业学院学报(自然科学版),2015,30(3/4):48.
[44]朱瑞芝,詹建波,蒋薇,等. GC-MS/MS 法分析爆珠关键成分在卷烟中的转移行为[J]. 烟草科技,2018,51(6):58.

[45] LESSER C, BORSTEL R W V. Tobacco smoke filter for removing toxic compounds: US, 19960648314[P]. 1997-05-14.

[46] 河南中烟工业有限责任公司．一种空管爆珠二元复合细支卷烟滤棒：201720968740. 3[P]. 2018-03-27.

[47] 四川三联卷烟材料有限公司．爆珠二元复合滤棒及应用其的滤嘴：201521122780. 3[P]. 2016-08-17.

[48] BECK J S, VARTULI J C, ROTH W J. A new family of mesoporous molecular-sieves prepared with liquid crystal templates[J]. J Am Chem Soc, 1992, 114: 10834.

[49] M E DAVIS, C Y CHEN, S BURKETT, et al. Synthesis of aluminosillcate materials using organir molecules and self-assemble ordered organic aggregates as structure-directing agents[J]. Mater Res Soc Symp Proc, 1994, 346: 831.

[50] A MONNIER, Q HUO, D KUMAR, et al. Cooperative formation of inorganic-organic interfaces in the synthesis of silicate mesostructure[J]. Science, 1993, 261: 1299.

[51] BOLT A J N, SADD J S. Smoking articles: US4881555A[P]. 1989-11-21.

[52] PERFETTI T A, WORRELL G W. Smoking article with improved means for delivering flavorants: EP, 0342538[P]. 1989-11-23.

[53] 蒋举兴，李景权，温光和，等．大豆蛋白颗粒在卷烟滤嘴中的应用[J]．湖北农业科学，2013，52(8)：1913.

[54] 王猛，凌军，韦克毅，等．多孔葛根颗粒的制备及其在卷烟中的应用[M]．轻工学报，2017，32(1)：50.

[55] 吴家灿，廖头根，王猛，等．赋香型麦冬颗粒的制备及在卷烟滤棒中的应用[J]．化学研究与应用，2016，28(11)：1639.

[56] SCHLOTZHAUER W S, CHORTYK O T, AUSTIN P R. Pyrolysis of chitin, potential tobacco extender[J]. Journal of Agricultural and Food Chemistry, 1976, 24(1): 177.

[57] LESSER C, VON BORSTEL R W. Cigarette filter containing a humectant: US, 19950543050[P]. 1995-10-13.

[58] WOODS D K, ROBERTS D L. Microporous materials in cigarette filter construction: US, 19850798227[P]. 1986-11-13.

[59] 杨厚民．滤嘴的理论与技术[M]．北京：中国轻工业出版社，1994.

[60] 云南中烟工业有限责任公司．一种香叶天竺葵三醋酸甘油酯提取物及其在卷烟中的应用：中国，201610154707. 7[P]. 2016-05-18.

[61]云南中烟工业有限责任公司．一种大枣三醋酸甘油酯提取物及其在卷烟中的应用:中国,201510336314.3[P].2015-11-04.
[62]王洁欣,文利雄,和平,等．新型球形纳米空心 SiO_2 的模板合成方法研究[J]．化学学报,2005,63:1298.
[63]PARK J H,OH C,SHIN S I. Preparation of hollow silica microspheres in W/O emulsions with polymers[J]. Coll Inter Sci,2003,266:107.
[64]LUO P,NIEH T G. Preparing hydroxyapatite powders with controlled morphology[J]. Biomaterials,1996,17:1959.
[65]CARUSO F,SPASOVA M,SUSHA A. Magnetic nanocomposite narticles and hollow spheres constructed by a Sequential Layering Approach[J]. Chem Mater,2001,13:109.
[66]云南中烟工业有限责任公司．一种可加香的伸缩卷烟滤嘴:201510692875.7[P].2015-12-30.
[67]沈妍,徐兰兰,尧珍玉,等．微胶囊在卷烟用纸上的应用评价[J]．中国造纸,2017,36(7):36.
[68]OHIZUMI I,OKAYASU H. Tobacco filter:EP19840302230[P].1984-10-10.
[69]TANIGUCHI H,NISHIMURA K. Tobacco filters and production process there of:EP,19960115558[P].1996-09-27.
[70]KIYOSHI H. Tobacco filter:JP20030106746[P].2004-03-06.
[71]王涛,温光和,曹建华,等．改性二醋酸纤维丝束对卷烟保润性能的影响[J].应用化工,2011,40(8):1382.
[72]河南中烟工业有限责任公司．一种苹果香味醋纤丝束及其在细支卷烟中的应用:201611127329.X[P].2017-05-31.
[73]王俊,李文逢,梁源,等．滤棒直接加香装置的研究及应用[J]．中国设备工程,2017(21):98.
[74]宋晓梅,杨春强,陈昀,等．增香保润剂对二醋酸纤维素纺丝乳液及丝束性能的影响[J]．烟草科技,2016,49(7):77.
[75]刘绍华,黄泰松,邹克兴,等．罗汉果提取物在丙纶滤棒中应用的研究[J].中国烟草学报,2009,15(3):17.
[76]钱发成,江文伟,李国栋,等．丙纤滤棒成型助剂与加香助剂的研究[J]．烟草科技,1999(2):9.
[77]云南中烟工业有限责任公司．一种复合烟支卷烟及其加工方法:201710026815.0[P].2017-05-10.
[78]PATRON G I,NICHOLS W A,GAUVIN P N,et al. Filter cigarette:US19870119047

[P]. 1988-11-08.
[79]范杰,余承忠,屠波,等. 生物蛋清蛋白模板合成海绵状大孔无机氧化物[J]. 高等学校化学学报,2001,22:1459.
[80]SHENTON W,PUM D,SLEYTR U B,et al. Synthesis of cadmium sulphide superlattices using self-assembled bacterial S-layers[J]. Nature,1997,389:585.
[81]W SHENTON,T DOUGLAS,M YOUNG. Inorganic-organic nanotube composites from template mineralization of tobacco mosaic virus[J]. Adv Mater,1999,11:253.
[82]E BRAUN,Y EICHEN,U SIVAN,et al. DNA-templated assembly and electrode attachment of a conducting silver wire[J]. Nature,1998,391:775.
[83]Z LI,S CHUNG,J NAM,et al. Living Templates for the Hierarchical Assembly of Gold Nanoparticles[J]. Angew Chem Int Ed,2003,42:2306.
[84]R R PRICE,W J DRESSICK,A. Singh. Fabrication of Nanoscale Metallic Spirals Using Phospholipid Microtubule Organizational Templates[J]. J Am Chem Soc,2003,125:11259.
[85]M KNEZ,A M BITTNER,F BOES,et al. Biotemplate Synthesis of 3-nm Nickel and Cobalt Nanowires[J]. Nano Lett,2003,3:1079.
[86]王荔军,郭中满,李铁津,等. 生物矿化纳米结构材料与植物硅营养[J]. 化学进展,1999,11:119.
[87]于源华,郭锋,果洪宇. 酵母细胞为模板矿化合成 SiO_2 纳米结构材料的研究[J]. 物理化学学报,2006,22:1163.
[88]李丽,吴庆生,丁亚平,等. 活体生物膜双模板同步诱导合成硫化镉半导体纳米管和纳米球[J]. 科学通报,2006,51:129.